튼튼하고 아름다운
건축시공 이야기
건설현장의 체험적 기술정보 나누기 I

지은이 : 김광만, 현동명, 김영춘
발행처 : (주)바로건설기술
등록번호 : 제22-1621호

초판발행일 : 1999년 10월 19일
5쇄 발행일 : 2002년 9월 1일
6쇄 발행일 : 2003년 7월 21일
7쇄 발행일 : 2004년 11월 11일
8쇄 발행일 : 2006년 5월 10일
9쇄 발행일 : 2008년 1월 20일
10쇄 발행일 : 2009년 4월 30일
11쇄 발행일 : 2010년 10월 30일
12쇄 발행일 : 2013년 2월 28일
13쇄 발행일 : 2015년 8월 31일
14쇄 발행일 : 2019년 12월 31일

편집·제작 : (주)이상건축
편집디자인 : 함윤숙, 김재경
편집장 : 최부림
편집디렉터 : 최은미
교정 : 홍윤경
사진 : 최병인, 박우영

도서구입 : (주)바로건설기술
　　　　　강남구 대치동 967-14 바로빌딩 4층
　　　　　TEL. 02-413-6503　FAX. 02-413-6530
　　　　　http://www.baro-ck.com

서점 공급처 : 도서출판 발언
　　　　　서울시 동대문구 용두동138-41 두산베어스타워 203-1
　　　　　TEL. 02-929-3546　FAX. 02-929-3548

분해·출력 : 씨지애드 (02-2268-1190)
인쇄 : 송현문화사(02-6368-0601)

값 18,000원
ISBN 978-89-950851-0-3

·무단 전제나 복제는 법으로 금지되어 있습니다.
·잘못된 책은 바꾸어 드립니다.

튼튼하고 아름다운

건축 시공 이야기

건설현장의 체험적 기술정보 나누기 I

추 천 사

내가 이 책의 저자인 김광만을 만난 것은 영락교회 50주년 기념관의 신축 공사 현장에서였다.

그때 그는 시공자인 쌍용건설의 현장 기술자이었고, 나는 설계와 감리의 책임자이었다.

우리나라 건설공사의 일반적인 인식은, 시공자는 공사를 쉽게, 싸게, 그리고 적당히 진행하려 하고, 감리자는 그러한 시공자의 부정을 감시하는 역할을 하는 것으로 오해되어 왔고, 또 실제로 그러한 일이 자주 일어나고 있는 것도 사실이었다.

그러나, 김광만은 보기 드물게, 매우 학구적이며 정직한 기술자이었으며, 자신이 속한 회사와 자신이 책임 맡은 현장에 대하여 최선을 다하는 저돌적이면서도 성실한 기술자이었다.

3년 반에 걸쳐 공사가 이루어지는 동안, 그는 설계의 미세한 부분까지도 다시 검토하여 문제점을 찾아내었으며, 보다 나은 공법과 재료를 제시하였다. 이러한 일이 설계, 감리자로서 귀찮고 번거로운 일이 될 수도 있으나, 설계 감리자와 시공자의 궁극적인 목표가 보다 완전한 하나의 건축물을 만드는데, 디자인과 기술로써 서로의 힘을 합치는 것이라고 볼 때, 이는 오히려 바람직한 자세이었다.

따라서, 영락교회 50주년 기념관 건축이 김광만을 만난 것은 영락교회에도 또한, 설계 감리자인 나에게도 하나님이 주신 복이었다.

그동안 우리나라의 건설기술이 비약적으로 발전하여 많은 건설기술자들이 국내에서는 물론 해외에서도 그 능력을 인정받고 있으나, 그럼에도 불구하고 국내공사의 많은 현장에서 아직도 부실공사가 이루어지고 있음은 매우 안타까운 일이다. 이러한 현상은 국내 건설 환경이 아직은 건설기술자들이 충분히 그 능력을 발휘할 수 있을 만큼 조성되어 있지 못하기 때문이기도 하지만, 수많은 건설회사와 기술자들의 기술 능력과 자세가 고르지 못한 것에도 그 큰 원인이 있다고 생각된다.

특히, 건설기술자들에게는 다양한 기술적 경험이 매우 중요한데, 아직 우리나라에는 각각의 기술자들이 경험하는 수많은 경험들을 공유할 수 있는 기회가 별로 많지 않았다.

마침, 영락교회 50주년 기념관 건설 현장에서 좋은 팀을 이루어 함께 일했던 김광만과 현동명, 김영춘씨가 협력하여, 그동안의 현장 경험들을 기록, 정리하여 출판하니, 한 건축인으로서도 반갑기 그지 없다.

이 책을 시작으로 더 많은 뜻있는 건축인들의 귀중한 경험들이 모아지고 나누어져서, 불신 받고 있는 우리 건축계가 아름다운 환경을 창조하는 귀중한 사명을 새롭게 인식하고 더욱 발전하는 계기가 될 수 있기를 바란다.

1999년 10월
정주건축연구소
정 시 춘

머 릿 말

열심히 일하는 것이 행복한 것이라고 누군가에게서 들었던 기억이 난다.
그러나 열심히 해야 할 것이 나에게는 도대체 무엇일까? 이것을 정확히 안다면 정말 행복할 수 있을 것 같다.
건설회사에 적을 두고 있으면서 열심히 할 것에 대하여 두리번 거리기도 하고, 선배들이 찾았던 행복도 들여다 보기도 하고, 닿을 듯 말 듯 스쳐 지나가는 것을 잡아보려고도 했다.
그렇게 내가 할 것을 찾고 있을 즈음 영락교회 50주년 기념관 공사가 좋은 기회로 맡겨 졌다. 시공자 입장에서 3년 8개월 동안 할 일들을 많이 찾아냈고, 이것을 설계자나 발주처 모두 같이 열심히 풀어갔으며 그 결과도 좋았다. 정말 앞뒤 돌아보지 않고 열심히 일을 했다.
그런데 열심히 일을 했던 그 자체에 대해서는 보람과 행복이었지만, 한편으로는 항상 마음 한 구석에 현장이 끝나면 내 손에 있었던 것들이 또 어디론가 없어지겠지 하는 불안감이 떠나지 않았다. 그동안 수많은 건설기술자들이 현장에서 땀흘리면서 손에 넣었던 보석같은 정보들을 시간의 흐름에 날려 버렸듯이….

문제 해결을 위해 격렬하게 부딛쳤던 것들,
아주 오랫동안 건설현장의 고질적인 문제들,
적절하게 맞아 떨어졌던 아이디어들,
지금 답을 얻지 못하면 앞으로도 오랫동안 똑같은 오류를 범할 것들

이런 것들을 나름대로 해결했던 정보가 손 안에 있는데, 흩어지기 전에 누구에겐가 건네주고 싶은데….

이제야 마음에 담아두었던 것들을 정리하고, 책상서랍에 넣어두었던 자료를 모아 검증도 하고 가공도 해서 이렇게 책을 내놓게 되었다. 같은 건설기술자 또는 현장을 격고 있는 설계·감리자라면 같이 느낄수 있는 정보라고 기대해 본다. 분명 지금 내놓는 이것은 어설픈 정보일지도 모르지만 이런 정보가 좀더 모이면 검증된 기술이 될 것이고 더 모여서 많아지면 최고의 기술이 될 것이라고 확신을 가져본다. 건설기술이란 그리 심오하거나 고도의 기술은 아니라고 생각한다. 단지 상황과 여건에 따라 최선의 답이 조금씩 다른 것이 좀 어려운 것 뿐이다. 그래서 다른 상황마다 열심히 일했던 분들이 경험했던 좋은 결과들을 모으기만 한다면, 그리고 이 정보이 가치가 부여되어 여러 사람에게 전달되고 그것이 씨앗이 되어 더 낳은 가치가 되어 돌아오는 그림같은 건설환경이 이루어 질 것을 기대해 본다.

같은 목표와 같은 마음으로 같이 책을 내놓은 현동명과 김영춘을 대표해서 하나님께 영광을 돌리며, 그동안 도와주신 윤상문, 이용구, 박영욱, 이상훈, 박헌수, 김은영, 조충기, 권난현님께 깊은 감사를 드리고, 책이 출간되는 것을 허락하시고 기뻐해주신 이상건축 발행인 이용흠 회장님, 정주건축 정시춘 교수님, 영락교회 박인재 장로님, 건국대 이호진 교수님, 쌍용건설 김채환 본부장님, 양승동 소장님께 감사를 드리며, 영락교회 50주년 기념관 현장에서 동고동락 하였던 쌍용건설 직원들과 감리, 감독하신 분들 그리고 협력회사에도 감사를 드린다. 마지막으로 일년 가까이 모든 여가 시간을 포기하면서 도와주고 지켜 보아준 세 지은이의 가족에게도 감사를 드린다.

1999년 10월
김광만

Contents

추천사   4

머릿말   6

토공사

건축물을 공사대지의 제 위치에 앉히려면	14
토공사 착수시 필요한 기본 정보	18
소음과 진동의 최소화 방안	24
진동이 양생중인 콘크리트에 미치는 영향	31
현장 기술자에 의한 계측관리 운영	35

골조공사

골조공사 착수전 천정의 내부공간 검토와 문제 해결	42
어렵게 느껴지는 구조도면 어떻게 검토해야 하나	48
구조설계에서 놓치기 쉬운 현장 여건	55
콘크리트 양생 초기강도의 추정	62
배합후 90분이 지난 레미콘으 강도와 슬럼프 변화	67
최하층 바닥 슬래브의 문제점 검토	71
슬래브 철근의 유효춤 확보를 통한 성능 개선	77
구조용 경량콘크리트를 이용한 발코니 객석의 고정하중 줄이기	83
30m장스팬 보에 포스트 텐셔닝 공법 적용	94
18m높이의 대형 구조물 동바리 선정	103
파이프 쿨링을 이용한 수화열 제어	110
철근의 녹에 관한 정보	116
높이 18m, 폭 20m의 토압을 받는 옹벽의 시공성 검토	119
철근 콘크리트 공사에서 상식과 잘못된 상식	123
복잡한 객석 발코니 철골구조, 단순화를 통한 시공성 개선	126
스터드 볼트 용접 방법의 적정성 검토	129
프리프렉스 빔의 시공시 검토사항	132

Contents

조적. 방수. 미장공사

경량 콘크리트 인방과 철재 인방	138
결로 방지벽으로서 ALC패널 적용	141
현장시험을 통한 구체 방수재의 선정	148
액체방수가 우리나라에만 있는 이유	152
주차장 램프 조면처리	158
외부 노출복도에 사용되는 바닥재의 하자방지 방안	164
무근 콘크리트 균열제어 방안	167
바닥 온돌용 BST 경량 콘크리트	173
항상 발생하는 바닥 미장의 균열 방지 논리	178

타일, 석공사

타일 압착공법시 시험을 통한 접착재 선정	184
타일의 모서리 처리	188
바닥 석공사 시멘트 오염과 백화 방지	190
외벽에 사용되는 혹두기 석재, 크기에 따른 두께 검토	196
정교한 인력 가공이 가능했던 중국석 사용	200
계단 논스립 마감에 대한 아이디어	205
실란트에 의한 석재 오염 방지	207

마감공사

국내 최초로 사용된 이동식 칸막이의 적정성 검토	216
스테인드 그라스의 선정과 적용	227
건물의 밀폐된 부분에 사용되는 유리의 열파손 방지	236
바닥재로 쓰이는 유리블록 구조	239
라바베이스 걸레받이 모서리 떨어짐 하자방지	243
캐노피에 사용된 무도장 내후강판	245
내화 페인트를 통한 옥상의 화재 예방	250
스텐레스 도장 하자 예방	254
대음악당 내장(인테리어)공사의 도면 및 시공성 검토	258
무늬목의 선정	266

기타공사

열전달 논리에 의한 외단열 공법 선정	274
공사발주 후 재검토 되는 조경공사	279
건설현장 도난사고 예방	285
가설고리를 이용한 전기 안전사고 예방	288

토공사

건축물을 공사대지의 제 위치에 앉히려면

건축물을 제자리에 앉히는 일이 공사의 첫 단추

시공 기술자들이 시작하는 공사현장에 부임하면서 제일 먼저 고민하게 되는 것이 앉혀야 할 건물의 정확한 위치를 찾는 것이다. 물론 기준점과 대지 경계 측량점에 의거 측량을 우선적으로 하게 되지만 설계 도면상의 건물위치가 실제 공사부지상의 건물 위치와 틀리는 경우도 많고, 토공사에서 센터 파일(center pile)이 골조의 기둥이나 보와 겹쳐 작업진행이 어려운 경우도 종종 있다.

사전에 문제점을 찾아 내었다면 다행이나 공사가 한창 진행중일 때 발견된다면 감당하기 힘든 일이 될 수 있으므로 설계 도면과 현장의 실제 상황과의 차이점을 면밀히 확인해 볼 필요가 있다.

기준이 다를 수 있는 측량 성과도, 토공 흙막이도면, 구조도면

건축물의 설계는 구청에서 보관하고 있는 지적도와 실제 대지를 측량한 측량 성과도를[1] 기준하여 이루어진다. 지적도는 실제 상황과 맞지 않는 경우가 많아 주로 참고용으로 쓰이고 측량 성과도가 설계의 기준이 된다. 따라서 측량을 정확히 할 수 없는 경우는 문제가 발생하게 된다. 기존의 인접 건물이 대지경계선을 넘어와 있다든지, 급경사지 중간에 경계점이 있어 측량점을 정확히 할 수 없다든지 하여 불확실하게 작성된 측량 성과도를 기준으로 설계를 하게 되는 경우도 있다.

1) 측량성과도 : 지적공사의 경계점 확인 후 측량회사에서 확인하여 좌표화시킨 도면

구청에서 발급하는데 지적도는 대지의 경계점을 표시하는 데 쓰인다

공사가 착수되면 제일 먼저 공사대지 내의 모든 구조물이 철거된 상태에서 측량을 재실시할 필요가 있다.

당초에 제공받은 측량성과도가 재실시한 것과 동일하다면 다행이겠으나, 서로 다른 부분이 발견된다면 여러가지 심각한 문제가 발생할 수 있다. 예를 들면 인동 간격, 대지경계선과의 건물간의 거리, 지하구조물의 대지경계 침범여부 등이다.

경계 측량의 기록 보존

경계측량을 하기 위해서는 지적공사(또는 구청 지적과)에 경계점 복원 측량 요청을 해야 한다. 지적공사에서 직접 현장에 나와 경계점들을 표시한 후에 말목으로 표시를 해주는데 이점을 확인하고 유실을 방지하는 작업은 현장기사가 할 수도 있으나 국가공인 측량 용역회사에 별도 발주하여 좌표화 시키는 것이 유리하다. 최근에 생긴 신도시는 대부분 지적도가 1/500 축적으로 되어 있어 지적공사에서도 좌표화 되어있는 수치지적도로 보관하고 있지만[2] 그 외에는 대부분 1/1,200 축적으로 좌표화 할 수 없는 곳이다. 그러

2) 신시가지나 계획도시에는 경계점이 좌표수치로 보관되어 있어 쉽게 경계점을 확인할 수 있다

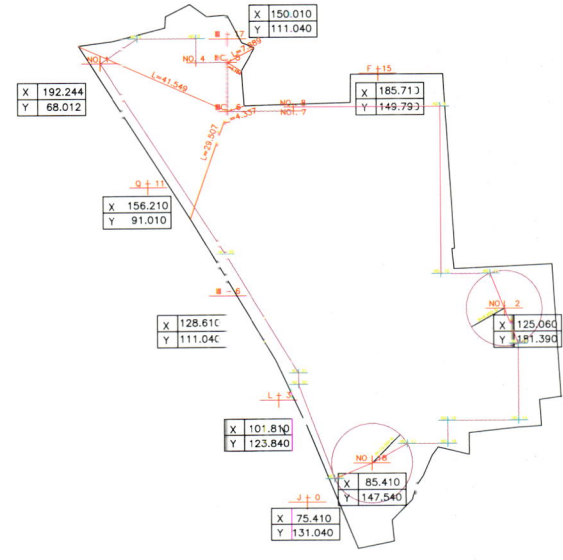

지적도에 의해 확인된 기준점을 좌표화 하여 재 작성한 측량 성과도

므로 측량회사를 통하여 좌표화 하면 신뢰도가 확보될 뿐만 아니라 각 경계점의 좌표값을 CAD파일로 받아 볼 수 있고 이를 이용하여 토공도면, 구조도면, 건축도면을 검토할 수 있다.

경계 측량시 주위 토지 주인의 참석을 공식적으로 할 필요가 있으며 분쟁을 막기위해 비디오 및 사진으로 확인점 촬영을 해둘 필요가 있다. 공사중 경계점이 소실될 우려가 있을 때는 일정거리 밖으로 이동시켜 훼손되지 않는 지점에 표시하여 관리하는 것도 좋은 방법이다.

또한 측량의 전문가라 할지라도 실수할 수 있으므로 현장기사 혹은 토목 협력회사로 하여금 재측량을 실시하여 재확인(cross check)할 필요가 있다.

CAD화 된 각도면의 겹침(overlap)을 통한 검토

CAD로 작성된 각 도면을 겹쳐보게(overlap)되면 서로 맞지 않는 부분을 쉽게 찾아낼 수 있다. CAD로 된 경계측량 성과표와 토공도면, 구조도면, 그리고 건축도면을 겹쳐보게 되면 각 도면의 대지경계가 일치하는지 토공도의 가 시설물과 골조도의 보나 기둥이 공사시 서로 겹치는 부분은 없는지 등을 확인할 수 있다.

이런 과정을 거치게 되면 공사 중에 센터 파일과 골조보가 교차하거나, 토공사의 가설 스트러트와 골조기둥이 교차하여 공사중 애를 먹게되는 경우를 방지할 수 있고, 이러한 토공사 전에 발견한다면 간단한 도면 조정을 통하여 문제를 해결할 수 있다.

그외의 측량관리 방법으로는 가능한 모든 측량점이 한 눈에 보이는 곳에 한 개의 측량 기준점을 정하여 토공사를 위한 엄지말뚝, 센터 파일의 좌표를 정하고 골조를 위한 기준선(grid line)등을 정하면 측량오차를 많이 줄일 수 있다.

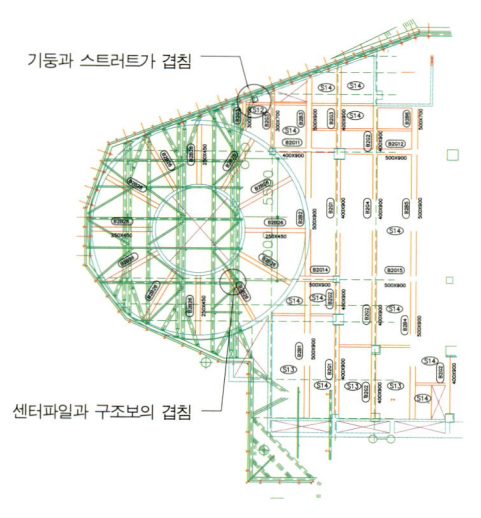

토공도면과 구조도면을 CAD로 겹쳐(overlap)보면 문제가 있는 부분을 찾아낼 수 있고 공사전이므로 쉽게 수정할 수 있다

기둥과 스트러트가 겹침

센터파일과 구조보의 겹침

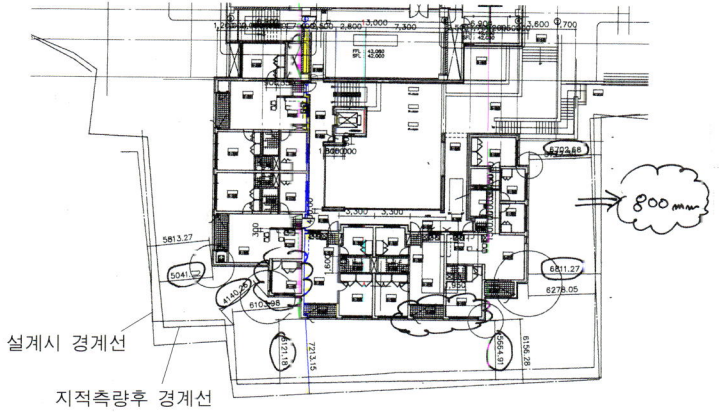

설계시 경계선
지적측량후 경계선

CAD로 된 측량 성과표를 건축도면과 겹쳐 보았더니 경계가 맞지 않는 부분이 있어 건축물 일부를 800mm 수평 이동 하였다

측량도 건축 기술자의 관리사항

우리 현장의[3] 사례를 보면 착공 직후 지적확인 신청과 동시에 국가공인 측량 용역회사에[4] 의뢰하여 CAD로 된 좌표측량 성과표를 받아 건축도면과 겹쳐 보았더니 설계시 사용하였던 대지 경계와 차이가 많이 났다. 그 이유는 기존 건물이 철거되지 않은 상태에서 측량이 진행되었기 때문에 발생할 수 있었던 것으로 보인다.

발견된 문제점은 인접 건축물과의 경계가 법정거리보다 좁고 토목공사가 불가능할 정도로 지하 구조물이 대지경계와 인접되어 있었다. 이를 해결하기 위해 도면상에서 건축물 일부를 800mm 수평 이동하여 재배치를 한 후 공사를 착수할 수 있었다.

건축물을 도면대로 실제대지에 앉히는 작업은 공사를 착수하는 시점에서 가장 중요한 작업이므로 토목직에 비해 측량에 익숙하지 않은 건축기술자들이 좀더 많은 관심을 가져야 할 부분이다. 그리고 대학의 건축공학과에도 측량교육 과정을 두어 졸업후 현장에 임하는 기술자들이 실제 필요하고 중요한 측량에 대해 기본적인 지식을 갖추어야 한다고 본다.

3) 여기서 우리현장은 영락교회 50주년 기념관을 말한다.
4) JACH 엔지니어링(주)
www.joungang-eng.co.kr
(02)2671-3800

토공사 착수시 필요한 기본 정보

최근 지하공간을 주차장으로 활용하면서 주변에 인접 건축물이 있어도 대지 경계까지 바짝 붙여 굴토를 하고 굴착 깊이도 깊어지고 있다

건축 토공사가 주요 공종이 되고 있다

최근에는 지하주차장이 보편화 되어 지하 2~3층은 보통이고 지하 7~8층까지 내려가는 경우도 많아졌다. 그에 따라 굴토와 흙막이 공사인 건축 토공사가 건축공사의 주요 공종으로써 필수적으로 수반되고 있다. 대형 현장의 경우에도 토목기술자가 배치되어 진행하기도 하지만 대부분 건축 현장에서는 이 분야의 기본정보가 빈약한 건축기술자가 담당자가 되어 여러 문제점들과 부딪치고 헤쳐 나가게 된다.

여기서는 건축 기술자가 건축 토공사를 수행함에 있어 기본적인 사항이지만 놓치기 쉬운 기본 정보에 대하여 언급하기로 한다.

토공사 착수전 기본적으로 시행해야 할 사항

첫째, 주변구조물의 안전점검 및 기록 보관

굴토하기 전에 주변 구조물의 균열 부위, 손상된 상태, 건축물의 누수상태 등을 조사하여 향후 발생할지 모르는 민원에 대비해야 한다. 공인된 기관을 통한 안전점검을 하면 모든 것이 법적인 근거로 활용할 수 있어 신뢰도 높은 기록이 되겠으나 이는 비용이 많이 들어간다. 따라서 안전점검을 하지 않더라도 현장에서는 주변건축물에 대한 공사전 상황을 비디오와 사진으로 기록을 남겨두어야 한다.

둘째, 지반조사 검토

모든 건축물 설계에는 지반조사가 수반된다. 그러나 지반조사가 대지 내의 건축물들을 철거하기 전에 실시된 경우는 기존 건축물

때문에 필요한 위치에 지반조사를 제대로 하지 못하는 경우가 많다.

그러므로 현장이 개설되고 토공사를 착수하기 전에 별도의 비용이 들더라도 지반조사를 다시 하는 것이 좋다. 지반 조사는 지층의 사료를 깊이별로 채취할 수 있는 NX로[1] (BX는 시료가 섞여 정확한 조사에 한계가 있다.) 지반조사를 실시하여 수위나 지탄의 구성 등을 재확인해야 한다.

우리 현장에서는 당초 지반 조사에 의하면 지하수가 없었으나 NX로 지반조사를 재실시한 결과 당초 조사한 결과와 달리 지하수가 형성되는 것으로 확인되어 지하옹벽과 최하층 바닥 구조를 부력에 대항할 수 있는 구조로 재설계 하였고 영구배수공법(dewatering system)도 적용하였다.

지반조사 결과가 다른 이유를 추정해보면 수맥의 레벨 차이에 의하여 당초 조사에서는 지하수가 발견되지 않았으나 충분한 개소로 적정한 위치에서 재조사하여 지하수가 확인된 것으로 보인다.

셋째, 주변 매립 구조물 조사

굴토공사 전에 매립 구조물에 대한 조사를 해야 한다. 왜냐하면 대구 가스 폭발 사고와 같이 가스관의 위치를 확인하지 않고 공사를 강행하다가 대형사고를 유발할 수 있기 때문이다. 또한 굴토중 지하구조물의 손상을 방지하는 목적이외에 공사와 관련된 전기, 전화, 수도의 인입 시에도 많은 도움이 된다.

확인 절차는 모든 지하 매립 구조물을 총괄하는 각 구청 토목과

NX 지반 조사는 시료가 섞이지 않아 정확한 조사가 이루어진다

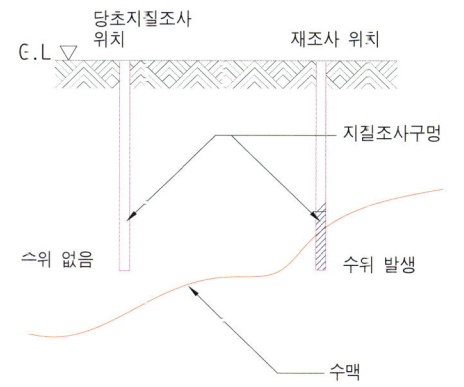

수맥의 레벨차이에 의하여 지반 조사시 수위가 형성되지 않을 수도 있다

1) NX : 지반 조사 장비명칭으로 직경이 76mm이고, 지반 채취시 지질을 섞지않고 채취할 수 있다

매설물	총괄	도시가스	고압선	전화선	하수도관	상수도관
확인처	각 구청 토목과	각 지역 도시가스지점	한전지점	전신전화국	각 구청 하수과	수도사업소

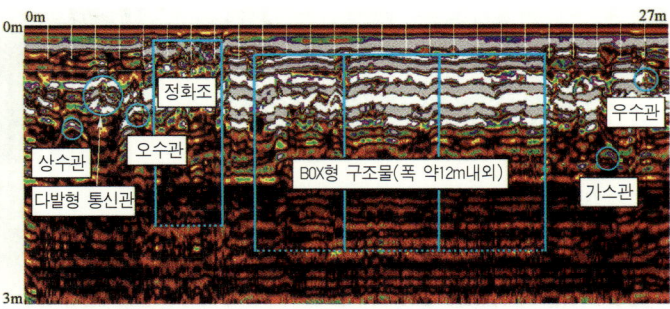

지반 투과 레이다(GPR)를 이용한 지하 매립 구조물 조사장면(좌)
지반 투과레이다(GPR)로 탐지한 지하 매설물 현황도(우)

2) GPR(ground penetrating radar): 전자기파를 지하로 방출시켜 전자기적 물성이 다른 물체를 만나 반사되어 오는 신호를 수집하여 지하의 구조와 상태를 영상화 하는 첨단 비파괴 지반 탐사법

에서 확인할 수 있도록 제도화 되어 있으나 현장에서 필요로 하는 정도의 정보를 종합적으로 제공하지는 못하고 있다고 생각한다. 좀더 정확성을 기하기 위해서는 앞 쪽의 표에 따라 각각의 관련기관을 직접 찾아가 최신정보를 확보하는 것이 바람직한 방법이다.

근래에는 지반투과 레이다(GPR),[2] 관로 탐지기(pipe locator) 라는 지하탐사 첨단장비를 이용하여 현장에서 직접 확인 하기도 한다.

넷째, 장비와 현장 여건과의 검토

흙막이벽을 형성하기 위한 엄지말뚝(H형강)을 타입하기 위하여 사전에 구멍을 내는 장비인 대구경 천공장비(T-4)는 천공속도가 빠르고 수직도 오차가 크지 않아(1/200) 보편적으로 사용되고 있다.

도심지 공사에서 대구경 천공 장비(T-4)를 사용하려면 인접건물이나 휀스에서 약 1.5m 여유는 있어야 장비를 세울수 있는데, 인접 건축물이 너무 가깝게 있어 작업이 불가능한 경우가 있다. 이런 경우는 지장물과 0.5m까지 인접하여도 작업이 가능한 소형 T-4(junior 40)라는[3] 장비를 이용하는 것을 추천하며 이때는 수직도 오차가 일반 T-4 보다 더 큰 것(약 1/100)을 고려해야 한다.

지하층 높이와 수직에 따라

엄지말뚝을 타입하기 위하여 사전에 구멍을 내는 대구경 천공장비(T-4)(좌)
지장물과 0.5m까지 인접하여도 작업이 가능한 소형 T-4(junior 40)(우)

여유치가 주어지며 T-4의 수직도 오차가 1/200이고 지하 깊이가 30m일 경우는 약 15cm의 여유치 즉, 지하옹벽 두께가 더 두꺼워져야 한다.

건축 토공사에 대한 기본 정보 몇가지

첫째, 흙막이 버팀구조로 많이 사용하는 스트러트(strut)의 길이

스트러트의 길이는 통상 50m를 넘지 않는데 그 이유는 H-빔의 이음이 많아(한 본당 기성치품의 길이는 10m 이며, 주문 시 15m까지 생산) 중심축(center line)이 맞지 않을 수 있으며 이때 발생하는 추가 응력을 무시할 수 없으며, 온도변화에 의한 추가 응력도 과대해질 수 있기 때문이다.

50m의 경우 20℃의 온도변화 일때 길이변화 $\Delta L = 10 \times 10^{-6} \times 50,000 \times 20 = 10mm$ 정도로 흙막이벽에 영향을 크게 줄 수 있는 수치이기 때문에 면밀한 검토가 필요하다.

둘째, 콘크리트 토류벽으로 토사의 유실 방지

흙막이 공사에서 비가 올때 우수가 토류판 뒷면으로부터 유입되면서 토사가 빗물과 함께 유실되어 주변건축물에 침하 등의 피해를 줄 때가 있다.

이를 방지하기 위한 방법으로 유실되기 쉬운 토사 부분을 콘크리트 토류 옹벽으로 처리하는 것인데, 토류판 대신에 엄지 말뚝(H형강)과 엄지 말뚝사이에 철근 배근후 콘크리트를 타설하면 강성이 큰 토류벽이 형성되어 뒷면 토사의 유실을 방지하고 엄지말뚝을 서로 묶어 줌으로써 국부적인 엄지 말뚝 변위를 줄일 수 있다.

공사비 측면에서도 토류판을 매립시키지 않고 다시 활용할 수 있으므로 크게 비싸지 않은 방법

토류벽 상부를 토류판 대신 철근 배근 후 콘크리트를 타설하면 토사의 유실을 방지하고 엄지말뚝을 서로 묶어 줌으로써 걸지 말뚝 변위를 줄일 수 있다

1) 명림건설 자문 (02)518-8111

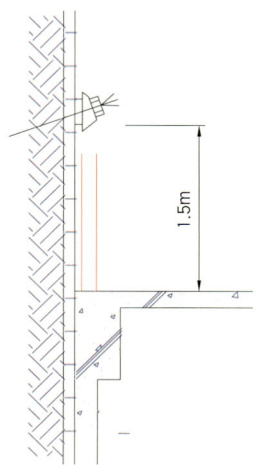

띠장의 위치는 향후 골조의 슬래브 위치에서 1.5m 이상 상부에 설치해야 골조 공사시 제약을 받지 않는다

2) 덕천엔지니어링 자문 (02)473-6622

이다.[1]

셋째, 띠장의 높이는 각층 슬래브에서 1.5m이상 위치하도록 흙막이 설계 확인

흙막이벽 설계시 수평으로 띠장을 설치하는데 이때는 띠장 위치가 향후 골조의 슬래브 위치에서 적어도 1.5m이상 상부에 있어야 한다. 왜냐하면 합벽의 철근이 슬래브 높이에서부터 이음 길이가 확보되어야 하는데 1.5m이하로 위치할 경우 띠장에 수직철근이 걸려 철근을 구부리던지 이음길이가 짧아 어쩔 수 없이 철근 압접 이음을 해야만 하기 때문이다.

넷째, 아웃 코너(out corner) 형상 부분 검토

흙막이 중 터파기 하는 방향으로 돌출된(아웃코너) 부분은 다른 부위 보다도 구조적으로 취약하므로 흙막이 구조가 제대로 설계되는지 중점검토가 되어야 한다. 코너 부위에는 안쪽으로 무너지려는 힘을 저항하기 위한 조치를 해야 하며 스트러트로 설계된 경우는 꼭지점 부분에서 대각선으로 스트러트를 추가로 보강하는 방안, 어스 앙카(earth anchor)로 설계된 경우는 양면의 어스 앙카가 중첩되므로 한쪽은 스트러트, 한쪽은 어스 앙카를 설치하는 방안 등으로 해결 해야 한다. 이때 어스앙카를 먼저 설치한 후 반대편에 스트러트를 대는 방법이 좋다.[2] 또한 이 부분에는 경사계를 설치하여 흙막이 벽의 변위를 면밀히 체크하는 것이 바람직하다.

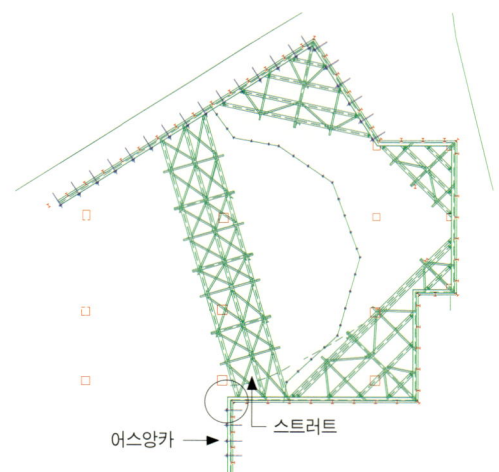

아웃코너 부분에는 안쪽으로 무너지려는 힘을 저항하기 위한 조치로 한쪽은 어스 앙카를 설치하고 한쪽은 스트러트를 설치하는 방법이 좋다

다섯째, 굴토 하부 센터 파일(center pile)³⁾ 간격 검토

  현장의 센터 파일의 간격이 10m이내가 되는 경우 내부에서 굴토 장비의 이동이나 작업이 무척 어렵다. 그러므로 굴토 중 일정부분 만이라도 센터파일 간격이 10m이상 되도록 하여 굴착 장비가 이동 및 회전할 수 있도록 조치할 필요가 있다.

3) 센터 파일(center pile) : 스트러트 공법에서 긴 스트러트를 중간에서 잡아주는 기둥형 H-파일

기술적으로 답보 상태인 건축 토공사

  건축 토공사의 시방서를 보면 몇십년 전쯤에 만들어졌음직한 문구들이 보인다. 물론 현실에 맞지 않는 내용도 많다. 그리고 어느 현장이나 거의 같은 시방서가 들어간다. 즉 발전이 되지 않고 있는 공종이란 의미이다. 건축 토공사를 설계하는 회사가 영세한 이유도 있겠지만 주 된원인은 건축과 토목의 중간쯤에서, 아니면 주요구조물이 아닌 가시설물이라는 인식 때문에 어디에서도 주목을 받지 못하고 있어 기술적으로 답보상태에 있는 공종이라고 생각한다.

  이제 건축의 한 공종으로써 구조기술자도 관심을 갖고 설계에 참여해야 할 것이고 건축 설계자도 이에 관심을 갖고 종합적인 검토를 해야 할것으로 생각한다.

소음과 진동의 최소화 방안

민원발생의 주요인, 소음과 진동

최근 지하공간을 주차장으로 최대한 활용하기 위하여 대지 경계선 가까이 깊게 파는 건물들이 증가하고 있다. 도심지 공사에서는 주변 건물과의 이격거리도 점차 좁아져 공사 중 특히, 토공사시에 소음과 진동으로 인하여 민원이 많이 발생하게 된다. 민원이 발생하면 지역 주민들이 자신이 입는 피해에 항의하는 목소리가 커지고 심하면 집단 이기주의를 형성해 경우에 따라 공사가 중지되는 등의 어려움을 겪게 되기도 한다.

민원을 유발시키는 요인 중 가장 큰 비중을 차지하는 것이 소음과 진동일 것이다. 현장에서는 이를 억제하고자 되도록이면 저진동, 저소음의 기계나 굴토 공법을 사용하려고 노력하지만 작업효율이 낮아지고 기계 자체의 소음은 막을 수 없는 등 완전한 억제에는 한계가 있다.

소음 제어 방안 사례

소음제어 방안에는 밀도가 높은 물질로 소음을 차단시키는 차음방법과 다공질의 물질로 소음을 흡수하는 흡음방법이 있으며 차음

최근에는 인접 건축물과 근접하여 굴토를 하면서 공사중 발생하는 소음과 진동으로 인한 민원 발생이 공사의 큰 어려움이 되고 있다

과 흡음을 통하여 소음을 억제시킬 수 있다. 현장에서 실시하였던 몇가지 소음 억제 방안에 대해 소개를 해보면

첫째, 차음벽 설치

대지 경계부분에 차음벽을 2중으로 설치 하였으며 상부를 경사지게 설치하여 소음이 밖으로 퍼지지 않도록 하였다. 보통 현장에서는 차음벽으로 알미늄 차음판 등 고급 자재도 사용하지만 비용 부담이 크므로, 가격이 싸고 차음효과가 양호한 부직포라는 자재를 많이 사용하고 있다. 그러나 부직포는 작은 용접 불똥에도 불이 잘 붙을 정도로 화재에 취약하므로 사용시 각별히 주의해야 한다. 따라서 사람의 왕래가 빈번하여 담뱃불로 인한 화재의 위험이 있는 곳에는 부직포 대신에 차음효과는 약 10dB 정도 떨어지지만 불이 잘 붙지 않는 색동 방음천을 설치하고 부직포를 한겹 더 설치하여 이중 차음벽으로 설치하였다. 참고적으로 부직포는 소음을 약 10dB, 색동 방음천은 약 5dB 정도 저감시킨다.

둘째, 소음 장비 주변에 차음틀(cage) 설치

토공사 작업 중 소음이 심한 장비는 천공장비인 대구경 천공장비(T-4), 발파를 위한 암반 천공기, 대·소형 브레카 등이 있다. 소음을 억제하기 위해 대구경 천공장비(T-4)에는 장비 주변에 부직포로 감싼 차음틀(cage)을 설치하였고, 발파를 위한 일반 천공 작업시에도 차음틀을 만들어 안에서 작업할 수 있도록 하였다. 소음이 이 차음틀을 통과하면서 약 10dB 정도 저감되었다.

발파를 위한 천공 작업시 차음틀(cage)을 만들어 안에서 작업하였다(좌)
대구경 천공장비(T-4)에도 차음틀을 설치하였다(우)

셋째, 장비 자체의 소음원 차단

장비의 작업 소음은 금속과 금속이 부딪치는 부분에서 소음이 가장 심하므로 자체의 소음원을 차단하려는 시도를 하였다. 처음에는 굴삭기(back-hoe)에 설치한 브레카에도 차음틀(cage)을 설치하였으나 작업중 이동이 많아 적용이 어려웠다. 그래서 소음이 심한 브레커 헤드(head)부분을 방음천으로 이중, 삼중 감았으며 발파를 위한 암반 천공기 자체에도 소음원에 방음천을 감싸 소음을 줄였다.

넷째, 소음측정기 현장 비치

약 50만원대로 측정이 간편한 휴대용 장비인 소음측정기를 현장에 비치하여 현장의 소음정도를 주기적으로 체크할 수 있었으며 소음으로 인한 민원 발생시 직접 방문하여 소음을 측정하고 아래의 표1과 비교하여 생활 소음규제 기준을 설명하고 이해를 구하기도 하였다.

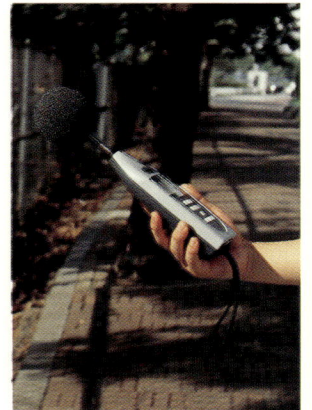

현장에서 간편하게 사용하는 소음 측정기

2) 소음진동 규제법 시행규칙 제29조의 23항 별표 7-2 생활소음 규제기준

표1 생활 소음 규제 기준의 범위 [2] (시도지사가 정한 생활소음 규제지역내에서의 규제)

대 상 지 역	대상 소음원	05:00 - 08:00 18:00 - 22:00	주 간 08:00 - 18:00	심 야 22:00 - 05:00
주거, 관공, 녹지, 자연환경보전지역, 주거지구, 학교, 병원 경계선에서 50m 이내지역	공 사 장 소음 공장사업장 소음	65dB 이하 50dB 이하	70dB 이하 55dB 이하	55dB 이하 45dB 이하
상업, 준공업, 일반공업, 취락지역중 주거지구 외지역	공 사 장 소음 공장사업장 소음	70dB 이하 60dB 이하	75dB 이하 65dB 이하	55dB 이하 55dB 이하

다섯째, 흙막이 내부벽에 흡음판 설치

지하로 깊이 굴토해 내려가면 암반을 만나게 되는데 브레커 작업시 작업소음이 현장내부에서 공명을 일으키며 커지게 된다. 이를 방지하고자 흙막이 내부벽에 부직포를 설치하여 작업장 내에서 발생한 소음이 흡음판에 흡수되어 현장 밖으로 퍼지는 것을 방지하였다.

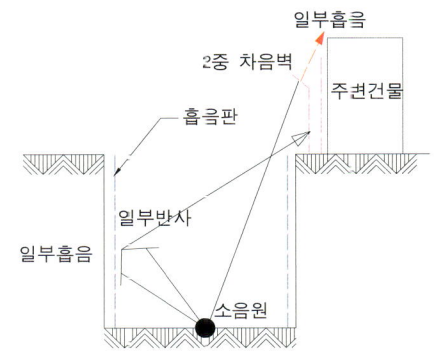

흙막이 내부벽에 흡음판을 설치하여 작업장에서 발생하는 소리가 반사시 저감하도록 하였다(좌)
흡음판과 차음벽을 설치하여 소음이 외부로 확산되는 것을 감소시켰다(우)

진동 제어 사례

현장에서 진동을 주로 발생시키는 것으로는 대구경 천공 장비인 T-4의 천공과 암갈파에 의한 것이었다. 진동원과 인접 건물과의 거리가 5~10m 밖에 되지 않았으므로 진동을 완벽하게 차단할 수는 없었으며 어느 정도의 수준에서 방진 조치를 해야 할 것인지 기준에 대한 근거를 찾고, 진동을 최소화 하는 방안을 적용하기로 하였다. 진동을 억제하기 위한 방안으로는

첫째, 관련자료를 통한 기준 결정

국내에는 진동에 대하여 어느 정도까지 제어해야 하는지에 대하여 정해진 것이 없어 진동 허용한계를 정하기가 어려웠다. 진동과 관련하여 정해진 규준은 없지만 건설회사에서 연구한 자료로 현장에서 참고할 수 있는 자료들을 찾아 보았더니 다음과 같은 자료들이 있었다.

- 동아건설 기술 연구소, '현장 기술 지침서(소음, 진동)', 1993.
- 국립 환경 연구소 정일록 편저, '소음 진동학', 신광출판사.
- 대한 주택공사, '진동이 주변 구조물 및 콘크리트 경화에 미치는 영향', 1990.
- ㈜대우건설기술 연구소, '품질관리 지도서 - 건설 진동편' 1988.

위의 자료를 참조하여 진동에 관한 기준을 감리자와 협의하여 우리나라 지하철 현장에서 발파진동 허용치로 적용하는 다음 표2의 자료를 적용하였다.

표2 독일 DIN 4150 (1970) 기준을 근거로 지하철공사에 사용되고 있는 충격진동에 대한 최대 진동 속도

등 급	I	II	III	IV
건물형태	문화재 (역사적으로 매우 오래된 건물)	주택, 아파트, 상가 (작은 균열을 지닌 건물)	주택, 아파트, 상가 (균열이 없는 양호한 건물)	산업시설용 공장 (철근콘크리트로 보강된 건물)
최대속도 허용치 kine(cm/sec)	0.2	0.5	1.0	1.0 - 4.0

3) 동아건설기술연구소 "현장기술지침서(소음,진동), 1993

표3 진동이 느껴지는 정도[3]

진동속도	느끼는 정도
50 kine 이상	건물에 큰 피해가 일어난다.
20 ~ 50 kine	건물에 이상이 생긴다.
5.0 ~ 20 kine	건물에 가벼운 피해가 일어난다.
0.5 ~ 5.0 kine	건물에 극히 가벼운 피해가 생긴다. (건물이 무너질듯한 느낌을 사람이 받는다.)
0.2 ~ 0.5 kine	인간에 심하게 느끼나 건물에는 피해가 없다.
0.05 ~ 0.2 kine	일반적으로 많은 사람이 진동을 느낀다.
0.01 ~ 0.05 kine	매우 민감한 사람이 진동을 느낀다.
0.005 ~ 0.01 kine	인체로 느낄 수 없다.

둘째, 진동 측정기를 현장에서 운용

진동 측정기를 현장에 비치하여 현장 직원들이 사용법을 숙지하고 주기적으로 현장에서 진동을 측정하였다. 진동에 대해 민원을 제기하는 일반사람들은 진동을 막연하게 알고 있으므로 T-4 천공과 발파작업 중 진동에 관한 불만을 제기하면, 직접 기계를 들고 민원인을 찾아가 진동을 측정하고 이해를 구하였다.

셋째, 방진구 및 오픈 트렌지(open trench) 시험

50년대에 시공된 교회 건물이 우리 현장과 인접하여 있는데 이는 표2에 의하면 문화재급으로 진동 규준이 0.2kine으로 조정되어

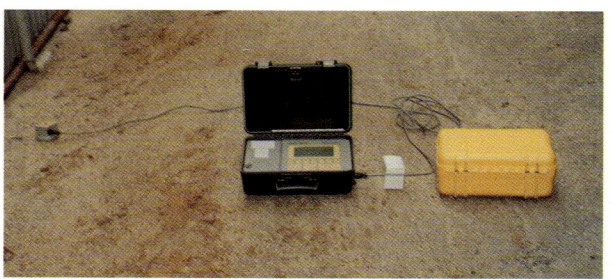

진동측정기를 현장에 비치하여 민원이 발생할 소지가 있는 부분을 수시로 측정하여 민원 발생을 줄일 수 있었다

야 하므로 작업시 무척 주의를 요하는 부분이었다. 따라서 진동전달을 최소화하는 방안으로 방진공법을 시험 적용하기로 하였다. 깊이 9m, 길이 15m로 M.I.P(mixed in placed pile)[3]를 시험 시공하였다. 벤토나이트 액으로 공벽을 유지하면서 오거(auger)로 소요깊이까지 굴착한 후 시멘트 페이스트를 넣고 흙과 같이 파일을 형성하는 방법이다. 진동방지 느리는 '항타 진동은 주로 표면파에 의하여 이루어지므로 지반의 강도가 작으면 전파되는 진동의 크기가 크다.'[4] 따라서 강도가 작은 토사부분에 강성이 큰 지중 콘크리트 벽을 설치하면 표면파가 반사될 것으로 생각하였다.

실제 시공후 진동치를 측정한 결과 M.I.P를 설치한 부분과 하지 않은 부분의 차이가 거의 없어 진동파가 반사한다는 논리가 우리 현장에서는 맞지 않았다.

다른 방안으로 오픈 트렌치를 깊게 만들어 방진구의 효과를 시험하였으나 이 또한 큰 효과는 없었다. 각종 기술서적에는 각종 방진 공법에 대한 효과를 설명하고 있으나 실제 현장에서는 시도한 방법들이 효과가 없는 것으로 확인되었다. 방진공법에 대해서는 좀더 학술적인 근거가 필요하다고 생각되며 현장에 적합한 방법들이 개발되고 상세한 적용방법들이 소개되기를 기대한다.

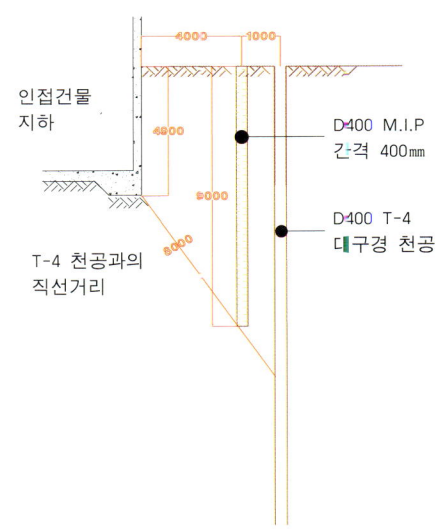

진동파를 반사한다는 의도로 시도하였던 M.I.P는 효과가 거의 없었다

3) M.I.P : 대상체 주변에 흙 시멘트벽(soil cement wall)을 만들어 진동을 억제하는 공법
4) 대한주택공사 기술연구소 '진동이 주변 구조물 및 콘크리트에 미치는 영향', 1990

설계시 소음과 진동에 관한 대책이 수립되어야

소음과 진동을 최소화 하려고 노력하지만 아직까지 이에 대한 확실한 해결대책은 기술적으로 마련되어 있지 않은 상태인 것으로 보인다. 소음과 진동으로 인해 민원이 발생할 경우 현장의 기술자들은 민원인과 평소의 유대관계를 내세워 이해를 구하는 것이 고작인데 좀더 근본적인 해결 방법은 없을까?

최우선적으로 국가에서 정한 시방서에 소음과 진동에 대한 한계치와 대처 방안을 규정하여야 한다고 생각한다. 이에 대한 방지방법이 설계되어야 소요 비용이 정해질 것이고 그 이후에야 비용이 적게들고 효과가 좋은 개선방안을 찾게 되고 해결책이 나올 수 있을 것이라 생각한다.

5) 일본도공해국 자료

표4 건설 장비의 작업시 소음 레벨[5] (단위 dB : 데시벨)

작업기계명	1m 이내	10m 이내	30m 이내
디젤파일 해머	105 - 130	92 -112	88 - 98
스팀, 에어 해머	100 - 130	97 - 108	85 - 97
어스 드릴	83 - 97	77 - 84	67 - 77
어스 오거	68 - 82	68 - 82	57 - 70
콘크리트 브레커	94 - 119	80 - 90	74 - 80
파워 쇼벨, 백호	80 - 85	72 - 76	63 - 65
크람쉘	83	78 - 85	65 - 75
공기 압축기	100 -110	74 - 92	67 - 87
콘크리트 플랜트	100 - 105	83 - 90	74 - 88
레미콘 트럭	83	77 - 86	68 - 75

6) 나진균 외 '환경진동의 저감 대책에 관한 조사연구(1)', 국립 환경연구원, 1995

표5 건설 장비의 진동 레벨 및 진동속도 (기계로부터 5m지점)[6]

기 계	진 동 (VL)		비 고
	진동레벨 (dBV)	진동속도 (kine, cm/sec)	
항 타 기	74	0.14	
브레이커	66	0.06	
굴 착 기	47	0.008	
천 공 기	59	0.03	
발 전 기	54	0.015	
T - 4	102	0.37	

※ 측정위치는 피해가 예상되는 구조체 상부면

진동이 양생중인 콘크리트에 미치는 영향

암발파시 진동은 인접한 양생중인 콘크리트에 영향을 준다

  공사를 진행하다 보면 한쪽에서는 토공사의 암발파가 이루어지고 또 다른쪽에서는 기초공사를 포함한 골조 공사가 진행중일 수 있다. 이런 경우에 걱정되는 것이 토공사의 암발파로 인하여 양생중인 콘크리트에 미치는 영향이 얼마나 클까 하는 것이다. 발파공사를 하면서 인접한 곳에 양생중인 콘크리트의 강도에 영향을 준다고 감리자가 발파공사를 못하게 하는 경우가 발생할 수 있다.

  암발파 진동이 양생중인 콘크리트의 강도에 영향을 줄 것이라는 것은 시공기술자로서 막연하게 알기는 하지만 실제 얼마 만큼의 영향이 있으며 어느 정도의 거리에서 얼마 만큼의 진동에 대하여는 문제가 없는가에 대한 답변에 자신이 없기 때문에 감리자의 요구에 속수무책일 경우가 많다. 그렇다고 정해진 공기 내에 공사를 마쳐야 하니 콘크리트가 양생하는 기간동안 발파공사를 중지할 수도 없는 것이다.

토공사의 암발파로 인한 진동으로 인접한 곳의 양생중인 콘크리트에 얼마만큼의 영향을 줄까?

시방서에는 이에 대한 언급이 없으니 관련근거를 가지고 감리자를 설득해야 한다. 이에 대한 자료로는 다음과 같다.

진동이 양생중인 콘크리트에 미치는 영향에 관한 자료

위에서 언급한 문제에 관한 자료들을 찾아보면

첫째, 에스티브스(Esteves)의 실험에[1] 따르면 콘크리트는 타설 후 양생 기간에 따라 진동 균열에 대하여 가장 민감한 기간이 존재하며 이 시기는 타설 후 13시간 이내이다.

둘째, 주택공사의 실험에[2] 따르면 콘크리트 타설 4시간 전후의 진동은 콘크리트의 강도를 저감시킨다.

셋째, 강원대의 실험에[3] 따르면 0.5카인(kine:cm/sec)의 진동을 주었을 때 타설 6시간 전후에 가장 큰 영향을 받으며 이때의 강도감소값은 무진동 시와 강도대비 93%, 10시간 전후의 강도감소는 무진동 시와 강도대비 98%였으며 강도감소에 가장 큰 영향을 준다고 예측되는 타설 6시간 후 진동속도를 변화시키며 강도값을 측정한 결과표를 참조하면 다음과 같다.

표1 타설후 6시간 후 진동 속도에 따르는 압축 강도 감소비

진동속도 (kine)	0.25	0.5	1	5	10
압축강도 감소비 (%)	95	93	92	90	90

넷째, Law Engineering Testing Company에서 추천한 진동 규제치에[4] 따르면 발파에 의한 지반 진동을 고려하여 여러 재령에 대하여 추천한 진동 규제치는 표2에 따른다.

표2 양생 기간에 따른 발파 진동의 규제 추천치

양 생 기 간	7일 이상 양생시	12시간 이상-7일 이하 양생시	12시간 이하 양생시
발전소 건물 건설시	10.2 kine	5.1 kine	0.25 kine
11층 건물 건설시	10.2 kine	5.1 kine	0.51 kine

위의 자료들을 검토해 볼 때 양생중인 콘크리트에 전달된 진동은 콘크리트의 최종강도를 감소시키는 것을 알 수 있다. 타설 후

1) Chorles H. Dowding, "Blaster Vibration Monitoring and Control", 1985

2) 임종석외, "진동이 주변구조물 및 콘크리트 경화에 미치는 영향", 대한주택공사 주택연구소 1994

3) 임한옥 외 "인공진동의 크기가 양생 콘크리트의 강도와 물성에 미치는 영향", 터널과 지하공간, Vol 4, 1994

4) 동아건설 기술연구소 기술부, "현장 기술 지도서", 제15권, 1993

2~8시간대가 진동에 큰 영향을 받고, 진동 속도에 따른 강도의 감소효과는 크지 않다는 것을 알 수 있다.

현장에서 테스트를 통한 적합한 조치 선정

넓은 대지에서 암발파와 골조 공사가 병행하여 수행되고 있었던 우리현장에서도 양생중인 콘크리트에 암발파 진동이 영향을 줄 것을 고려하여 위의 자료를 검토하여 다음과 같은 조치를 취하였다.

콘크리트 타설 12시간 경과 후 진동속도 0.5카인(kine:cm/sec)이하가 되도록 발파를 진행하였는데, 0.5카인의 진동은 현저히 진동을 느끼며 약간 기분이 나빠지는 정도이고[5] 탱크가 옆으로 지나갈 때 느끼는 진동 정도이다. 또한 어느 정도의 거리에 얼마만큼의 폭약량이 적당한가를 확인하기 위해 거리에 따른 발파진동을 시험 해보았다. 즉, 어느 정도 거리를 두어야 0.5카인(kine)을 유지하느냐를 알아야만 콘크리트 양생의 시간과 거리를 확보할 수 있기 때문이다.

함수폭약을 지공당 125g 사용하고, 지공 깊이는 1.5m, 발파는 MS 연발뇌관을[6] 사용하여 10발을 시간차로 시험발파 하였는데 아래의 표3과 같은 결과를 얻을 수 있었다.

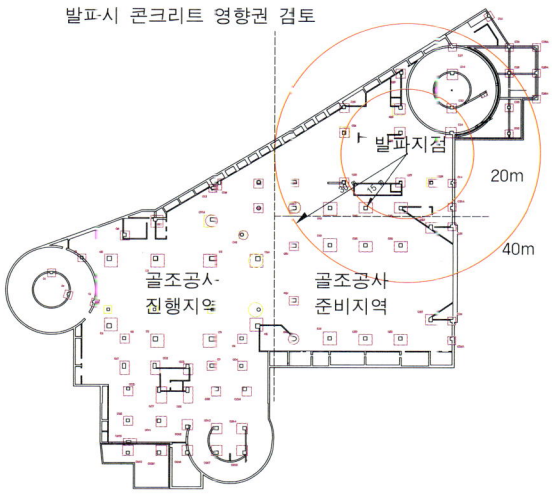

발파시 콘크리트 영향권 검토

어느 정도의 거리가 발파시 영향이 없는지 시험하여 작업구간을 정하였다.

5) 동아건설 기술연구소 '현장기술 지도서', 1993, 제15권

6) MS 연발뇌관 : 뇌관이 동시에 폭발하는 것이 아니고 시간차를 두고 폭발하는 뇌관

표3 거리별 발파 진동 측정

거 리		10m	15m	20m	25m	30m	35m	40m
측정치(kine) cm/sec	1차	3.13	1.12	0.94	1.21	0.71	0.76	0.44
	2차	7.75	1.25	1.02	0.68	0.47	0.98	0.62
	3차	2.93	1.05	1.12	0.85	0.77	1.04	0.34

위의 결과를 토대로 골조공사를 진행하는데 있어 발파시 진동속도가 0.5카인(kine) 미만의 결과를 나타내는 40m이상 떨어진 거리를 유지하는 조건으로, 콘크리트 공사와 암발파 공사를 병행하

여 진행하였다.

  발파공사를 하면서 콘크리트 타설을 병행하는 것에 대해 발주처, 감리 뿐만 아니라 시공자 스스로도 걱정을 많이 했으나 조사된 근거에 의해 공사를 진행하는 동안 진동에 의한 양생중인 콘크리트의 강도에 대한 영향은 느낌만큼 크지는 않은 것을 알 수 있었다.

현장 기술자에 의한 계측관리 운영

계측관리로 흙막이 벽의 붕괴 예방

흙막이 공사는 전문 기술자에 의해 설계되고 있지만 눈에 보이지 않는 땅 속의 상태를 지질조사라는 간단한 정보만 가지고 설계를 하기 때문에 착오가 생길 수 있는 확률이 많은 공사이다.

예를 들어 흙막이 부위에 많은 양의 물이 흐르는 수맥층이 걸쳐진다든지 암의 절리가 흙막이한 내부쪽으로 흘러서 암반 틈새로 비가 올 때 빗물이 침투되거나 동절기에는 침투된 물이 얼 수 있으므로 슬라이딩을 고려한 하중을 더 봐야하는 등 불확실성이 많은 공종이기 때문이다. 시공과정에서도 현장여건에 따라 설계변경되는 경우도 많고 가 시설물이다 보니 시공오차도 클 수 밖에 없는 공종이라고 생각한다.

그러므로 현장 기술자들이 토공사시 가장 걱정을 하게 되는 것이 이런 불확실성으로 인하여 흙막이 벽이 붕괴되지 않을까? 또는 굴토로 인해 주변건물에 피해가 발생하여 민원이 생기지 않을까 하는 것이다.

실제로 사고도 많이 발생하였고 사고예방을 위한 대처능력도 낮

건축 토공사중 흙막이 벽의 붕괴로 인한 사고가 종종 발생한다

은 수준이었다고 생각한다.

　이러한 불확실성과 붕괴사고의 예방을 보완할 수 있는 방법이 계측관리이며, 계측관리를 통하여 흙막이 가시설물 구조의 상태를 주기적인 계측을 통해 문제 발생에 대한 예측 및 보강 등을 할 수 있게 되었다. 계측장비는 90년대 초부터 건축현장에 보급되기 시작하여 최근에는 많이 보편화 되어 사용되고 있다.

토공사 하도급 계약내역에 포함되는 계측관리의 문제

　일반적으로 계측관리는 토공사 계약시 한 항목으로 토공 공종에 포함시켜 계약이 이루어진다. 계측관리를 토공전문회사에서 하는 것은 시공하는 과정에서 위험이 예측되었을 때 즉시 보강이 이루어질 수 있는 장점이 있는 반면에 위험 예측에 따른 보강 비용이 추가비용 부담으로 이어지다 보니 큰 문제로 진행되기 전에는 숨기는 것이 단점이다. 그러다 보니 계측관리가 소홀해지는 문제가 생기게 된다.

　지하심도 26m의 도심지 공사인 우리 현장은 주변에 관공서, 방송국 등이 있어 토공사중 주변건물에 미세한 영향도 주지 말아야

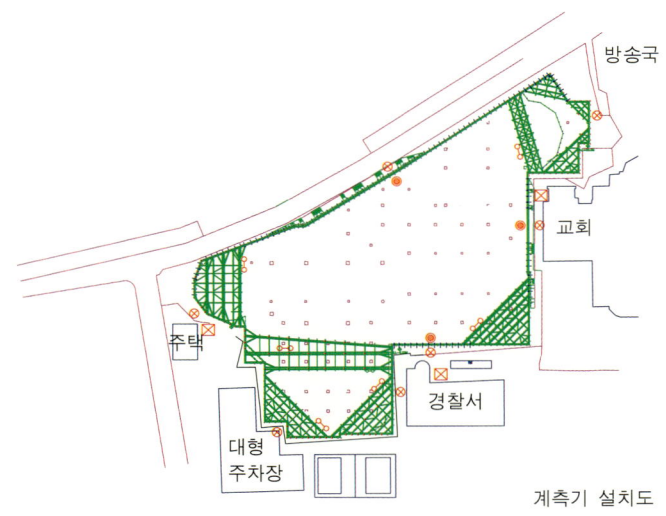

계측기 설치도

설치된 계측기

구분	종 류	수량
⊗	경사계 (inclinometer)	7개소
◉	하중계 (loadcell)	6개소
⊠	건물경사계 (tiltmeter)	4개소
○─○	변위계 (strain gauge)	12개소

주변에 관공서, 방송국, 등의 시설이 있어 계측관리의 중요성이 강조되었다

하는 여건이었다.

결국 계측관리 전문회사로부터 계측에 관한 교육 및 자문을 구하게 되었고 적정한 계측관리에 소요되는 비용을 받아본 결과 약 3천만원 정도였다. 그러나 토공 전문 회사의 하도급 내역에 포함되어 있는 비용이 9백만원 이었다. 9백만원을 받고 3천만원짜리 일을 하라고 한다면 제대로 될 수 없다고 판단하고 대안을 찾기로 하였다.

계측관리 운영 방안 재수립

마침 본사에는 현장에서 필요로 하는 계측 장비를 거의 보유하고 있었고 본사 토목 기술 부서와 협의한 결과 본사 장비의 사용을 지원할 수 있다는 승락을 받을 수 있었다. 단, 비용이 소요되는 계측용 매립 자재와 설치 장비는 토공 하도급에 포함되어 있는 9백만원 범위내에서 처리하고 주 단위로 해야 하는 계측은 현장 직원들이 하며 결과 보고서는 본사 기술부서에서 작성한다는 방침을 세울 수 있었다. 현장에서는 아래의 4가지 계측기를 현장에 설치하고 주기적으로 현장직원이 직접 측정하였다.

첫째, 경사계(inclinometer)의 운용

경사계는 굴토 공사가 착수되기 전에 흙막이 벽 뒤쪽에 파이프를 설치한 후 파이프의 기울기를 통해 굴토중 흙막이 벽의 움직임을 알 수 있도록 한 것이다. 경사계 파이프 설치시 위치가 어스 앵카의 천공위치와 같을 경우 파손되는 경우가 있을 수 있으므로 사전에 토공도면을 보고 위치를 확인해야 한다. 또한 파이프가 주변의 흙이나 이물질이 들어가 막히거나 파손되지 않도록 관리를 잘 해야 하는데 파이프가 공사도중 막히면 초기치(굴토 전의 상태)를 알 수 없어 사용이 불가능 하게 된다. 그러므로 주변을 벽돌로 막아 보호해 주면 좋다. 계측 결과 분석은 설치때의 초기값을 0으로 가정하고 측정당시의 그래프에 나타나는 값을 초기치와 비교하면 기울어진 정도를 알 수 있다. 7일간 변위량이 2mm보다 커지면 주의를 해야 하고 4mm 이상이 되면 공사를 중지하고 조치를 취해

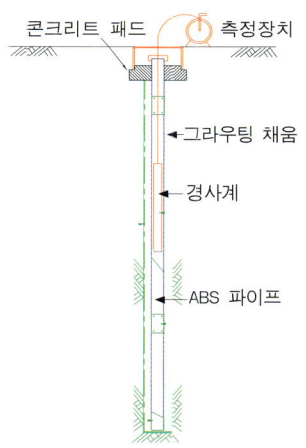

경사계(Inclinometer)의 설치단면도

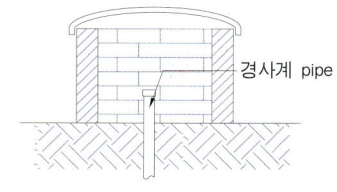

경사계 파이프를 보호하기 위해 주변을 벽돌로 막아주면 좋다

1) 미공병대 허용 수평변위 기준 NAVFAC DM-7.2(1982) (Effect of Wall Movement of Wall Pressures)

경사계 측정결과 그래프로 좌측은 움직인 상태를 우측은 값을 나타낸다

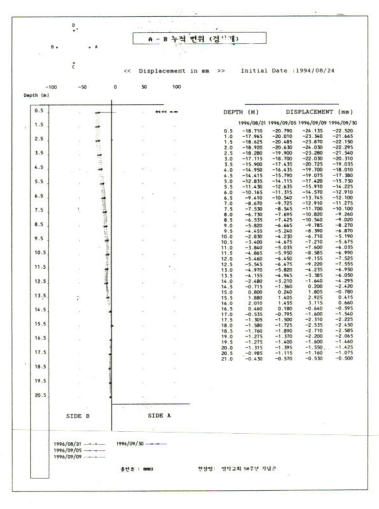

건물 경사계(tiltmeter) 측정사진(좌) 측정값 데이터로 건물의 움직임을 나타낸다(우)

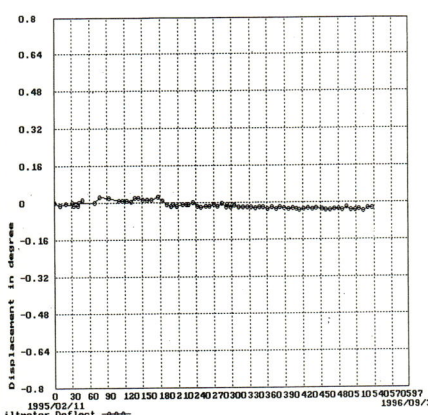

야 하는 등의 특별관리를 해야 한다.[1]

우리 현장의 경우 장마철에 흙막이 벽에 갑자기 허용치 이상으로 큰 변위가 생겨 시간 단위로 변위를 체크하는 등 긴장하였으나 장마 후 다시 원상태로 복원하여 안심했었다. 아마도 장마로 흙 속에 침투된 수분에 의해 일시적으로 흙의 무게가 증가하여 토류판에 전달되어 변위가 증가하였을 것이다. 만일 변위값이 원래대로 복원되지 않았다면 전문가의 진단을 받아야 했을 것이다.

둘째, 건물경사계(tiltmeter)의 운용

현장 주변건물에 부착하여 토공사 중에 건물이 얼마나 기울었나를 측정하는 데 사용되며 측정방식은 경사계와 같다.

결과 분석은 당초 초기치와 비교하여 굴토깊이에 따른 건물의 변위누계가 1/300을 넘어서면 주변건물이 영향을 받고 있는 것이므로 조치를 취해야 한다.

셋째, 하중계(load cell)의 운용

하중계는 어스 앵카의 헤드(head)에 설치하여 어스 앵카가 받는 힘을 측정하는 것이다. 하중계(load cell)는 경사계와 같은 위치에 설치해야 한다. 경사계에서 변위의 측

정, 하중계에서 하중의 측정으로 계측값의 신뢰를 더 높일 수 있다.

넷째, 변형계(strain gauge)의 운용

변형계는 스트러트에 설치하여 강재 구조물의 변형을 측정한다. 변형계는 초기값의 정확성을 위하여 부재를 설치하기 전에 부착하여야 한다.

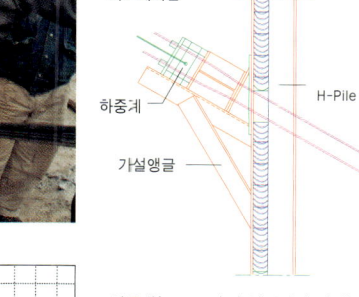

하중계(loadcell)의 설치단면도(좌) 어스앵카 헤드에 설치하여 어스앵카가 받는 힘을 측정한다(우)

하중계(loadcell)측정값 데이터로 측정기의 세지점에서 측정한 후 나타내는 평균값이 어스앵카가 받고있는 힘이다.

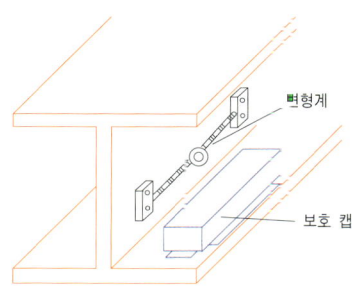
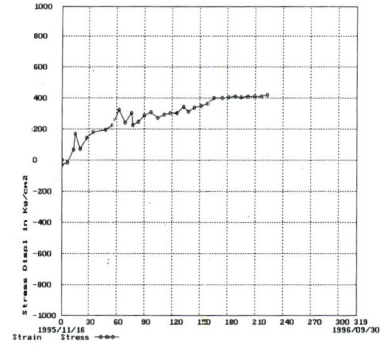

변형계(strain gauge) 설치도면(좌) 측정값 데이터로 나타내는 값이 스트러트가 받는 힘이다(우)

자동계측으로 원하는 시간에 원하는 간격으로 자동 측정

계측관리를 현장 직원들이 직접 운용하다 보니 원가는 절감할 수 있었으나 업무부담이 커지는 문제가 발생하였다. 특히 장마철이나 대형장비가 흙막이 상부에서 작업할 때는 수시로 계측을 해야 하므로 여기에 소요되는 시간이 더 많아졌다.

그때 마침 본사에서 자동계측장비를 도입하였고 우리 현장은 장비 설치를 요청하여 자동계측장비를 현장에 설치하였다. 측정방식

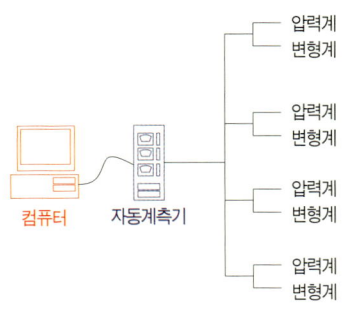

측장치를 이용하여 압력계와 변형계의 움직임을 원하는 시간과 간격으로 자동 측정할 수 있게 되었다

은 하중계(load cell)와 변형계(strain gauge)의 전기신호를 전선을 통하여 사무실에 연결한 후, 컴퓨터를 통하여 원하는 시각과 원하는 간격으로 자동 저장하게 한 후 언제든지 결과를 출력하여 변위확인이 가능하게 한 것이다. 이를 통하여 현장의 흙막이 벽의 변위를 수시로 측정할 수 있었고 건축주나 감리단에서도 토공사중 안전에 대하여 신뢰감을 가질 수 있었다.

계측관리를 별도의 공종으로

아직도 계측관리는 토공사의 한 항목으로 토공 전문회사에 계약되는 경우가 많다. 대형이고 위험부담이 많은 현장이라면 자체 시행을 추천하고 싶다. 또 입찰시에도 이를 반영하여 별도의 항목으로 계측관리 견적을 받아 입찰해야 한다고 생각한다.

제대로 책정되지 못한 비용으로는 형식적으로 계측관리가 시행될 수 밖에 없고 문제의 핵심에서 현장 기술자들이 멀어질 수 있다고 생각한다. 계측관리를 별도의 공종으로 분리하고 현장 기술자가 직접 관리 및 평가를 할 수 있어야 토공사시의 위험관리가 가능하다고 생각한다.

골조공사

골조공사 착수전 천정의 내부공간 검토와 문제 해결
어렵게 느껴지는 구조도면 어떻게 검토해야 하나
구조설계에서 놓치기 쉬운 현장 여건
콘크리트 양생 초기강도의 추정
배합후 90분이 지난 레미콘의 강도와 슬럼프 변화
최하층 바닥 슬래크의 문제점 검토
슬래브 철근의 유효춤 확보를 통한 성능 개선
구조용 경량콘크리트를 이용한 발코니 객석의 고정 하중 줄이기
30m 장스팬 보에 포스트 텐셔닝 공법 적용
18m 높이의 대형 구조물 동바리 선정
파이프 쿨링을 이용한 수화열 제어
철근의 녹에 관한 정보
높이 18m, 폭 20m의 토압을 받는 옹벽의 시공성 검토
철근 콘크리트 공사에서 상식과 잘못된 상식
복잡한 객석 발코니 철골구조, 단순화를 통한 시공성 개선
스터드 용접 방법의 적정성 검토
프리플렉스 빔의 시공시 검토사항

골조공사 착수전 천정의 내부공간 검토와 문제해결

골조는 사람의 뼈, 건축마감은 사람의 피부, 설비 배관은 핏줄

건물을 겉에서 볼 때는 건축마감만 보이므로 아름답다든지 품질이 좋다든지 등의 평가를 건축마감만으로 쉽게 하게 된다. 사람에게는 피부 내부의 핏줄이 제대로 작용해야 살 수 있듯이 건물도 사람의 핏줄 역할을 하는 설비배관이 제대로 기능을 다해야 건강하게 건물이 수명을 다할 수 있다. 사람과 마찬가지로 건물도 천정마감은 깔끔하게 정리되어 보이지만 그 내부에는 사람의 핏줄 역할을 하는 설비 배관이 많이 배치되어 건축물이 살아 숨쉬게 하는 기능을 하게 된다. 즉, 건물이 그 기능을 제대로 하기 위해서는 공기조화, 덕트(duct), 위생배관, 소화배관, 전등 등이 골조와 천정사이의 좁은 공간에서 적절히 배치되어 기능을 발휘하도록 설계되어야 한다. 그런데 일반적으로 건축주는 최소한의 공사비로 최대한 많은 면적의 확보를 원하므로 이를 만족시키기 위해서는 한층의 높이가 최소화 되어야 한다.

건축 설계자도 한정된 한층 높이에서 최대한의 천정고를 유지하기 원하므로 천정내의 설비기구를 설치하기 위한 공간은 항상 여

건물이 그 기능을 제대로 발휘하기 위해서는 천장내부에는 설비 덕트, 각종파이프, 전등 기구들이 적절히 배치되어야 한다

유가 없게 설계되는 운명을 타고 났다.

천정 내부공간, 항상 발생하는 문제점

건축 설계사무소에서 건축주에게 도면이 납품될 때에는 건축, 설비, 전기, 소방 등의 서로 다른 파트에서 작성된 각종 도면이 함께 검토(cross check)되어 온벽한 도면이 납품되어야 하지만 이를 통합적으로 검토하는 기술자의 역량이 부족하거나, 도면 납기일에 쫓길 경우 검토가 부족한 상태로 건축주에게 납품되고 이는 그대로 시공자에게 넘겨지게 되는 경우가 많다.

물론 공사 현장에서는 문제점 사전검토(coordination drawing recheck)를 하면서 문제점을 찾아내어 해결하는 것이 당연하지만 천정내의 공간부족 문제는 골조공사 전에 반드시 검트해야 한다. 문제가 골조공사 전에 발견된다면 도면상의 구조변경을 통해 쉽게 천정고를 조정하여 해결이 가능하지만 골조공사가 끝난 다음이라면 천정고를 낮추어야 하거나, 미관상 좋지 않은 천정의 단차이가 생긴다든지, 외부창호가 천정안으로 들어가는 문제 등이 발생하여 외부 디자인까지 영향을 줄 수 있다. 그러므로 천정내부 공간에 여러 설비 기구들을 적절히 배치할 수 있는지의 종합적인 검토는 공사 초기 즉, 골조공사가 시작되기 전에 이루어져야 할 것이다.

골조공사전 천장 내부 공간의 검토가 이루어지지 않는다면 천장에 단차이가 나는 이상한 모습이 만들어 질 수 있다

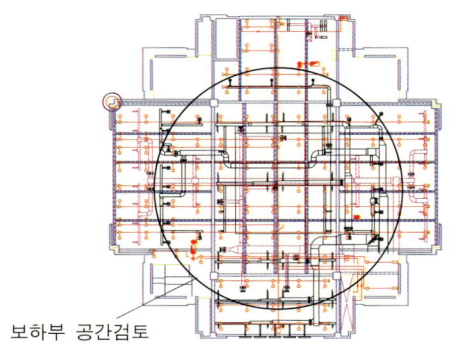

보하부 공간검토

천정높이 : 63.530
천 정 고 : 2.070
천정선레벨 : 68.400

바닥슬래브높이 : 69.700
천정선레벨 : 68.300
슬라브두께＋보높이 : 1.100
천정구조 : 100

천정여유공간 : 200㎜
덕트 높이 : 200,450,800㎜
철골보에 모든 덕트 오프닝 필요함

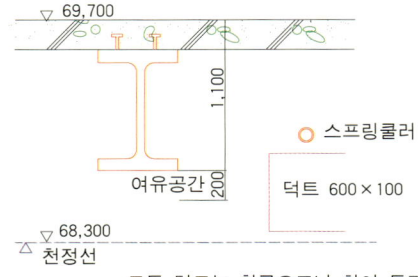

모든 덕트는 철골오프닝 하여 통과
스프링 쿨러 주관은 여유공간으로
지관은 철골오프닝으로

골조와 설비기구가 교차하는 부분의 단면을 그려보면 천장 내부 공간의 부족한 치수를 찾아낼 수 있다(위)
건축, 설비, 전기, 소방 도면을 겹쳐(overlap) 보면 문제가 있는 부분을 발견할 수 있다(옆)

천정내부 공간 검토 및 문제점 해결방안

천정 내부공간의 문제점을 검토하는 방법의 기본은 CAD 프로그램을 이용하는 것이다. 천정과 관련있는 골조도, 공기조화, 소방, 전기 천정도 등의 관련 도면을 CAD를 이용하여 오버랩 한 후 골조도의 보하부에서 통과하는 기구들의 단면을 그려 확인하는 것이다. 골조보와 설비기구가 교차하는 부분의 단면을 그려보면 천정 내부공간의 부족한 치수를 찾아낼 수 있다. 이때 천정고를 조정하지 않고 문제를 해결할 수 있는 방법은

첫째, 설비기구의 위치 이동

가장 쉬운 방법으로 평면상에서 문제가 없는 부분으로 위치를 이동시키는 것이다.

둘째, 소화 배관을 90° 틀어서 배치

소화배관은 소화 용수 공급 방식에 따라 파이프내에 항상 물이 차있는 습식과 평상시 파이프내에 공기만 있다가 화재시 물이 채워지며 작동하는 건식이 있다.

습식의 경우는 배관을 '⊓' 형식으로 꺾어서 설치해도 문제가 없지만 건식의 경우는 파이프내부의 물을 빼기 위해 별도의 배수

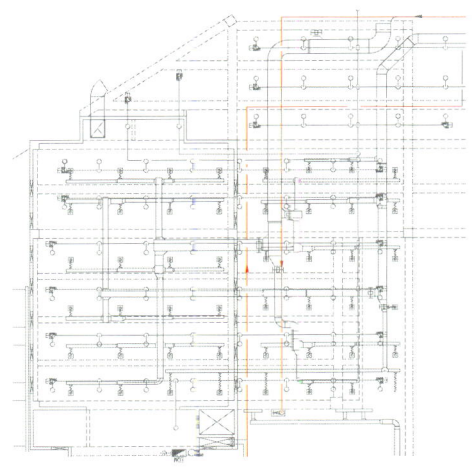
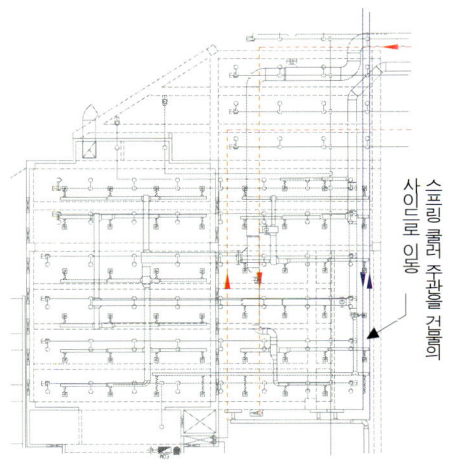

스프링쿨러 주관과 공기조화덕트가 직각으로 교차하여 천정공간이 부족(좌)
스프링쿨러 주관을 덕트가 없는 측면 부분으로 수평이동(우)

처리를 해야 하므로 레벨을 꺾어서 설치할 수 없다. 그러므로 크기가 큰 환기 덕트가 설치된 것과 직각으로 만나지 않도록 평행하게 배치한다.

셋째, 구조체의 조정

보(beam)와 설비배관이 걸릴 경우 보를 90° 틀어 배치하여 보의 하단에서 슬래브까지의 공간을 활용하는 것도 고려할 수 있다. 그래도 해결이 되지 않는다면 보의 춤을 조정하는 방안도 사용할 수 있을 것이며 이 때는 구조검토가 이루어져야 한다.

넷째, 구배가 필요한 배관은 천정이 없는 곳에 설치

위생배관은 구배가 있어야 하므로 넓은 공간에서는 태관길이가 길어지므로 큰 공간을 차지하게 된다. 그러므로 되도록 천정이 없는 지하주차장까지 샤프트(shaft)를 통해 수직 배관하여 이동 배치하는 것이 바람직하다. 또한 천정내부가 좁아 구배를 조정한다면 위생 배관 등은 통상 1/100구배에서 정밀하게 시공할 경우 시공 가능한 최소 구배 1/300까지 조정이 가능하므로 천정의 높이와 구배 둘 중 경중을 따져서 조정해야 할것이다.

다섯째, 덕트 크기를 조정

문제가 있는 덕트의 크기를 변경하는 방법을 사용할 수 있다. 이

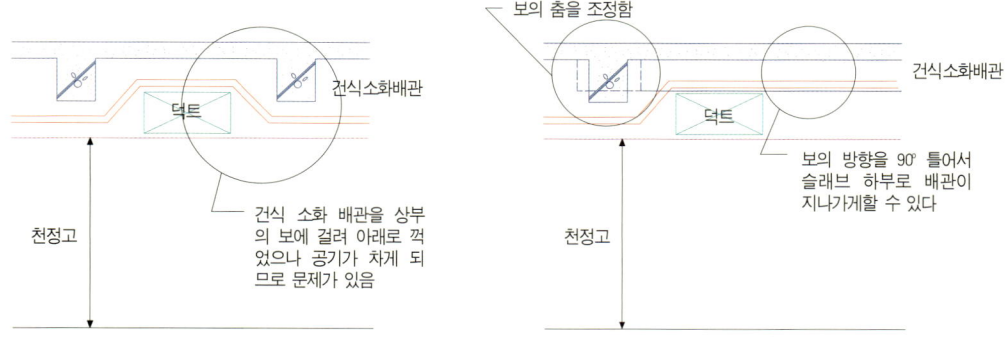

보의 위치가 건식 소화 배관과 걸려 아래로 꺾어 설치해야 하는 경우가 발생할 수 있다(좌)
보의 춤을 조정하거나 보의 각도를 90° 틀어서 건식 소화 배관을 꺾지 않고 설치하는 방법도 고려해 볼 수 있다(우)

때 납작한 덕트는 공기저항 때문에 면적이 더 커져야 하며 이에 따른 공조기의 용량도 같이 검토되어야 한다.

여섯째, 보춤을 키우고 오프닝을 설치

철골보의 경우 하부로 덕트가 통과되지 않을 경우 춤을 키우고 오프닝을 만들어 덕트를 관통 시킬 수 있는 유리한 점이 많다. 그러나 오프닝이 춤의 1/2 이상인 대형 오프닝의 경우는 국부 응력 검토도 필요하다. RC 조의 경우 국내에서는 보통 오프닝을 만들지 않지만 외국의 경우는 춤의 1/3 까지는 오프닝을 만들어 철근을 보강하고 사용하기도 한다.

일곱째, 일부 천정고를 조정하여 단차를 주되 미관적으로 해결

그래도 해결이 되지 않는다면 배관을 천정의 사이드 부분으로 옮기고 그 부분만 천정을 내리는 방법도 있을 것이다. 중요한 홀 부위의 천정고가 확보되지 않아 부득이 하게 일부분의 천정을 내

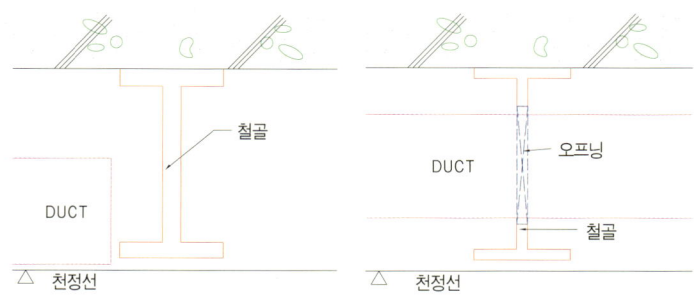

철골보의 춤을 키우고 웨브(web) 부분에 오프닝을 만들어 덕트를 통과 시킬 수 있다

릴 수 밖에 없었는데 그 자체를 디자인화 하여 미관상 거부감을 주지않도록 한다는 방침을 세우고 설계자 뿐만 아니라 발주처 모두 오랜시간 고심하여 문제를 해결하였다.

문제가 있는 부분의 천정을 좌·우측 동일하게 내려 디자인화 하므로 미관상 거부감을 주지 않게 하였다

디자인화하여 처리한 좌측 부분의 천정

어렵게 느껴지는 구조도면 어떻게 검토해야 하나

구조도면의 근본적인 문제

일부 대형 구조설계 사무소는 구조계산 뿐만 아니라 구조도면 작성 및 구조 감리까지 하는 바람직한 시스템을 갖추고 있다. 그러나 많은 건축설계 사무소에서는 적은 설계비로 인하여 구조계산을 영세한 구조설계 사무실에 의뢰하게 되고 구조 도면은 건축설계 사무소의 신참직원이 작성하여 납품하는 경우가 대부분이다.

물론 이때도 건축 설계사무소의 자체 검토와 구조 설계사무소의 확인을 거치겠지만 그럼에도 공사를 진행하다 보면 구조계산서와 구조도면이 일치하지 않는다든지, 보 단부의 지점조건 즉 픽스(fix)와 핀(pin)이 서로 바뀌어 있는 등의 심각한 구조 도면상의 문제를 발견하는 경우가 많다. 이런 잘못된 부분을 정정하지 못한 채 공사가 진행되어 나중에 하자가 발생한다면 누구의 책임일까? 물론 도면 오류는 법적으로 설계자의 책임이지만 건설기술관리법 23조 2항에 의하면 시공자는 설계도면이 현장 여건과 일치하는지, 시공이 가능한지에 대한 검토만을 하도록 범위를 규정하고 있다. 법의 의도를 추정하면 설계자 또는 감리자가 이런 도면 오류들을 정정하도록 유도하고 있지만 우리의 현실은 도면 오류에서 오는 하자 책임도 시공자에게 돌아가는 경우가 대부분이다.

구조적으로 문제가 있었음에도 잘못된 시공관리 때문에 하자가 발생된 것처럼 색안경을 끼고 보거나, 문제점을 사전에 발견하여 설계자에게 검토요청을 하지 않았다고 오히려 원망을 듣는 경우가 많기 때문이다. 그러므로 시공자는 위에서 언급한 구조도면의 최종 방어자라는 자세를 견지하여 골조 작업 전에 구조 도면에 문제가 없는지 확인해 보는 문제의식이 필요하다.

철근을 표시한 구조 평면도

우리나라의 구조도면의 구성을 보면 구조 평면도에 부재의 기호가 기록되어 있고 철근의 배근은 기둥일람표, 보일람표 등에 별도로 표시되어 있다. 즉, 한눈에 철근배근을 파악할 수 없는 도면 시스템이다. 유럽쪽의 도면은(BS[1] 기준) 도면에 철근을 상세히 그려 넣어 정착방법, 구부림위치 등 모든 정보를 도면에 표시하고 있다. 미국의 경우는 플레이싱 드르윙(placing drawing)이라는 입체 형식의 도면이 있어 한눈에 바근상세를 알아볼 수 있도록 되어 있다.

1) British Standard

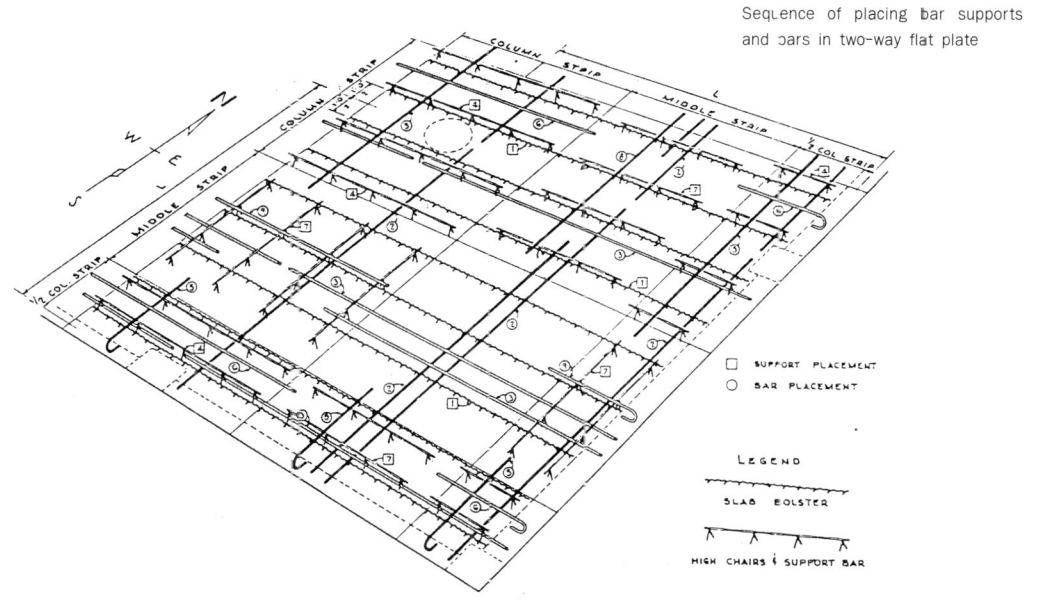

Sequence of placing bar supports and bars in two-way flat plate

현장에서는 철근 상세도를 한 구조 평면도에 표시하여 배근정보를 모두 기록한 도면을 승인 받은 후 공사를 하였다. 이 도면은 배근을 한눈에 볼수 있으므로 구조검토가 가능하고 작업자들에게도 이 도면만 보면 공사가 가능하도록 되어있다. 전형적인 상세는 별도 도면으로 정하여 사용하였다.

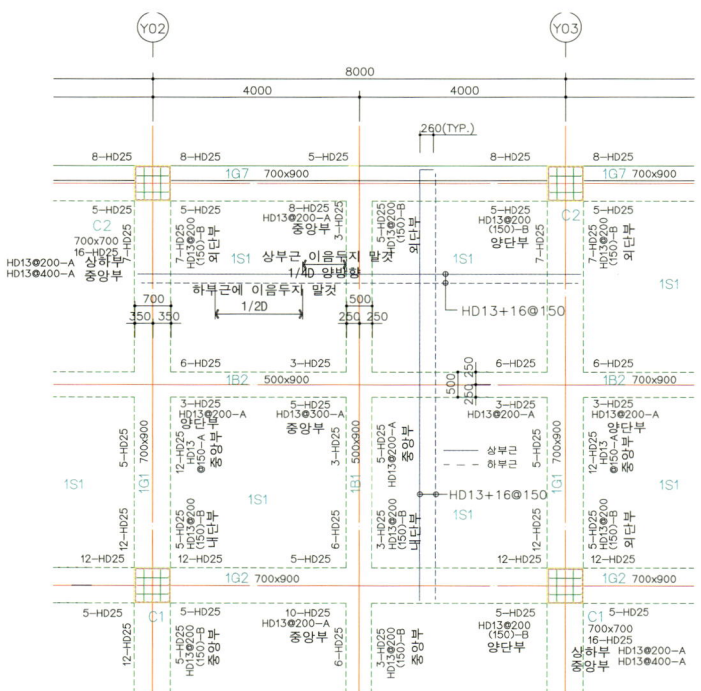

구조 평면도에 모든 배근 정보를 기록한 도면 일부

어렵게 느껴지는 구조도면의 검토요령

이렇게 작성하는 것이 대단히 어려운 일이지만 일단 작성이 끝나면 기본적인 구조지식만으로도 구조검토가 가능하다. '구조' 하면 어렵게만 생각하는 시공 기술자가 우리 주변에는 의외로 많다. 그러나 어렵게 생각되는 구조 검토도 몇가지 원칙적인 접근을 하면 의외로 쉽게 할 수 있다. 먼저 다음 페이지의 도면을 검토해 보기로 하자. 이는 보의 주근 개수를 구조도면에 모두 표기한 도면이다. 자세히 관찰해보면 여기에는 구조적으로 문제가 있는 부분이 10개소가 있다. 시공 기술자로서 문제가 있는 부분을 7개 이상 찾아낸다면 구조실력이 뛰어난 것이고 5개 정도라면 보통, 그리고 3개 미만이라면 구조공부에 더 많은 시간을 투자할 필요가 있다고 본다.

문제를 풀어본 후에 54쪽의 정답을 확인해 보자.

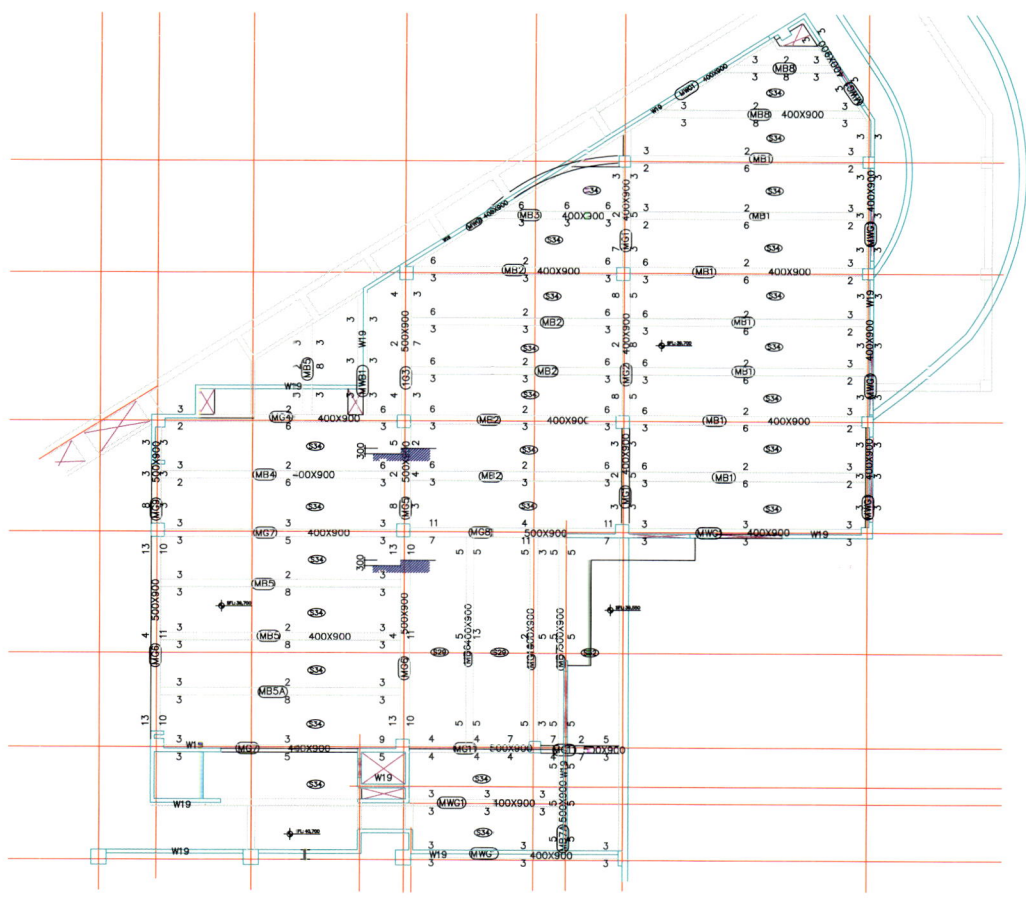

위와 같은 구조도면 검토를 하는데는 많은 인력과 시간이 소요되지만 작업을 하고 나면 많은 문제점들을 찾아낼 수 있어 공사 중에 문제를 발견하여 해결하려는 고통과 노력에 비하면 훨씬 덜하다고 생각한다.

위에 언급한 작업과정을 거쳐 도면 표기가 완료되면 찾아낼 수 있는 문제는 다음과 같다.

첫째, 구조 도면에 배근을 모두 표기하면
① 보의 단부가 핀(pin)인가? 픽스(fix)인가? 철근의 통고(passing)가

위의 도면에는 구조적으르 문제가 있는 부분이 10개소가 있다.

가능한가? 이다. 즉, 외측 거더(girder)에 연결되는 빔(beam)은 접합부가 핀이어야 하는데 상단 철근이 많은 픽스 구조로 되어 있다든지, 모멘트가 인접보로 통과(passing)가 되어야 하는데 핀으로 배근 되었다든지 또는 보 일람표에 내단, 외단을 거꾸로 표기된 것들을 찾아낼 수 있다.

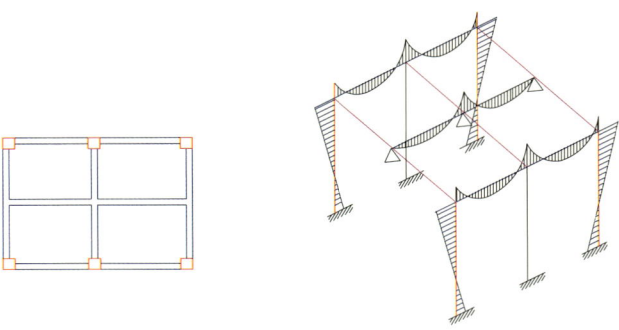

골조 모멘트 다이아그램

② 보의 단 차이로 인한 크기 확인

구조는 마감 레벨로 인해 단 차이, 즉 레벨차이가 있게 마련인데 이를 고려하지 않은 보 규격으로 문제가 발생할 수 있다. 만일 큰 보(grider)가 작은 보(beam)를 받아줄 수 없는 경우에는 당연히 큰 보의 춤을 900mm에서 1,100mm으로 키워야 할 것이다. 또한 작은 보는 서로 통과(passing)되는 구조처럼 보여 픽스(fix) 처리하는 경우도 많은데 단 차이가 많이 날 경우는 핀(pin)으로 보아야 할 것이다.

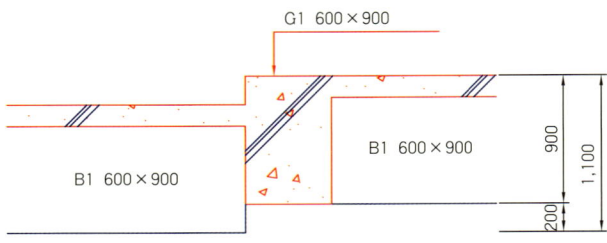

큰 보에 작은 보가 거치되지 못한다

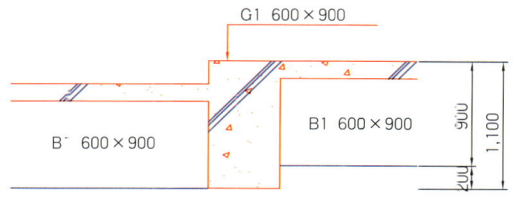

큰 보의 춤을 1,100mm으로 키워야 구조적으로 문제가 발생하지 않는다

③ 같은 스팬과 같은 지점으로 된 보가 서로 배근이 상이하다면 그것 또한 둘 중의 하나는 수정이 되어야 한다.

둘째, 구조도면과 건축도면을 CAD를 이용하여 겹쳐(overlap) 보면,
① 조적 벽체를 받치고 있는 보의 위치가 조적벽의 위치에서 벗어나 있다. 아마드 이런 문제는 구조도면이 완성된 후에 건축도면이 조금씩 바뀌었기 때문에 발생하였다고 생각된다.
② 도면상으로는 벽식보(wall girder)인데 실제적으로는 창호가 있어 보(girder)로 배근을 바꾸어야 하거나
③ 발전기실과 같이 하중이 많이 발생하는 부분의 위치가 바뀌었는데도 슬래브는 하중을 적게 받는 당초의 슬래브로 그대로 있는 것 등의 문제점들을 발견할 수 있다.

완성도 높은 구조 도면

위의 과정을 거쳐 문제점을 발견한다면 작은 사항이라도 구조기술자의 확인을 요청하는 것이 좋을 것이다. 사실 이러한 검토작업은 시공기술자에게는 한계가 있을 것이므로 구조전문가인 구조설계 사무실에서 해야 함이 마땅하다.

현재의 도면 체계인 구조 평면도와 보, 기둥, 슬래브 일람표 등의 체계는 도면이 각각 별도로 구성되어 실수할 수 있는 소지가 많다. 이를 개선하기 위해서는 구조 평면도에 배근을 표시하는 체계로 바뀌어야 건축 설계자와 구조 계산자도 쉽게 검토할 수 있고 시공자는 완성도 높은 구조 도면을 갖고 시공할 수 있게 될 것이다.

그러나 현실은 아직 이런 체계가 되어 있지 않으므로 건축물의 구조적 결함이 발생하지 않게 하기 위하여 구조기술자가 아닌 시공기술자가 현장에서 이러한 작업을 해야 하는 것이 아쉽다.

구조문제 해답

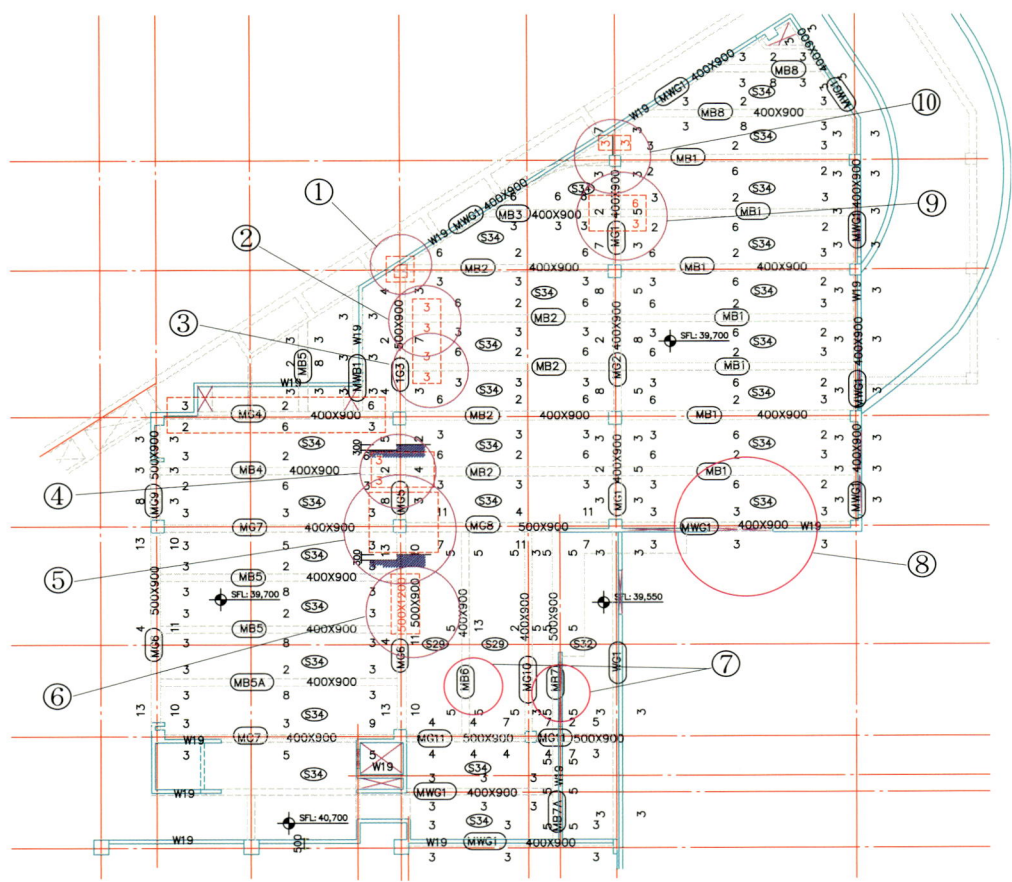

(해답설명)
① 두 보가 만나는 부분에는 옹벽이 있다해도 기둥이 추가되어야 한다.
② 큰보에 작은보가 한쪽만 거치될 경우 작은보의 단부는 핀(pin)으로 보아야 한다.
③ 하중조건이 MB4또는 MG7과 다른데 배근이 동일하다.
④ 단차이가 많이나는 작은보의 큰보에서 만나는 부분을 픽스(fix)로 볼수 없다.
⑤ 기둥에서 두 큰보가 만날경우 두 보의 스팬이 큰차이가 나지 않으면 비슷한 철근량이어야 한다.
⑥ 단차이가 나는 부분의 큰보는 작은보를 받아줄 수 있도록 춤이 확보되어야 한다.
⑦ 하중조건이 작은 두보의 배근은 같아야 한다.
⑧ 주 출입구 부분은 벽보(wall girder)가 될 수 없다.
⑨ 통과(passing)되는 작은보의 양쪽 단부 철근량은 비슷해야 한다.
⑩ 인접 옹벽까지 큰보가 뻗어주어야 구조상 유리하다.

구조설계에서 놓치기 쉬운 현장 여건

설계자가 인정받는 사회

싱가폴의 한 현장에서 근무할 때 일주일에 한번씩 공정회의를 하였는데 이 회의에서 설계자(architect)가 자재, 마감상태, 설계변경 등 대부분의 현황 사항을 결정하며 회의를 주도하였고 발주처도 대부분 설계자의 의견을 존중하는 분위기였다. '설계자 (architect)가 인정을 받는 사회에서는 아름다운 건물이 많을 수 있겠다' 하는 생각을 해보았다. 구조 기술자(structural engineer)도 꼭 공정회의에 참석하여 공사진행 중 발생하는 문제를 현장 여건에 맞게 해결하여 일을 진행하는 데 지장이 없도록 적정한 역할을 하고 있었다.

국내의 시공 현장에서는 설계나 구조계산과는 거리가 먼 감리자가 파견되어 현장에서 필요로 하는 설계 감리나 구조 감리가 아닌 행정업무를 주로 하게 된다. 물론 검측이나 자재나 마감상의 설계변경 등의 업무도 하지만, 부적인 행정 업무가 과다한 이유로 본연의 업무는 소홀히 되고 있는 것이 현실이다.

설계자나 구조 설계자는 공사 현장에 참여할 기회가 점점 멀어지게 되고 공사가 완공된 후에도 과연 누구의 작품인지 모를 건물이 되는 경우도 있을 것이다. 현재와 같은 감리제도 - 설계자가 시공에 참여하는 역할이 적은 제도 - 는 개선되어야 할 것으로 생각한다.

다행히 우리 현장은 원설계자가 감리를 하게 되어 많은 근본적인 문제가 해결되었으나 구조 부분에서는 타 현장과 마찬가지로 구조 감리가 따로 없었으므로 어려움이 많았다.

구조 기술자들의 현장감

국내에서는 발주자가 먼저 설계자와 계약을 맺고 설계자는 기본

안이 나온 후에야 하도급자를 선정하듯이 구조 설계자를 선정하여 구조계산을 의뢰하고 있다. 구조 기술자는 단순히 계산만 하고 구조도면의 작성이나 현장에서의 구조감리는 참여를 못하고 있다. 이렇게 하는 것이 물론 비용도 절감되고, 업무 처리속도도 빨라질 수 있겠지만 구조적으로 미진한 부분이 많이 발생할 수 밖에 없다.

현장에서 구조도면을 보고 시공을 하면서 느끼는 것은 구조기술자들은 대부분 구조계산만 하고 자기가 계산한 결과가 현장에서 어떻게 이루어지는가를 확인할 수 없으니 자연히 현장감이 떨어질 수 밖에 없겠구나 하는 것이다. 현장감이란 현장에서 발생하는 문제점들을 몸으로 부딪치면서 고민하여 해결하고 이러한 경험이 다른 건축물의 구조계산을 수행하는 데 참조가 되고 이런 과정이 반복되어서 얻어지는 결과라고 생각한다.

현장에서 골조공사가 진행될 때면 구조 기술자의 간단한 설명(comment)이 아쉬울 때가 많다. 현장은 짜여진 공정표에 의해 끊임없이 바쁘게 돌아가야 하는데, 주로 행정업무를 하는 현장감리는 작은 구조문제 인데도 불구하고 서류를 접수하여 구조사무실에 의뢰하고, 그 결과를 받는데 소요되는 시간이 너무 길고 그렇게 해서 받은 검토결과가 현장감이 떨어져 만족스럽지 못한 경우가 많다. 여기에서 언급하려는 구조 문제는 어쩌다가 가끔 발생하는 문제가 아니라 항상 현장에서 발생하는 문제 즉 구조하는 분들이 현장감이 있었으면 어쩌면 쉽게 해결될 수 있는 문제에 대하여 초기 구조계산을 시작할 때 반영되었으면 하는 바람에서 제기해 본다.

완벽하게 시공관리가 되면 문제가 되지 않을 수도 있으나 시공관리 차원에서의 해결보다는 구조계산 차원에서 해결되는 것이 바람직 하다고 생각되는 내용이기도 하다.

고정하중과 적재하중 그리고 또 하나 시공하중

골조공사 중에는 구조물위에 하중으로 작용하면서 운행되는 건설 장비들이 많다. 레미콘 트럭(agitator truck), 레미콘이나 몰탈 펌프류, 믹서(mixer), 지게차(folk lift), 유니로다(uni-loader), 운반용 트럭 등이 그것이다. 그 중에서도 가장 심각한 것이 지하 주차장에 운행되는 지게차 (folk lift)이다.

지하 주차장에는 마감 공사가 많지 않고 공간이 넓어 자재보관에 최적의 장소가 되기 마련이고 자재를 운반하기 위한 지게차의 운행은 필연적이 된다. 예를 들어 지하층 조적 공사를 위해 시멘트 벽돌 파렛트가 주차장 부위에 운반이 되고 있다고 하자. 벽돌 한 파렛트는 1,500장 이상으로 포장되어 무게가 약 3.3ton이고 이를 운반하기 위한 지게차의 무게는 약 4ton 정도이다. 그러므로 지게차가 벽돌 한 파렛트를 운반할 때에는 충격하중을 별도로 약 7.3ton의 집중 하중이 슬래브에 전달된다. 지게차 바퀴의 면적으로 환산하면 1.6ton/㎡ 이나 되는 시공하중이 작용하는 것이다.

시공관리 측면에서 슬래브 하부에 강관받침 기둥(steel support) 보강을 하고 지게차를 운행하면 문제가 없겠으나 우리나라 건설현장의 현실은 그 정도까지 관리가 안되고 있는 실정이다. 따라서 벽돌 뿐만 아니라 각종 자재 조치나 장비 운행이 예상되는 지하 주차장이나 1층 바닥 슬래브의 하중은 법규에 있는 적재하중 (500kg/㎡)만 고려해서는 안 된다고 생각한다. 그러므로 구조기술자가 현장 여건에 맞는 별도의 시공하중을 고려해서 설계를 하고 고려된 하중 이상의 적재가 있을 때에는 별도 검토를 받아야 한다는 설명을 덧붙인다면 시공자에게 환상적인 배려가 될 것이다.

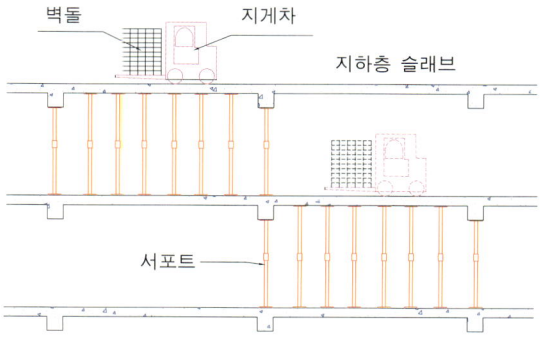

지하주차장은 마감 공정이 많지 않아 자재적치장으로 사용되므로 기를 운반하기 위해 지게차가 운행될 수 밖에 없다(좌) 국내 현장의 현실은 지게차가 지나는 통로 하부에 일일이 강관받침기둥(Support)을 받칠 정도로 현장관리가 되지 않고 있는 실정이다(우)

시공 순서에 따라 변하는 지지조건 변화

일반적으로 구조계산을 할 때는 골조가 완전히 일체화 되어 있다는 가정하에 계산을 할 것이다. 그러나 시공 과정에서 지지조건이 달라지는 경우가 많다. 예를 들면 지하층의 토압을 받는 합벽의 한층 높이가 4m, 스팬이 8m 라면 W1은 상·하부 슬래브와 기둥들이 토압을 지지하는 4 변지지 옹벽으로 계산될 것이다. 그러나 토압을 지탱해 주는 띠장이 한층에 2개소가 있을때 통상 ①과 ②를 나누어 콘크리트를 타설하게 된다. 즉 ①을 타설하고 양생이 끝난 후에야 상부 띠장을 해체하고 ②부분의 콘크리트를 타설하게 되는 데 이때 토압을 지지하는 ①옹벽은 구조 계산때와는 달리 3변지지 캔틸레버 옹벽이 된다. 설계시 이러한 끊어치기는 고려가 되지 않았을 것이며 이때 ①부분에 많은 수직균열이 발생하게 된다. ②부분을 마저 타설하고 나면 균열이 더이상 커지지는 않을 것이다. ②부분 타설 후 구조계산서와 같은 구조체가 될 수는 있지만 이미 ①부분에 균열이 진행되었다면 성능이 저하되었다고 보아야 할 것이다. 그러므로 구조기술자가 시공 순서상 발생할 수 있는 지점 상황을 고려하여 구조계산을 한다면 좀더 질이 높은 골조공사가 이루어 질 수 있을 것이다.

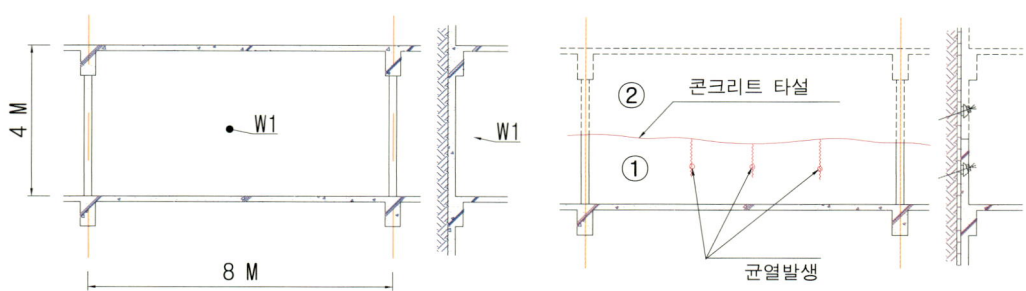

4변지지 옹벽으로 계산되는 W1(좌)
4변지지로 설계된 옹벽이 시공중에는 3변지지 캔틸레버 옹벽의 형상이 되므로 수직 균열이 발생(우)

철근 콘크리트 보의 배치, 다시 생각

건축물의 한 평면을 구조 설계할 때 보의 배치에 대해 구조 기술자들은 힘의 흐름, 경제성 등 많은 것을 고려하여 결정하리라 생각한다. 우리현장의 경우에는 지하층의 층고를 최소하 하려는 목적으로 보 배치를 엇갈린 형태를 취하였다. 즉 G2에 한쪽 스팬의 하중만 전달되도록 하여 보춤을 줄이는 방안을 택하였다. 이와 같은 구조 시스템에서 S1슬래브에 동일한 형태의 큰 균열이 많이 발생하였다.

균열의 원인이 B1보의 건조 수축때문 인지, 비틀림(torsion) 때문인지 정확한 이유는 알 수 없으나 바람직하지 못한 구조였다는 생각이 든다. 우물(井)자 형태로 배치했더라면 하중이 적절히 분포되어 G2의 춤이 커지지 않고 균열도 제어할 수 있었다고 생각한다.

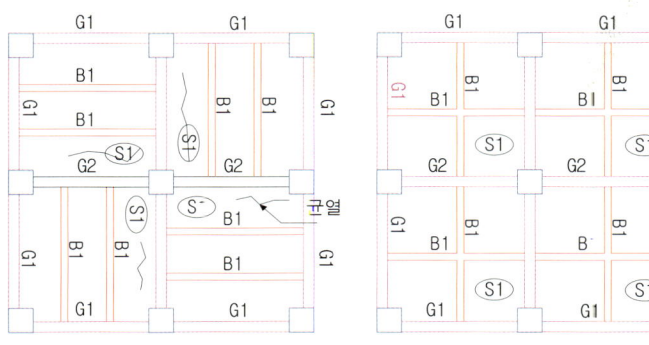

균열이 발생하는 엇갈린 보의 배치(좌)
균열 방지를 위한 우물(井)형 배치(우)

슬래브 철근, 과연 계산과 같이 시공되고 있는가

얼마전 구조설계를 하는 친구로부터 장 스팬의 슬래브를 설계에 반영한다는 이야기를 듣고 극구 반대를 했다. 왜냐하면 균열이 발생할 확률이 지극히 높다고 생각했기 때문이다. 계산상으로는 문제가 없는 것으로 결과가 나오겠지만 슬래브는 철근의 유효춤에 따라 구조 성능이 크게 좌우되는데 국내 건설현장의 현실이 슬래브의 철근이 콘크리트 내의 제 위치에 놓여진 상태에서 콘크리트가 타설 되기 어렵다고 판단되기 때문이다. (77쪽 슬래브 철근의 유효춤 확보를 통한 성능개선 참조)

국내에는 철근의 유효춤을 확보해주는 스페이서(spacer)가 플라스틱으로 되어 있어 작업중 충격이나 작업자에 의해 밟혀 갈라지

국내 건설 현장의 현실은 슬래브 철근이 제위치에 놓여진 상태에서 콘크리트가 타설되고 있다는 생각이 들지 않는다

거나 콘크리트 타설중 넘어지는 경우가 많다. 콘크리트 타설 전에는 최종 검사시에 파손된 스페이서를 교체해 주거나 다시 세울 수 있지만 콘크리트 타설중에는 넘어져 보이지 않게 되므로 철근을 제위치에 놓이게 하는 기능을 상실하는 경우가 많다.

따라서 견고하고 하중에 넘어지지 않는 스페이서의 사용을 시방화할 필요가 있다. 또한 콘크리트 호스가 놓이는 부분에 합판을 깔아 길을 만들어 놓거나 플레이싱 붐(placing boom), 펌프카 등의 장비를 이용한 작업이 이루어 져야 할것이다.

슬래브 위에 설치되는 전기박스 주변의 철근이 전기박스 설치 작업시 파이프의 설치를 쉽게하기 위하여 임의로 구부려 변형시키거나 심지어 절단하는 경우도 많다. 물론 전기 박스 설치를 철근이 지나가는 자리를 피하여 설치하게 하는 것이 바람직하나 이때는 쉽게 작업하려는 전기 작업자와 마찰이 따르게 되므로 철저한 관

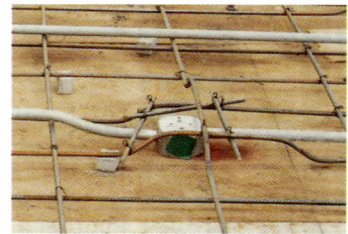

전기박스 부근의 철근을 과도하게 구부렸다

통상 철근을 전기 배관 부분에서 약간 구부린다

전기 박스중 높이가 높은 박스를 사용하면 철근을 구부리지 않아도 전기배관이 가능하다.

리가 되도록 해야 한다.

슬래브의 성능을 확보하는 또 다른 방안으로는 비용이 조금 더 들더라도 벤트바(bent bar)나 커트바(cut bar)를 사용하지 않고 상하단 모두 같이 보내 주는 배근으로 설계를 해주었으면 한다. 근래에는 슬래브 철근의 유효춤이 완벽하게 확보될 수 있는 철근 조립 데크(deck)나, 전용 스페이서가 개발된 메쉬(mesh)의 성능이 좋아져 이를 설계에 반영하는 것도 한 방법이라 생각한다.

현장 여건 반영 그리고 개선

현재 국내의 현실은 한 현장이 끝날 때마다 엄청난 비용이 균열 보수 비용으로 투입되고 있다. 물론 시공 기술자들이 반성하고 제대로 해야 하는 문제이겠으나 구조 기술자가 현장 여건을 잘 알고 이를 설계에 반영하고 또한 계산 규준에도 의견을 제시하는 등의 노력이 있어야 한다고 생각한다. 그렇게 하려면 구조 기술자들이 이론적인 지식뿐만 아니라 현장감이 있어야 가능할 것이다.

우리나라의 시공 기술자들은 구조에 취약한 면이 있고 구조 기술자들은 현장감이 부족하다. 물론 분야가 서로 달라 취약한 것이 당연하다고 생각하겠지만 국제 경쟁력을 갖춘 건설기술로 발전하기 위해서는 이제는 서로 타 분야를 알아야 하고 두 분야에 대한 전문지식을 갖춘 기술자들이 많아져야 할 것이다.

콘크리트 양생 초기강도의 추정

건축공사 표준시방서의 거푸집 존치기간 준수

골조공사의 원가는 가설재의 사용횟수, 즉 회전율에 따라 큰 차이가 있다. 한곳에서 사용이 끝난 자재를 가능한 빨리 필요로 하는 부위로 옮겨 재사용하느냐에 따라서 원가차이가 많이 나게 된다.

그런데 콘크리트를 타설하고 1~2일 정도 지난 후에 벽체 거푸집을 해체해서 상부층으로 이동하려고 하는 데 감리자가 "건축공사 표준시방서에는 벽 거푸집의 경우 일 평균 기온 20℃ 이상은 4일, 10~20℃ 사이면 6일 동안 존치하라"[1] 라고 원칙적인 주장을 하여 거푸집 해체를 불허한다면 어떻게 하겠는가? 감리자의 요구대로 작업을 중지하고 기다릴 것인가? 자존심이 상하더라도 봐달라고 사정을 해볼 것인가?

이 문제는 콘크리트의 초기강도에 대한 정보를 정확히 알고 있으면 해결될 수 있는 문제라고 생각한다. 콘크리트의 초기 강도는 거푸집이나 동바리 해체와 직결된 문제이므로 시공 기술자로서 충분한 정보를 갖고 있어야 할 사항이라고 생각된다.

굳지 않은 콘크리트에 대해서는 시공기술자가 전문가

굴뚝이나 사일로(silo) 등 세장하고 높은 구조물의 공사에서는 연속적으로 콘크리트를 타설하고 거푸집을 단계적으로 상승하는 슬라이딩(sliding) 공법을 많이 채용한다. 슬라이딩 공법에서 중요하게 결정해야 하는 것이 거푸집을 상부로 상승시키는 시점을 정하는 것이다.

오래전 한 시멘트 공장의 사일로(silo) 공사에서는 거푸집을 상부로 올리는 시점의 결정을 거푸집 잭업(jack-up) 반장이[2] 했었다. 그는 긴 꼬챙이로 원형의 사일로 벽체에 타설된 콘크리트를 깊게

---

1) 건축공사 표준 시방서 거푸집 존치기간

2) 슬라이딩 폼을 상승시키는 작업의 반장으로 슬라이딩 폼을 올리는 (jack-up) 시점을 결정하는 전문가

찔러보아 콘크리트의 강도를 감각적으로 확인하고 사일로의 거푸집을 들어 올릴 것인가를 결정하였다. 이때 콘크리트가 타설 후 거푸집 하부로 빠져나오는 데 소요되는 시간이 약 9시간 정도였다고 기억된다.

콘크리트 타설 당시 계절로 치면 봄(평균 10~15℃ 정도)으로 온도가 그리 높지 않았는데 9시간이면 자중을 견딜 수 있는 강도 (건축공사 표준시방서에는 50kg/cm^2) 가 확보 되었다고 생각할 수 있다. 그렇다면 건축공사 표준 시방서의 6일간 벽거푸집 존치 기간은 너무 과다한 시간이라고 생각되지 않는가?

감리자가 표준시방서의 규정에 따라 거푸집 존치기간을 지키라고 한다면 시공자로서는 따라야 하겠으나 불합리한 점이 있다면 또 다른 근거자료를 바탕으로 이해를 시켜야 할 것이다. 물론 다른 방법으로 콘크리트 타설시 콘크리트 강도 시험체를 만들어 현장 양생여건과 동일하게 양생한 후 거푸집 해체 전에 압축시험을 하여 강도가 50kg/cm^2 이상이면 벽체 및 기둥 거푸집을 해체하는 것도 표준 시방서에 명시되어 있지만 공사를 진행하다 보면 이런 것을 완벽하게 준비하기가 어려울 때가 많다. 즉, 시험체(cylinder mold)는 제작 후 1일 동안 양생을 시킨 다음 캡핑(capping)을 실시하고 다시 1일을 양생한 후 몰드에서 탈형한다. 그러나 탈형후에 1~2일 정도가 지나야 캡핑에 사용된 시멘트가 강도에 영향을 미치지 않으므로 이러한 과정을 거쳐 시험을 실시하기에는 최소 3~4일 정도가 소요되어 초기강도를 추정하는 데 효과적이지 못할 때가 많다.

보통 콘크리트의 28일 강도를 100%로 할 때 7일 강도는 약 70%, 3일 강도는 약 30%, 1일 강도는 약 20%로 알고 있으나, 이 강도는 표준양생에 의한 강도이므로 실제 구조물에 타설된 콘크리트의 강도와는 차이가 있을 수 있다.

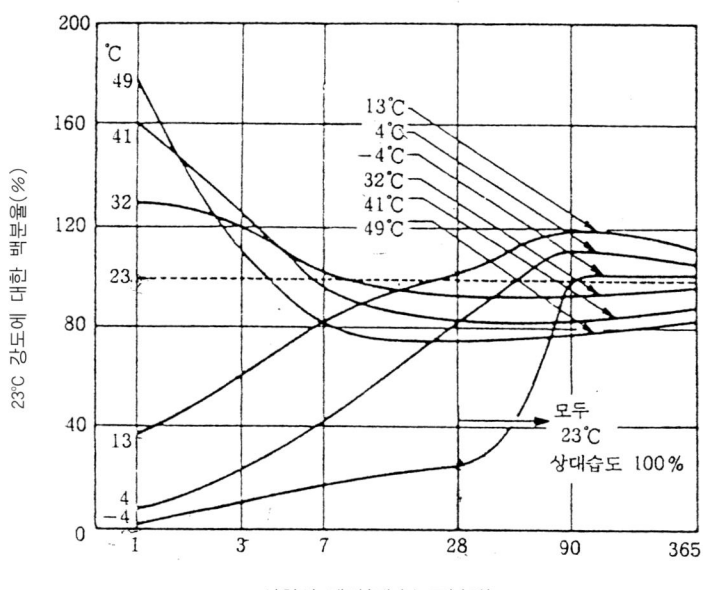

콘크리트 강도에 미치는 최초 28일간의 온도영향(물 시멘트비 = 0.41, 공기량 4.5%, 보통포틀랜드 시멘트)[3]

3) P. Klieger, "Effect of mixing and curing temperature on concrete strength", ACI Journal, proceedings Vol. 54, June, 1958

4) Sidney Mindress & J. Francis Young, Concrete,

적산 온도에 의한 초기강도 추정

콘크리트 타설 후 초기 강도는 양생 시간과 양생 온도의 함수에 의해 결정된다고 볼 수 있으며, (자세한 내용은 콘크리트 학회에서 발행한 최신 콘크리트 공학의 제 9장 양생 참조) 많은 학자들이 이를 연구하여 적산 온도(maturity)의 개념을 정립시켜 아래와 같이 식을 정했다. (Nurse - Saul식)[4]

$$M = \Sigma(\theta+A) \Delta t$$
M = 적산 온도 (°C, 시)
θ = Δt 시간 중의 콘크리트 평균 양생온도
A = 정수로써 10
Δt = 양생온도를 측정하는 시간 (일)

적산온도에 대한 개념은 건축공사 표준 시방서에 적산온도를 이용할 수 있도록 명쾌히 정리되어 있지 않아도 많이 인용하고 있으

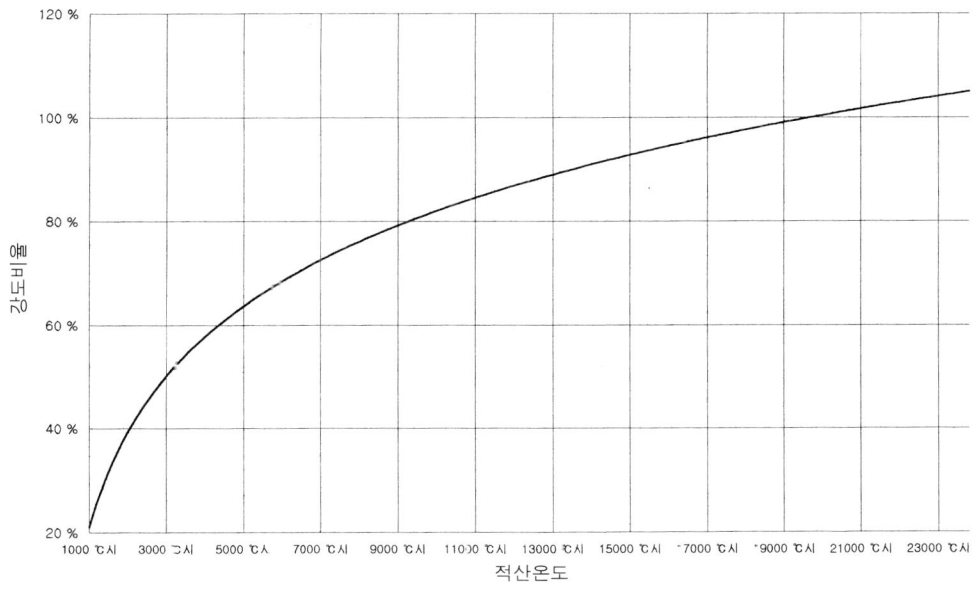

프르우만에 의해 제시된 적산온도와 추정강도에 관한 그래프

므로 시공 기술자들도 알아둘 필요가 있다.

적산 온도를 이용할 수 있는 자료로써 여기서는 프로우간(plowman)에 의해 제시된 압축강도와 적산온도의 상관관계 그래프를 이용하여 초기강도를 추정할 것을 제안한다. 물론 적산온도를 소개하는 책에서도 이 개념을 이용하는 것에 일부 제한을 두고 있다.

즉, 타설될 때부터 계산되는 것보다 강도가 발현되는 때, 즉 타설 후 약 3시간 후부터 계산되어야 하는 것과 매스 콘크리트에 적용이 곤란한 것 그리고 습윤의 大소를 고려하지 않았다는 것 등이다.

적산온도를 이용하여 양생 초기의 콘크리트 강도를 추정하여 보면, 일 평균 기온 15℃이고 2일이 경과 했을 때 만일 2일간의 평균 양생온도가 15℃이고, 28일 표준 양생 강도가 240kg/㎠일 경우는

$$M = (15\ ℃+10) \times 2일 \times 24시간 = 1,200\ ℃시$$

M이 1,200℃시 일 경우 위의 그래프에서 약 30%, 설계강도가

240kg/㎠이므로 0.3을 곱하여 72 kg/㎠ 이다. 이 정도이면 거푸집 해체가 가능한 논리로서 사용할 수 있지 않겠는가 라고 생각해 본다.

건축공사 표준 시방서 개선

기둥 및 벽체 거푸집의 해체 가능한 기간에 대해 ACI(America Concrete Institude) 규정에서는 10℃이상에서 타설 후 12시간이면 형틀을 해체할 수 있는 것과 비교할 때 우리의 건축공사 표준 시방서의 4~6일 규정은 무리한 것이 아닌가 생각한다.

만약의 경우를 생각해 여유치를 충분히 둔 것이라면 이해가 가지만 국내 실정상 벽체 거푸집을 6일씩 놔두는 현장은 흔치 않을 것이다. 왜냐하면 실제 현장에서 공기를 맞추는 일이 무척 중요하며, 아직까지 벽거푸집을 1~3일만에 탈형하여 문제가 발생된 경우는 보지 못했다.

법적인 준수사항 때문에 이의를 달 수도 있을 것이나 이러한 내용은 건축공사 표준 시방서를 개선하는 쪽이 더 바람직하다고 생각한다.

배합후 90분이 지난 레미콘의 강도와 슬럼프 변화

현장에서 90분이 지난 콘크리트를 타설하는 상황이 자주 발생

도심지 현장을 경험한 기술자라면 콘크리트 타설시 교통체증에 따른 레미콘 도착 지연과 작업중 콘크리트 배관의 위치를 바꾸는 작업 등으로 대기하느라 규정 시간이 지나는 경우가 많다. 이럴때마다 규정시간이 지난 레미콘 트럭을 돌려 보내느냐, 타설 하느냐를 놓고서 현장 감리자와 실랑이를 벌인 경험이 있을 것이다.

현재 국내의 건축공사 표준시방서에 따르면 콘크리트의 비빔 시작부터 부어넣기 종료까지 시간의 한도는 외기 온도가 25℃ 미만인 경우는 120분, 25℃ 이상인 경우는 90분을 한도로 하고 위의 시간 제한은 콘크리트 온도를 낮추거나 혹은 응결을 지연시키는 등의 특별한 강구를 할 경우에만 담당원의 승인을 받아 변경할 수 있다.[1] 라고 규정하고 있다.

즉 25℃ 이상의 일반 상온에서는 90분이 지난 레미콘은 타설을 금지한다는 것인데 일반적으로 서울의 4대문 안이나 도심지 공사에는 레미콘 차량의 출·퇴근 시간의 도심지에서의 진입통제와 교통 혼잡, 도심 외곽의 레미콘 공장 등의 제약조건으로 인하여 현장까지 운반하는 데 90분을 넘기는 경우를 흔히 볼 수 있다.

1) 건축공사 표준시방서 '콘크리트의 비빔에서 부어넣기 종료까지의 시간의 한도'

2) 시공연도(workability) : 반죽질기 여하게 따르는 작업의 난이의 정도 및 재료의 분리에 저항하는 정도를 나타내는 굳지않은 콘크리트의 성질

콘크리트의 슬럼프 시험

90분이 지난 콘크리트를 꼭 버려야 하나

혼합 후 타설까지의 시간 제한을 두게 된 이유를 추정해 보면

첫째는 강도가 저감될 수 있다는 우려이고,

둘째는 소정의 슬럼프가 떨어져 시공연도 (workability)가[2] 확보되지 않을 것이라는 우려 정도라고 생각한다

그러면 90분이 지난 콘크리트는 과연 강도가 떨어지거나 품질이 떨어지는 것일까?

'S'사의 레미콘 공장 품질 실험실에 근무하는 직원의 말을 빌리면 "레미콘은 여러 재료가 잘 혼합되어야 제 성능을 발휘하는 데 그 시간이 1시간~1시간 30분 정도 혼합 되어야 양질의 레미콘이 된다"라는 의견도 있었다.

90분이 지난 콘크리트의 품질에 대한 의문을 해소하기 위하여 현장에서 다음과 같은 시험을 해보았다.

레미콘 운반시간에 따른 강도시험

레미콘의 규격은 25-240-15를 사용하였으며 당일 평균 기온은 26℃ 정도였다.

현장에 레미콘 한 대를 대기시켜 계속 드럼을 돌리면서 1시간부터 4시간까지 30분 단위로 시험체(mold)를 3개씩 제작, 양생한 후에 28일째 압축강도 시험을 실시 하였다.

슬럼프의 경우는 2시간까지는 변화가 거의 없다가 그 이후로 낮아지는 현상을 보였으며, 압축강도의 경우는 콘크리트 배합 후 시간이 지남에 따라 강도가 오히려 증가하였고 콘크리트 배합 후 3시간 30분이 되었을 때까지도 강도는 떨어지지 않았다. 4시간 이후부터는 슬럼프가 급격히 저하되어 시험체를 제작하지 못하였다.

90분이 지난 콘크리트의 품질에 대한 의문을 해소하기 위하여 현장에서 압축강도를 시험해 보았다

참고적으로 4시간이 지난 콘크리트에 물을 넣어 시험체를 제작하여 보았는데 28일 강도시험에서 230kg/cm² 정도가 나와 추가적인 가수는 콘크리트 강도에 큰 영향을 준다는 것을 확인 할 수 있었다.

또 다른 현장에서도 90년도에 비슷한 시험을 한 사례가 있었는데 대체적으로 비슷한 결과였고 슬럼프치가 '0'이 되는 4시간 이후에도 강도는 떨어지지 않는다는 결과가 나왔다.

구 분	슬럼프치 (cm)	28일강도 (kg/㎠)
1시간 경과	15.5	280
1시간30분 경과	16.0	287
2시간 경과	16.5	277
2시간30분 경과	14.5	287
3시간 경과	14.0	307
3시간30분 경과	12.0	309
4시간 경과	5.0	288
4시간30분 경과(가수)	14.5	230

현장에서 레미콘 한 대를 대기시켜 계속 믹싱을 하면서 1시간부터 30분 단위로 시험체(mold)를 3개씩 제작, 양생한 후에 28일째 압축강도 시험을 실시한 결과표

위에서 검토한 자료를 종합해보면 콘크리트 강도는 배합 후 3시간에서 3시간 30분까지는 강도가 저하되지 않는 것으로 판단된다. 그러나 문제는 시공연도(workability)였다. 시간이 지남에 따라 낮아지는 슬럼프를 개선시키기 위한 방법만 강구된다면 규정시간이 지난 레미콘의 품질에는 이상이 없다고 생각한다.

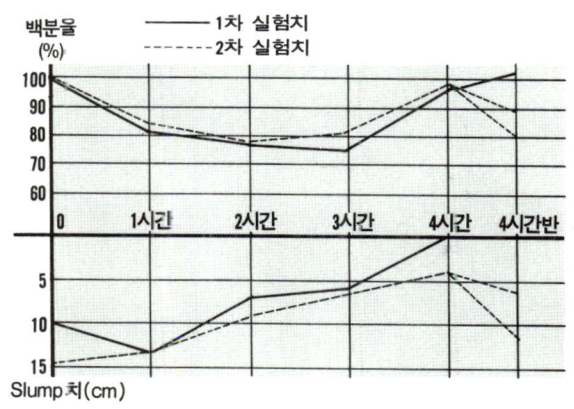

현장에서 혼합 즉시 제작한 공시체의 강도를 100으로 보았을 때 시간별 각 공시체 강도의 백분율 및 슬럼프치 변화

운반시간에 따른 강도변화에 관한 관련자료

한국 콘크리트 학회에서 발간하는 '콘크리트 공학'이라는 책자에 의하면 콘크리트는 운반 시간에 따라 시공연도(workability)가 저하되기는 하나 일정 운반시간에 따라 콘크리트의 강도가 증가하다가 슬럼프 값이 '0'에 가깝게 될 때 강도가 급격히 저하된다고 되어 있다.

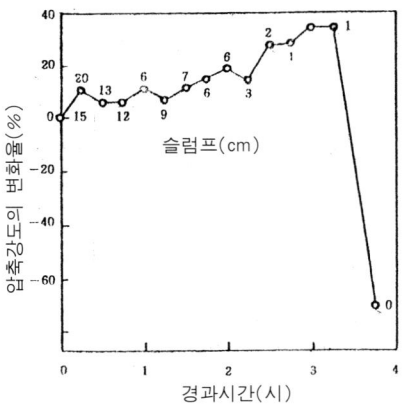

운반시간에 따른 압축강도비의 변화

3) 한국 콘크리트 학회 "최신 콘크리트 공학" 제8장

강도가 상승하는 이유로는 레미콘 차량의 드럼이 회전함으로써 수화작용이 보다 원활해지며 또 수분의 증발, 골재의 수분 흡수에 의해 물시멘트가 감소되기 때문으로 설명한다.[3]

또한 일본건축학회에서 발간한 건축공사 표준 시방서(JASS)에도 외기 온도에 따른 시간의 한도는 우리나라와 같으나 추가적으로 물이 아닌 유동화제를 첨가해서 슬럼프를 회복시킬 경우는 공사감리자의 승인을 받아서 타설해도 된다고 되어 있다. 시간으로 판정하기보다는 슬럼프를 확보하는 쪽으로 규정이 보완되고 있다는 것을 알 수 있다.

따라서 국내의 경우 건축공사 표준 시방서에서 규정한 시간이 초과 했다고 해서 레미콘을 무조건 폐기하는 것은 국가적인 낭비라고 생각하며, 구조적으로 항상 이 같은 문제가 발생하는 현장도 있으므로 건축공사 표준 시방서가 근거있게 개선되어야 한다고 생각한다.

현장검토를 통해 사용한 유동화제

서울 4대문안의 도심지 현장은 교통 통제 때문에 건축공사 표준 시방서상의 레미콘 타설 시간의 한도를 정확히 지키기에는 어려운 상황도 발생한다. 따라서 국내에서 많이 사용하는 몇가지 유동화제를 현장 시험배합을 통하여 검증 후 선정하여 슬럼프치가 낮아지는 레미콘에 슬럼프를 확보하는 기능으로 사용하였다.

그리고 유동화제를 사용할 때마다 시험체를 만들어 유동화제를 첨가하지 않은 시험체와 비교 시험을 하였으나 특이한 차이는 발견되지 않았다.

최하층 바닥 슬래브의 문제점 검토

부력에 대한 검토가 되어야

　많은 건축 시공 기술자들이 시공중인 건물에서 부력에 의해 직·간접적으로 손상을 입었던 기억이 있을 것이라 생각한다. 심할 때는 부력에 의해 건물이 움직여 기우는 경우도 있고 어떤 경우는 부력으로 최하층 슬래브의 배가 불러와 구멍을 내보니 분수처럼 물이 솟구치는 경우도 있다. 일정 규모 이상의 건축물은 대부분 지하층이 있고 지하수위는 보통 지상 레벨에서 약 5~10m전후에서 형성되기 때문에 지하수위 하부 깊이 만큼 부력을 받게 된다.

　설계시에는 현장 상황이 정확히 파악되지 않아 부력 검토가 미진할 수도 있겠으나 굴토공사를 완료한 시점이라면 지하수위에 대한 현장상황이 충분히 파악되었을 것이므로 이 시점에서 부력에 대한 검토가 정확히 이루어져야 한다.

바닥 슬래브 구조가 부력에 약한 것이 아닌지

　우리 현장의 경우 당초 최하층 바닥 슬래브 구조가 독립기초 + 프랫(flat) 슬래브 구조로 설계되어 있었다. 그러나 토공사 중에

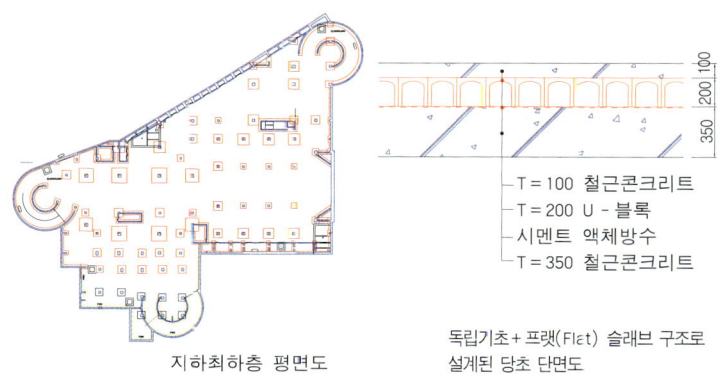

지하최하층 평면도

T = 100 철근콘크리트
T = 200 U - 블록
시멘트 액체방수
T = 350 철근콘크리트

독립기초 + 프랫(Flat) 슬래브 구조로 설계된 당초 단면도

발견된 지하수 등의 현장 여건을 고려하여 바닥 구조의 부력저항 기능에 대해 검토해 본 결과 다음과 같은 사항들에 대한 확인이 필요하였다.

첫째, 부력에 대한 고려

최하층의 위치가 GL-26m로써 영구배수 공법(dewatering system)이 적용되었는데 최하층 슬래브 및 외측 옹벽 구조는 토압과 기초 저면에서 1m까지의 수위를 하중으로 작용하는 것으로 가정하여 설계되었다. 그러나 장마철 폭우로 인해 지하수위가 급격히 상승하면 1m를 넘어설 것으로 예상되어 영구배수공법(dewatering system)이 급격한 수위를 제어할 수 있을 것인가 하는 의문이 생겼다. 따라서 우리현장과 유사한 영구배수공법을 적용한 타 현장의 경우를 조사해 보았는데 지하수위를 기초 저면에서부터 5m까지는 통상적으로 고려하여 설계하고 있었다.

왜 지하수위를 5m까지 보는지에 대한 근거는 구조기술자의 개인적인 판단이라는 답변이 많았다. 따라서 우리 현장의 경우처럼 지하수위를 1m로 기준하여 계산된 두께 350mm의 프랫(flat) 슬래브는 구조적으로 약하리라는 판단을 할 수 있었다.

둘째, 구조형태가 직접 설계법에 의한 프랫(flat) 슬래브 개념과는 맞지 않았다.

구조개념상의 문제를 맞다, 틀리다 논하는 자체가 시공 기술자

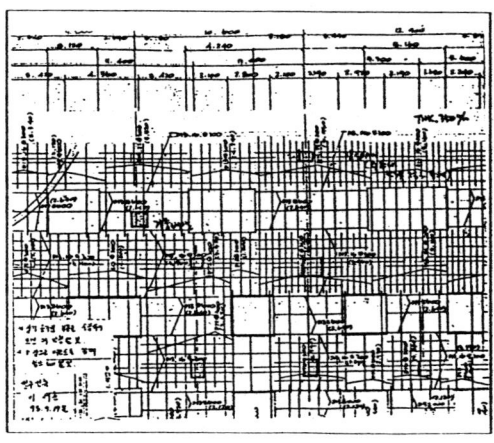

배근이 너무 어려워 기능공이 제대로 시공할 것 같지 않았다

로서 월권을 하는 것으로 보이는 것이 아닌가 걱정도 하였으나 배근이 너무 어려워 제대로 시공이 될 것 같지 않았다. 물론 철근량을 줄이기 위해 짧은 스팬은 가는 철근을 사용하고 긴 스팬은 굵은 철근을 사용해야 하겠으나 스팬이 불규칙할 경우에는 이를 다 맞추기에는 너무 복잡해 질 수 밖에 없었다.

이를 개선하기 위해서는 당초 구조계산에서 사용한 직접 설계법을 분석해야 했는데 이 과정에서 프랫 슬라브를 직접 설계법으로 해석할 경우 적용 범위가 정해져 있으며,[1] 우리 현장의 경우는 그 적용 범위에 벗어나는 항목이 많았다. 즉,

1) 극한강 설계법에 의한 철근 콘크리트 구조계산 규준 및 해설, 5.13 직접설계법, 1994 개정판

① 단 스팬에 대한 장 스팬의 비가 2이하여야 하는 데, 2.3 정도 되는 부분도 있었다.
② 각방향에서 연속된 스팬길이가 인접한 긴스팬의 1/3이상 차이가 있으면 사용하지 못하도록 되어 있으나, 약 2배까지 차이가 나는 부분이 있었다.
③ 기둥은 어떠한 축에서도 연속한 기둥 중심선 사이의 스팬 길이의 1/10이상 이탈해서는 안되나, 이탈되는 부분도 있었다.

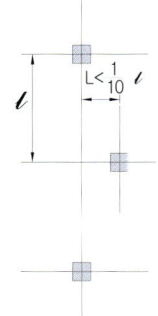

배수를 위한 U-블록의 역할이 제대로 될지

기초 슬래브에는 구체방수를 적용하였고 그 위에 액체방수를 하는 구조였다. 그래도 누수가 된다면 이를 배수하기 위해 U-블록이 설계되어 있었다. 그러나 U-블록의 경우 한 방향으로만 지하수가 유도되어 원활한 배수가 곤란하며 시공시 바닥 레벨에 차이를 두어야 원활한 배수가 가능한데 그럴 경우 U-블록의 고정방법도 문제가 예상 되었다. 즉, U-블록으로는 집수정까지 물을 원활히 유도하기 어렵다고 판단하여 개선된 방법이 필요하였다.

문제해결을 위한 준비

이러한 문제점을 정리하여 발주처에 제시한 후에도 예상되는 문제점을 파악하고 대안을 찾기 위하여 본사의 구조 계산 분야 및 토질 분야의 전문가, 그리고 흙막이 토공사 설계업체와 대책을 강구하였다.

첫째, 고려해야 할 수위를 정하기 위하여 정밀 수두측정 계산이 필요했다. 영구배수공법(dewatering system)의 장기적인 배수과정에서 발생되는 토립분이 유공관의 공극을 메워 배수가 안될 경우 수위를 상승시킬 수 있으므로 이를 고려한 약 50%의 안전율을 고려하면 대략 4.0m의 수두차가 발생할 것으로 검토되었다. 따라서 영구배수공법을 적용하더라도 일정수위를 고려해야 한다는 판단을 하였다.

둘째, 이런 수압을 고려하면 기초 바닥 슬래브 두께는 450mm 정도는 되어야 한다는 결론이 나왔다. 슬래브의 철근배근 또한 3차원 구조계산 프로그램(STAAD Ⅲ)을 이용하여 적정철근 배근 및 배근을 단순화 시켰다.

셋째, 기초 슬래브를 두껍게 할 경우 층고 확보가 안되는 문제는 양방향 배수가 가능한 드레인 매트(drain mat)를 U-블록 대신 시공하여 해결하는 방안도 발주처에 제시하였다.

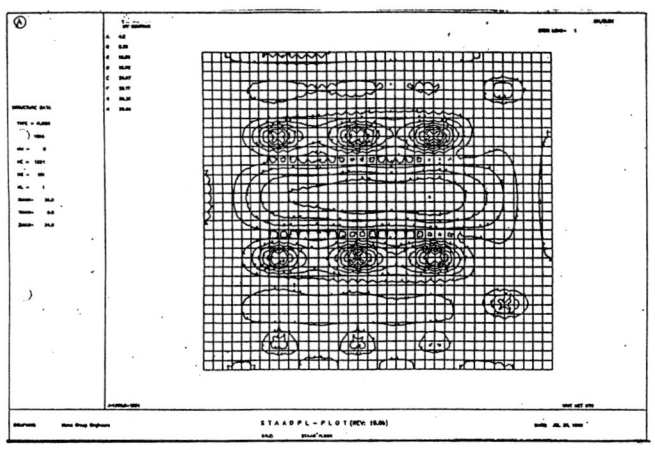

구조계산 프로그램 (STAAD Ⅲ)을 이용한 3차원 설계를 통해 적정한 철근 배근과 배근의 단순화를 이루었다

전문가의 검증을 위한 토론회 개최

구조설계 사무소에서는 영구배수공법(dewatering system)을 제대로 시공한다면 기초 슬래브의 상향수압은 1ton으로 볼 수 있지만 중요한 사안이므로 당사자가 아닌 구조 권위자의 검토가 필요하다는 의견이 있었다.

공사가 진행되면서 사안에 따라 시공자 측과 설계자 측이 의견을 달리하는 경우는 자주 있을 수 있으나, 이 경우에는 중요한 구조에 관한 것이었으므로 문제해결을 위하여 발주처, 건축, 구조설계 사무소, 시공사외에 국내에서 구조분야의 권위가 있는 교수님을 모시고 기초 슬래브 구조에 대한 자문을 구하는 토론회를 개최하였다. 시공사에서 현도면의 문제점에 대한 현황을 설명후 3시간 가까이 열띤 토론이 있었고 주요 내용을 정리하면 다음과 같다.

① 영구배수공법은 아직까지 불확실성이 많은 공법이고
② 스팬길이가 13m로서 스래브 두께 350mm는 통상적인 상향수압에 저항하기에는 부족하며
③ 복잡한 철근 배근도 전체적으로 단순화가 필요하다는 의견도 나왔다.
④ 설계 이론상 이상이 없더라도 시공성을 무시할 경우 하자가 발생할수 있다.

발주처의 최종 결정

최종적으로 발주처에서는 기초 슬래브 두께를 당초 두께 350mm에서 450mm로 변경하여 향후 지하수위 상승에 따른 안전율을 고려하도록 지시를 하였다.

U-블록도 두께 10mm의 드레인 매트(drain mat)로 변경하여 양방향으로 배수가 될 수 있도록 하였으며 당초에는 층고가 부족하여 기초 슬래브에 배수구배를 주기 어려운 상황이었으나 U-블록을 삭제함으로서 바닥에 배수구배를 주어 누수시에도 지하수를 집수정으로 유도할 수 있도록 하였다. 또한 당초 복잡한 철근배근도 3차원 설계를 통해 적정한 철근 배근과 배근의 단순화를 유도

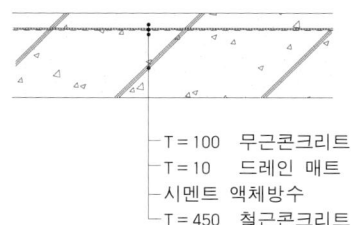

드레인 매트 (drain mat) 는 시공이 간단하고 양방향 배수가 가능하다(좌)
기초 슬래브 두께는 350mm에서 450mm 로 변경하였다(우)

T = 100　무근콘크리트
T = 10　드레인 매트
시멘트 액체방수
T = 450　철근콘크리트

하였다.

　결과적으로 기초 슬래브 구조검토를 통하여 전체적으로 기초 슬래브의 품질을 향상시키고 공사도 원활히 진행시킬 수 있었다. 기초 슬래브가 변경되는 과정을 겪으면서 발주처의 합리적인 판단에 매우 감사하게 생각되었다. 국내에서는 보편적으로 설계자의 권위 때문에 시공자의 문제점 분석이 자주 무시된다. 그런 일반적인 결정이 우리 현장도 적용되었다면 이후에 개선을 위한 문제점 파악에 노력하는 강도가 훨씬 약해졌을 것이라고 생각한다. 이러한 계기가 그 이후에 시공자가 문제점을 제기하고 발주처, 감리자 모두가 격렬한 토론을 거쳐 문제점을 해결할 수 있는 방법으로 정립되는 기폭제가 되었다고 생각한다.

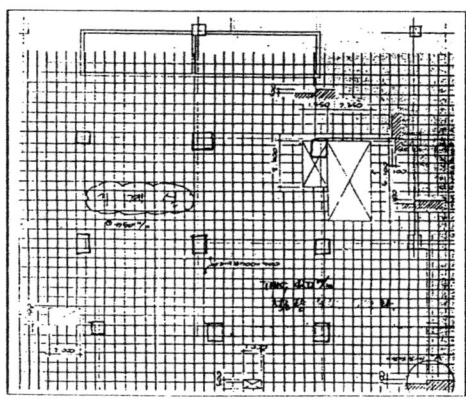

복잡했던 철근 배근을 단순화 하였다.

슬래브 철근의 유효춤 확보를 통한 성능 개선

당연시 되는 슬라브의 균열

 어떤 현장의 경우 공사를 마치고 균열 보수 비용을 정리한 결과 총 공사금액의 0.5%에 달한다는 이야기를 들었다. 200억 건물이라면 균열 보수하는데만 1억 원의 돈이 지출되었다는 것을 의미한다.

 현장마다 다소의 차이가 있겠으나 균열에 대한 하자 보수비는 드러내어 발표하지 못하는 금액까지 모두 포함하면 이보다 훨씬 많이 소요되는 것으로 예상된다. 물론 미세한 균열에도 놀라 부실 공사 운운하는 발주처의 과도한 걱정에도 문제가 있으나 시공사도 이를 해결하고자 하는 노력이 부족한 것도 사실이다. 이것을 개선하지 않고는 끊임없이 균열 보수 비용이 소요되는 것은 물론, 부실 시공의 오명을 벗지 못할 것이라 생각한다.

 균열은 0.1mm 이하의 미세균열, 0.1mm∼0.7mm의 중간 균열, 0.7mm 이상의 대형 균열로 나눌 수 있다. 미세 균열은 구조물의 성능에 영향이 없으나 중간, 대형 균열에 대하여는 유의 해야 한다.[1]

 국내 한 건설회사의 통계에[2] 의하면 서울시내 주요 건축물 지하 주차장 슬래브의 95% 이상이 균열이 있다고 하니 시공 기술자로서 바닥 슬래브의 균열을 당연하게 받아들여야 하는 것일까? 그토록 많은 건축물의 슬래브에 왜 균열이 발생하는 것인지, 그리고 해결책은 없는지에 대한 고민은 시공 기술자들에게 공통적으로 접하는 문제일 것이다.

1) 건설 교통부 고시 제1195-245호
 ('95. 7.7) 5.2.1 균열
2) 쌍용건설 기술 연구소 보고서

슬래브 균열의 원인은 철근 춤의 미확보

 구조설계에서 놓치기 쉬운 현장여건 (55쪽 참조)에서 언급하였던 시공하중의 미고려도 슬래브 균열의 주요 원인이겠으나 슬래브의 춤만 확보되어 있다면 심한 균열은 방지할 수 있을 것이다.

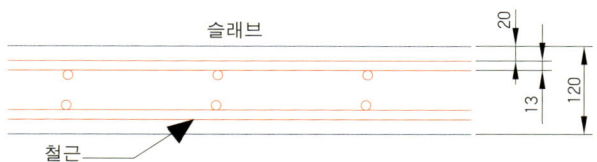

* 유효춤 : 120mm-(20mm+20mm+13mm)=67mm
* 30mm 줄어들 경우 :
  30mm/67mm=44% 성능저하

　슬래브는 상단과 하단의 철근거리 즉 유효춤이 매우 중요하다. 철근의 유효춤이 20~30mm정도 줄어 들었다면 보의 경우는 전체적으로 5% 이내의 성능이 저하 되지만 슬래브의 경우는 두께에 따라 20~40%정도의 저항 능력이 저하되므로 성능에 큰 영향을 주게 된다. 슬래브의 성능에 이토록 중요한 유효춤이지만 우리의 현실은 설계대로 시공이 안될 수 밖에 없는 상황이 너무 많이 발생한다.

　첫째, 스페이서(spacer)가 제역할을 못하고 있다.

　콘크리트가 타설 되기 직전이나 타설 중인 슬라브를 살펴보면 상부철근을 받쳐주는 스페이서가 제대로 고여 있지 않고 바닥에서 분리되어 있는 것을 자주 발견한다.

　슬래브 철근은 벤트(bent) 철근을 많이 사용하는데 벤트 철근의 가공은 직선철근을 슬래브 위에 올려 놓고 작업자의 감각에 의해 벤딩파이프(bending pipe)로 구부리므로 조금씩 높이 차이가 발생한다. 이것이 스페이서를 바닥에서 뜨게 하고 약간의 충격에도 넘어지게 하는 원인이 된다. 이 스페이서는 작업자가 밟거나 콘크리트 호스의 충격에 의해 쉽게 넘어지게 되고 이것은 슬래브 성능이 급격히 저하되는 것을 뜻한다.

　둘째, 전기 설비 작업시 작업 부주의로 철근이 변형 된다.

　전기 파이프나 설비 슬리브 작업이 통상 상단철근 설치가 완료된 후에 이루어지므로 작업자에 의해 철근이 밟혀 휘어 지거나, 전기 박스 설치를 위해 주철근을 변형시키는 경우도 있다. 이때는 전기 박스 부근에 보강이 필요함에도 철근작업이 마쳐진 상태여서 추가 보강작업이 되지 않는 것이 현실이다.

슬래브의 최소 철근 간격 구조 제한이 200mm인 탄성 설계법에서 300mm인 극한 강도 설계법으로 바뀌면서 전기, 설비 작업자의 발에 의해 스페이서가 넘어지는 경우가 더 많아지고 있는 것도 문제가 된다.

셋째, 콘크리트 타설중 철근이 변형된다.

콘크리트가 가득찬 무거운 자바라 호스를 철근 위로 끌고 다니면서 콘크리트를 타설하는데, 자바라 호스에 의해 가뜩이나 부실한 스페이서가 많은 부분 넘어져 기능을 상실하므로 철근 유효높이가 나오지 않는 경우가 가장 심각한 문제라고 생각한다.

전기 박스 설치시 철근이 변형된 상태로 보강되지 않는 경우가 많다

슬래브 구조 성능 확보를 위한 방법들

첫째, 용접철망(deformed mesh)의 사용

이는 고강도 철선을 기계 용접하여 제작된 메쉬(mesh)형 기성 제품으로 외국에서는 보편화되어 사용하고 있는 자재이다. 그러나 95년만 해도 메쉬가 도입된 초기단계로서 우리나라의 경우는 용접철망(deformed mesh)에 대한 구조기준이 마련되어 있지 않았다. 일례로 구조용으로 사용되는 철근은 KS 3504에 강도와 연신율을[3] 만족하여야 하나 고강도 철선인 관계로 연신율을 만족하지 못하였다. 그러나 최근에는 용접철망(deformed mesh)이 연강성 자재로 제작되어 나오고 구조설계 기준도 사용에 문제가 없도록 규정되어 여러 현장에서 사용되고 있다.[4]

용접철망 사용시 균열의 원인이 되는 철근 유효높이를 제대로 확보할 수 있도록 간연속 스페이서를 사용하고 있으며 고강도 철선으로 공장에서 제작되므로 밟혀도 휘지 않고 원상복구가 가능하며 철근간격이 유지되어 균일한 품질이 확보된다. 설치시는 숙련

3) 연신율 : 철근을 인장하여 파단되었을 때의 늘어난 길이의 비율

4) ㈜코스틸 www.kosteel.co.kr
(02) 2106-0200

용접철망(deformed mesh)은 자재비가 비싸지만 품질, 공기, 인건비 절감이 가능하여 고려해 볼 만하다(좌)
밟혀도 넘어지거나 변형되지 않는 긴 연속 스페이서를 사용한다(우)

된 철근 기능공이 필요하지 않으며 단순설치로 공기단축과 인건비를 절감할 수 있다.

자재비는 450,000원/ton('99년 상반기 단가)로 철근보다 비싸지만 품질면과 공기, 인건비 절감 측면에서 유리하므로 검토후 사용을 고려할 만 하다고 생각한다.

둘째, 벤트바(bent bar) 형식에서 커트바(cur bar) 형식으로 철근 배근 형식의 변경

우리 현장에서는 슬래브 균열의 해결방안으로 용접철망(deformed mesh)의 사용을 추진하였으나 위에서 언급한 연신율을 만족 못하는 구조적인 문제로 일부 부위만 샘플 시공을 하고 중단하였다. 그러나 균열을 방지하기 위한 다른 대안으로 철근의 설치방법을 스페이서의 고정에 문제가 있는 벤트바(bent bar) 형식에서 커트바(cut bar) 형식으로 변경하고 상부근의 보조근(주근을 받쳐주는 철근)을 연강 D10mm에서 고강도 HD13 mm로 변경하여 작업자의 밟힘에 의해 철근이 변형되는 것을 방지하였다. 그리

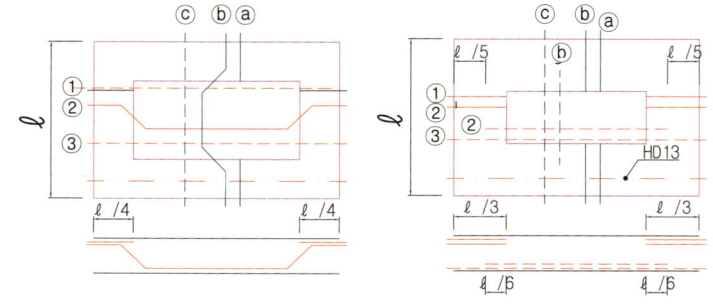

벤트바(bent bar) 형식은 벤트 부분의 높이가 달라 스페이서의 고정이 불안정한 문제가 있다(좌)
커트바(cut bar) 형식으로 변경하여 스페이서의 고정이 잘되도록 하고 상부 철근 중 장변방향 보조근을 고강도 HD 13mm로 변경하여 변형을 방지하였다(우)

화살표 부분을 밟아 휘는 경우는 여기에 연결되어 있는 주근의 춤이 손상을 입게 된다

고 시공순서를 개선하여 철근 작업 후 시행하던 전기 작업을 상부 철근 설치 전에 시공하여 철근의 손상을 최소화 하였다.

비용이 추가로 드는 방안이었으나 균열을 최소화 하고자 하는 발주처 및 감리자와 시공사의 공감대가 이러한 설계 변경을 가능케 해주었다.

셋째, 스페이서의 개발과 콘크리트 타설 방법의 개선

스페이서는 보통 영세한 회사가 제작하는데 시중의 기성품은 대부분 철근을 고정하는 힘이 약해 콘크리트 타설시 넘어지거나 파손되기 쉽다. 새로운 스페이서가 개발되어야 하며 이는 곧 돈과 직결된다.

한번은 철선이 부착된 스페이서를 만들 것을 제조회사에 제안하였다. 그러나 제품이 만들어지면 현장에서 많이 사용을 해주어야 경제성이 있는데 설치인력이 많이 소요되고, 제작 단가가 비싸서 현장에서 사용을 기피하므로 만들 수가 없다는 대답을 하였다.

이는 개인적인 차원이 아닌 국가적인 차원에서 표준 자재 규격을 정해 KS, 표준품셈, 일위대가 등을 개선하여 콘크리트 타설 중에도 넘어지거나 파손되지 않는 튼튼한 스페이서를 개발하도록 유도하여야 할 것이다. 또한 콘크리트 타설 방법도 무거운 콘크리트 자바라 호

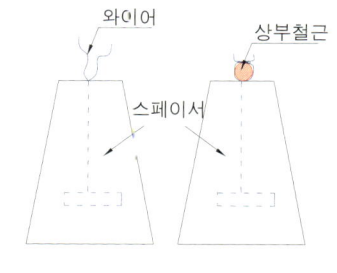

개량된 스페이서

콘크리트 타설시 넘어짐이 없는 스페이서가 개발되고 사용되어야 한다

5) 플레이싱 붐(placing boom) : 고층 건물 등의 상부에 설치하여 건물과 같이 올라가며 콘크리트를 타설할 수 있는 장비로 하부에서 배관작업후 타설한다

스에 의하여 철근에 피해가 없도록 플레이싱 붐(placing boom)[5] 등의 기계화 시공 방법이 사용되어야 한다고 생각한다.

슬래브 철근의 위치 유지에 손상을 주지 않는 플레이싱 붐(placing boom)

구조용 경량콘크리트를 이용한 발코니 객석의 고정하중 줄이기

난이도가 높은 발코니 객석 구조의 변경

대형 공연장의 2층 이상의 객석을 보면 장스펜이고 하부에는 기둥이 없는 구조로 되어 있다. 여기에 관중이 가득찬다면 큰 하중을 받게될 것이므로 하부에 기둥이 없는 구조에서는 2층 객석의 고정하중을 최소화하여 하중의 부담을 덜어 주는 구조로 설계되는 것이 바람직할 것이다.

우리현장의 2층 객석은 형태가 시야의 확보를 위하여 평면이 원형으로 구성되어 있고 슬래브의 구조도 고정하중을 줄이기 위해

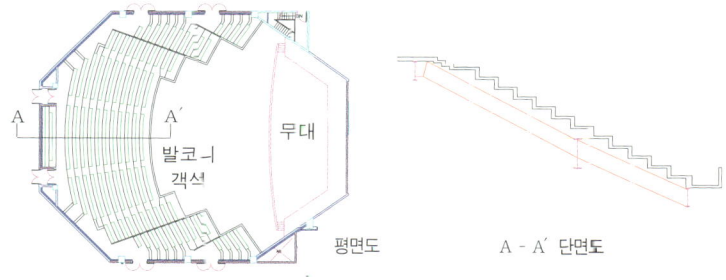

발코니 객석은 경사지고 원형으로 설계된다

대형 공연장의 발코니 객석게 관중이 가득찬다면 큰 하중을 받는다

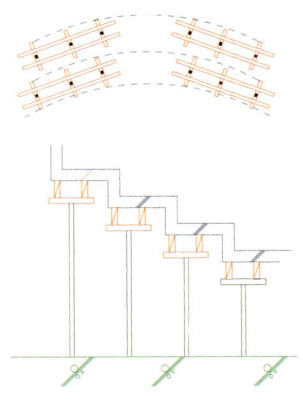

절곡식의 2층 객석은 형틀이 원형으로 구성되어 강관받침이 독립되어 있어 기둥의 고정이 어려워 안전시공에 문제가 있었다

단면형태가 'ㄱㄴ' 구조로 이루어져 있어 시공하기에 무척 어려운 구조였다.

현장에서는 2층 객석의 시공난이도 문제점을 공사 초기에 돌출시켜 약 1년 동안의 충분한 검토기간을 가지고 심도있게 개선방법을 찾았다.

고정하중을 줄이는 방안으로 구조용 경량 콘크리트의 검토

2층 객석의 문제는 객석의 구조가 단면상으로는 'ㄱㄴ 식 (이하 절곡식)'이면서도 평면적으로는 원형으로 된 대단히 복잡한 입체구조였다. 이런 구조에서는 형틀을 받쳐주는 각재가 원형으로 형성되지 않아 가설구조가 전체로 연결되지 않고 각 계단마다 분리되어 개별의 강관받침기둥(support)을 배치해야 하는 구조로 이루어져 안전시공에 심각한 문제가 있었다. 또한 계단식 슬래브 형틀의 경우 원형으로 이루어져 하부 합판을 원형으로 오려내어 잘라 사용해야 하므로 자재 낭비가 심한 공법이었다.

단순화를 통한 해결 방안 검토

현장에서는 이층 객석 구조를 단순하면서도 경량인 구조로 변경하는 방안을 모색하기로 하였다. 단순화시키는 방안으로 객석구조를 'ㄴ 식 (이하 경사식)'으로 만드는 방안을 최적으로 생각하여 발코니의 철골구조를 변경 요청하면서 (126쪽 복잡한 객석 발코니 철골구조, 단순화를 통한 시공성 개선 참조) 슬래브 구조를 경사식으로 변경하더라도 구조에 문제가 없음을 제출하였으나 발주처와 설계자는 콘크리트의 양이 증가하므로 전체적으로 약 120ton의 하중이 증가됨을 우려하여 변경안을 수용하지 않았다.

여기서 끝냈으면 여타 발코니 구조와 같이 되었을 것이지만 단순화시켜 품질과 안전 및 비용절감을 확보하는 방안으로 구조용 경량 콘크리트를 사용하는 것이 최적의 방안이라 판단하고 다음과 같은 대체방안을 검토하였다.

표 1 대체 방안 비교표

방 안	검 토 내 용	검 토 결 과
1. 철판 매립 거푸집	시험 : 없음 검토 내용 : 용접부위가 많아 공기 및 비용에서 불리하였다.	검토 중지
2. 퍼라이트 경량 콘크리트 (파라콘)	시험 종류 : 표준 공시체 압축강도시험, 보 제작후 휨 시험 시험 결과 : 1. 비중 1.58 2. 28일 강도 198.5kg/cm² 검토 내용 : 타설 직후 과도한 콘크리트 침하현상이 발생하였다.	검토 중지
3. BST 경량 콘크리트 (ø5mm)	시험 종류 : 표준 공시체 압축강도시험, 보 제작후 휨 시험 시험 결과 : 1. 비중 1.6 2. 28일 강도 242.5kg/cm² 검토 내용 : 바이브레팅시 일부 골재가 봉에 묻어 나와 재료 분리되었다.	보 류
4. BST 경량 콘크리트 (ø3mm)	시험 종류 : 표준 공시체 압축강도시험, 보 제작후 휨 시험, 부착응력 시험 시험 결과 : 1. 비중 1.6 2. 28일 강도 277kg/cm² 검토 내용 : ø5mm에 비하여 이상 없었다.	양 호

구조용 경량 콘크리트의 시험 실시

본사 기술연구소와 함께 구조용 경량 콘크리트로서의 성능과 품질을 확인하기 위해 위에서 검토한 재료들을 사용하여 시험체를 제작하고 압축강도, 철근 부착력, 휨응력을 측정하였다.

두번째로 검토된 퍼라이트 경량 콘크리트는 150×200×1,500mm 시험용 보를 만드는 과정에서 높이 200mm의 시험용 보에 타설된 콘크리트가 30분이 지나면서 약 5mm나 가라앉는 침

철근 부착력시험을 위한 시험체 제작(좌)
BST 시험체의 철근 부착력 시험(우)

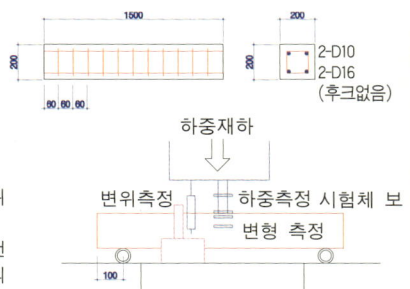
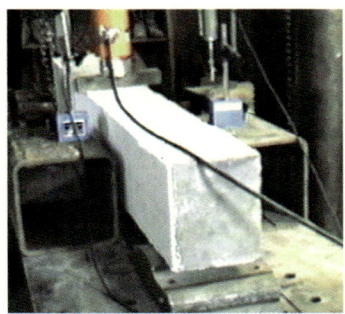

구조용 경량 콘크리트 휨응력 시험을 위한 시험체 도면(좌)
경량 콘크리트의 휨응력 시험에서 한번 깨진 보에 다시 한번 힘을 가하니 거의 같은 힘을 받는 현상이 나타났다(우)

강현상(settlement)이 발생하였다. 이는 콘크리트 타설 후 구조체 내의 철근하부 부분에 공간이 크게 생기는 심각한 문제가 발생할 수 있어 검토를 중지하였다.

BST경량 골재를 사용하는 방안은 ø5mm 짜리를 사용하여 시험용 보를 만들었다. BST 경량 골재 자재에 대한 내용은 바닥 온돌용 BST경량 콘크리트(173쪽 바닥 온돌용 BST 경량 콘크리트 참조)에서 자세히 설명하기로 하고 특징을 알아보면 스치로폴 알갱이에 BST를 코팅하여 부착력을 높여 스치로폴 알갱이가 부상하려는 힘보다 주위 페이스트에 부착하려는 힘이 클 경우 재료분리가 발생하지 않는다는 원리를 이용한 자재였다.

콘크리트 타설시 퍼라이트 자재와 같이 가라앉는 현상은 없었으나 바이브레이팅을 할 때 ø5mm의 BST골재가 바이브레이팅 봉에 묻어 나오거나 봉을 따라 재료가 분리되었다.

큰 문제는 아니었으나 바이브레이팅에 의하여 골재가 분리된다면 이 또한 바람직한 구조물이 될 수 없다고 판단하였다.

ø5mm BST골재가 바이브레이팅 봉에 묻어 나왔다

ø3mm BST경량 골재를 사용한 시험체에서는 ø5mm BST의 문제점이 보완되었으며 다음의 표에 따라 배합 한 후에 압축강도, 철근 부착

1. 배합비   단위 : kg

시멘트	모래	물	물시멘트비	경량BST(3mm)	실리카흄	혼화제
550	768	220	40%	8	27.5	1.2%

2. 압축강도   단위 : kg/cm^2

재령	번호	1	2	3	4	5	6	평균
수중양생	3일	96	87	99				90
	7일	130	213	174				172
	28일	311	309	267	307	307	287	295
기건양생	28일	245						245

3. 부착강도 (기건양생)   단위 : kg/cm^2

철근	측정부착강도 (τ_u, kg/cm^2)	ACI 정착길이에 대한 부착강도(U_u)	비교평가 (τ_u/U_u)
D13	105.5	54.8	1.93 (양호)
D19	92.9	37.5	2.48 (양호)
D25	64.8	38.5	2.27 (양호)

4. 휨강도

시험체	M(실험, t·m) PL/4	측정변위 (mm)	탄성처짐 (계산, mm) PL^3/48EI	중립축거리 (x, cm)
1	2.21	8.785	2.53	6.46
2	2.47	9.48	2.82	5.2
3	1.94	7.57	2.22	-

력, 휨응력 등을 측정하여 위와 같은 결과를 얻었다.

약 Ø3mm BST경량 콘크리트 보의 휨응력 시험 중에 특이한 사항이 있었다. 보의 휨응력을 측정하면서 완전히 파괴되어 하중을 제거하였다. 일반 콘크리트의 경우 한번 깨지고 나면 복원되지 않는 것이 보통인데 BST시험체에서는 보하중을 제거하니 거의 원상태로 복원되었다. 다시 하중을 가하니 거의 같은 정도의 힘(약 90%)을 또 받는 것이었다. 왜 그럴까 생각해 보니 경량 콘크리트의 특징은 부착력이 대단히 큰 것인데 보가 파괴되었어도 부착력은 파괴되지 않아 다시 복원하는 힘이 컸지 않았나 생각되었다.

부착력이 커지는 이유는 강도를 높이기 위해 사용된 실리카 흄이 경량골재 사용으로 인한 강도의 저하를 보완할 뿐만 아니라 철근에 페이스트(paste) 상태로 부착하는데 시멘트 페이스트보다 훨씬 분말도가 좋아 부착력이 커지는 것으로 생각되었다.

구조용 경량 콘크리트의 적용

시험 결과에서 얻은 자신감으로 본사 기술연구소와 함께 경사식 형태의 슬래브로 배근 설계를 마치고 이의 사용을 발주처에 다시

구분	당 초					변 경				
형태 및 배근	D10@200					D13@300				
콘크리트	종 류 : 보통 콘크리트 강 도 : 240kg/cm² 비 중 : 2.3 조골재 : 깬자갈 25mm 이하 배합비 (kg/m³)					종 류 : 보통 콘크리트 강 도 : 180kg/cm² 비 중 : 1.6 조골재 : ø 3mm 경량골재 배합비 (kg/m³)				
	W	C	S	G	AD	W	C	S	BST 실리카흄	AD
	191	375	757	990	3.19	220	550	768	8 27.5	5.5
성능검토 (상대비교)	최 대 하 중 : 329 ton 최대 MOMENT : 1 최대 SHEAR : 1 최 대 변 위 : 1 진 동 : 1					최 대 하 중 : 308 ton (감소) 최대 MOMENT : 1.0036 (증가) 최대 SHEAR : 0.997 (감소) 최 대 변 위 : 1.0041 (증가) 진 동 : 0.9965 (감소)				
	종합적으로 동등함									
공사물량 및 금액	콘크리트 : 137 ㎥ 거 푸 집 : 806 ㎡ 철 근 : 7.7 ton					콘크리트 : 181 ㎥ 거 푸 집 : 660 ㎡ 철 근 : 10.8 ton				
	차 액 : 9,800,000원 증가함									
안전시공	분리 구조로 횡력에 취약하여 불안전한 요소가 많음					단일 구조로 안전시공 가능				

승인 요청하였다.

경량 콘크리트를 사용하여 발코니 구조 성능이 거의 비슷한 결과 즉 하중도 거의 같고 처짐, 변형 등의 성능이 거의 같다는 계산 결과를 얻을 수 있었으며 안전시공도 할 수 있으니 사용을 승인하여 줄 것을 재차 요청한 것이었다. 앞의 표에서 비교해 본다면 공사금액은 물량과 내역 단가를 적용할 때 약 1천만원 증가하였지만 실제 원안대로 시공한다면 합판자재의 손실(loss)과 인건비의 증가로 약 3~4천만원이 추가로 소요 되었을 것이다. 그러나 여기서 문제는 끝나지 않았다.

발주처에서는 국내에서 최초로 시행하는 구조용 경량 콘크리트 사용방안의 위험부담을 안고 무리한 승인을 하려하지 않았다. 모든 것이 해결되었지만 내구성이 검증되지 않아 적용이 곤란하다는 반응이었다.

이를 해결하기 위해 BST를 최초로 생산한 호주의 BST사에 연락하여 내구성에 문제가 없다고 호주 콘크리트 학회에서 인증한 약 20건의 논문과 도표 등의 관련자료를 확보하여 제출하였다.

우리 현장으로서는 시험 결과를 바탕으로 품질확보를 확신하고 있었고 이에 관한 자료들과 구조용 경량콘크리트의 면밀한 타설 계획, 타설후 성능 검증 방안들을 제출하고 수차례의 설득을 거쳐 결국 발주처의 승인을 얻어내게 되었다.

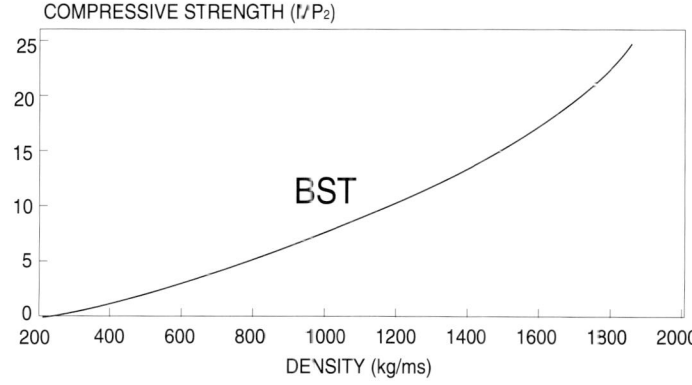

호주 콘크리트 학회에서는 BST 경량 콘크리트의 내구성에 이상이 없음을 확인해 주었다

구조용 경량 콘크리트 시공시 유의 사항

　국내에서는 처음으로 경량 콘크리트를 구조용으로 사용하는 사례로 제조부터 타설까지의 과정은 쉽지 않았다. 구조용 경량 콘크리트의 제작, 시공과정 중에 유의할 사항들을 정리해 보면 다음과 같다.

　첫째, 자재의 확보 및 생산의 어려움

　강도 증진을 위해 사용하였던 실리카 홈은 전량 수입품으로 가격 차이가 심해 저렴하고 적정한 실리카 홈을 구하기 어려우므로 시간 여유를 가지고 구매해야 한다. 그리고 레미콘 공장의 뱃처(batcher)에도 이런 특수한 콘크리트를 만들 수 있는 설비가 되어 있지 않아 배합비에 따라 투입 자재를 뱃처 상부의 믹서통에 까지 인양하여 인력으로 투입하고 일일히 확인해야만 했다. 주간에는 일반 레미콘을 생산 해야 되었기 때문에 야간에 착수하여 새벽까지 제조 및 타설해야만 했다.

　여기서 주의 할 것은 통상적으로 레미콘을 제조하듯이 한꺼번에 모든 내용물들을 넣으면 BST나 실리카홈이 덩어리가 진 상태로 혼합될 수 있다. 그러므로 먼저 BST폴과 모래, 시멘트, 실리카홈을 먼저 넣어 3분 정도 건비빔하는 것이 필요하다. 자재가 건비빔 되면서 덩어리진 BST자재나 실리카홈 자재가 모래에 의해 모두 깨져 충분히 건식혼합 되었다고 생각하는 시점에서 물과 혼화재를

한꺼번에 모든 내용물들을 넣으면 포장 지안의 BST나 실리카홈이 덩어리가 진 상태가 된다

투입하여 제조해야 한다.

물론 BST골재와 실리카 흄을 인력으로 투입해야 하므로 계량방법은 사전에 정하여 작업자 교육을 시행해야 했다.

둘째, 타설시의 바이브레이팅 관리

타설시 경량 콘크리트를 타설하는 장비(stationary)에 문제가 없을까 하고 걱정했지만 결과적으로 압송(pumping)이 너무 잘되었고 (혹시 경량 골재로 인한 재료분리 때문에 파이프가 막히지 않을까 걱정 했음) 시공연도(workability)도 좋았다.

객석구조는 계단식 구조로 밑이 터져 있어서 바이브레이팅 사용을 줄였는데 나중에 일부 철근 하부에 공극이 발생하여 보수를 해야 했으므로 향후 다시 사용한다면 1차로 터진 부분을 메우는 작업을 하고 바이브레이팅을 철저히 해 준 다음 2차로 나머지를 타설하여 바이브레이팅 부족으로 인한 문제를 줄일 것이다.

셋째, 균열 여부 및 몰탈과의 부착력 확인

당초 걱정하였던 실리카흄과 시멘트 양이 많아 급격한 응결과 건조수축 과정에서 균열이 발생하지 않을까 걱정하였는데 균열은 전혀 발생하지 않았다. 또한 나중에 마감 미장시에도 시멘트 몰탈과 부착력이 좋아 미장 작업도 문제가 없었다.

넷째, 검증을 위한 재하실험 실시

구조용 경량 콘크리트의 품질을 검증하고자 건설교통부 규준 (ACI 318-89와 동일)의 재하시험 방법에 따라 재하시험을 실시하

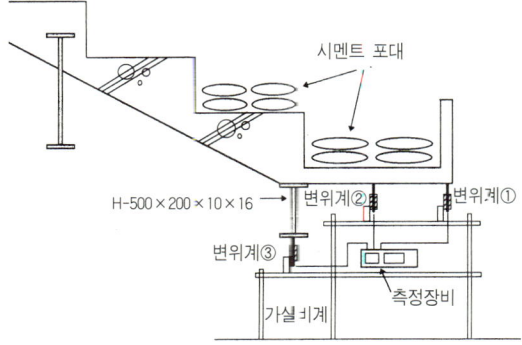

구조용 경량 콘크리트의 품질 확인을 위해 ACI 318-89에 따라 재하시험을 실시하였다(좌)
재하시험을 위하여 상부에 시멘트를 적재하였다(우)

였는데 시험방법은 시멘트 포대를 계획 하중의 두배에 해당하도록 바닥에 쌓고 ① 쌓기전 ② 쌓는중 ③ 1일후 ④ 제거 직후 ⑤ 제거 후 1일 후를 측정한 결과 다음표와 같은 결과를 얻었다. 재하시험 결과는 복원속도가 일반 콘크리트보다 약간 늦은 경향을 보였으나 대체적으로 만족스러운 결과였다.

하중 재하시의 변위 변화량　　　　　　　　　　　　　　　　　단위　mm

측정시점 \ 측정위치	경량 슬래브 변위 (캔틸레버 단부)	경량 슬래브 변위 (중앙부)	철골보 변위 (중앙)
재하직전(초기치)	0.00	0.00	0.00
1/4 재하 후 (5분)	0.18	0.20	0.09
2/4 재하 후 (5분)	0.31	0.35	0.21
3/4 재하 후 (5분)	0.50	0.51	0.27
4/4 재하후 (5분)	0.71	0.70	0.41
재하 6시간 후	0.95	0.89	0.42
재하 12시간 후	1.08	1.05	0.51
재하 18시간 후	1.12	1.04	0.46
재하 24시간 후	1.17	1.08	0.51

하중 제거시의 변위 변화량　　　　　　　　　　　　　　　　단위 : mm, %

측정시점 \ 변위, 복원율	경량 슬래브 변위 (캔틸레버 단부) 잔류변위 (복원율)	경량 슬래브 변위 (중앙부) 잔류변위 (복원율)	철골보 변위 (중앙) 잔류변위 (복원율)
제하 직후 (5분)	0.37 (68.4)	0.45 (58.3)	0.09 (82.4)
제하 1시간 후	0.37 (68.4)	0.43 (60.2)	0.07 (86.3)
제하 3시간 후	0.39 (66.7)	0.45 (58.3)	0.09 (82.4)
제하 6시간 후	0.35 (70.1)	0.40 (63.0)	0.07 (86.3)
제하 12시간 후	0.31 (73.5)	0.33 (69.4)	0.04 (92.2)
제하 18시간 후	0.24 (79.5)	0.26 (75.9)	0.02 (96.1)
제하 24시간 후	0.20 (82.9)	0.21 (80.6)	0.02 (96.1)

합리적인 결정을 해준 발주처와 설계자에 감사

　복잡한 발코니 이층 객석 구조를 좋은 품질과, 안전한 시공방법, 원가절감 등을 통해 만족하는 구조물로 시공할 수 있었던 것은 본사 기술연구소의 절대적인 지원뿐만 아니라 발주처와 설계자가 믿고 승인해 주었으므로 가능했다고 생각한다.

　바람직한 현장의 모습은 시공자는 열심히 좋은 것을 찾아 제안하고 발주처나 설계자는 이를 냉철히 검토하여 바람직하다고 판단되면 함께 협력하여 실행에 옮기는 것이라 생각한다. 이것이 여러 공사현장에서 보편화 될 때 우리의 건설 기술력은 국제 경쟁력을 갖출 것이라고 믿는다. 이 자리를 빌어 발주처와 설계자 분들께 최대한 합리적인 결정을 하겠다는 방침을 감정에 치우치지 않고 끝까지 지켜준 것에 큰 감사와 존경을 보낸다.

30m 장스팬 보에 포스트 텐셔닝 공법 적용

프리프렉스 빔은 처짐과 진동이 적어 설계에 적용되었다

건축물 중 집회나 종교시설에는 대강당 또는 대예배실이 있게 마련인데 언제부터인가 이런 장스팬 구조의 대형 공간이 지하로 들어가는 경향이 있는 것 같다. 아마도 지상에는 우선적으로 채광이 요구되는 사무실 등의 입주시설이 들어가다 보니 채광이 비교적 덜 필요한 대형공간은 지하가 제격이고, 또 다른 이유는 큰 공간을 지하에 넣음으로써 지상에 휴식 공간이나 여유 공간이 확보되기 때문이라 생각한다.

우리 현장에서도 폭 30m, 길이 33m, 높이 18m의 대음악당이 지하에 위치하고 그 상부는 광장으로 조성된 형태였다. 지붕구조가 스팬이 30m이고 적재 하중이 2ton/m² 정도이면 누구라도 많은 고민을 거쳐 구조설계를 하였을 것이다. 당초에는 프리플렉스 빔(preflex beam)이 사용되었는데 (132쪽 프리프렉스빔의 시공시 검토사항 참조) 이 구조의 특징을 보면 처짐과 진동이 적은 편이고, 보춤이 크지 않아도 된다는 장점이 있었고, 보의 웨브 부분으로 덕트의 통과 및 점검 통로를 설치할 수 있다는 장점이 있어 이를 적용하였으리라 생각되었다.

대음악당의 당초 단면도(좌)
프리프렉스 빔의 단면도 (우)

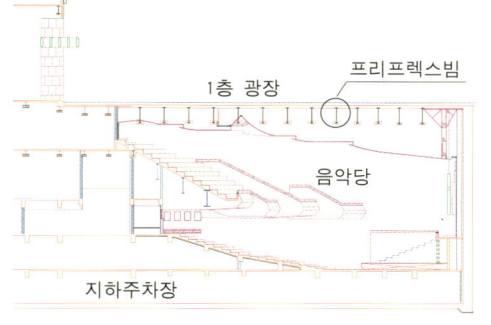
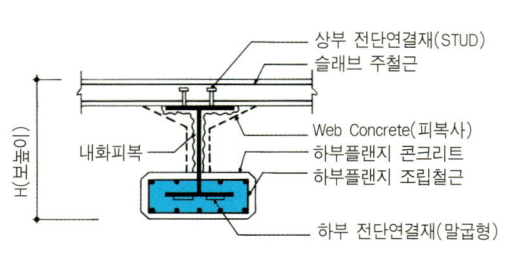

구조 시스템이 현장 여건과 맞지 않아

설계된 구조 시스템은 현장 여건과 여러가지 측면에서 맞지 않았다. 터파기가 완료된 상태에서 프리플렉스빔이 설치되어야 하는 데 빔 하나가 길이 30m, 춤 2m, 무게가 30ton이다 보니 300ton 크레인이 필요하였고 크레인의 붐이 설치 위치까지 도달하지 못해 가설 가대를 설치해야만 제 위치에 설치할 수 있었다. 또한 30m 빔을 실은 츄레라의 길이가 40m이다 보니 도심지 통과시 교통 통제가 되어야 했다. 가설 가대를 설치하거나 교통 통제를 하는 것은 원가 투입으로 해결되지만 300ton 크레인이 굴착 깊이 26m의 어스 앵커(earth anchor)로 된 흙막이 상부에서 작업하기에는 많은 위험 부담이 있어 흙막이 부분에 엄청난 보강이 필요하였다.

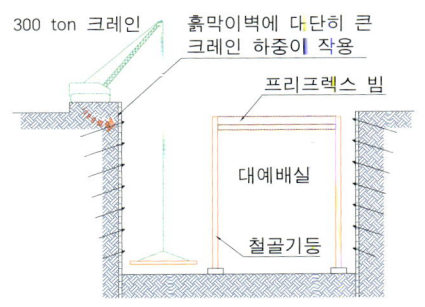

현장의 어스앙카 상부는 300ton 크레인에 더한 하중 고려가 되어 있지 않았다

이렇게 한참 구조 시스템을 검토할 바로 그때, 성수대교의 붕괴 사고가 발생하여 한강다리를 통과하는 40ton 이상의 증차량을 강력하게 통제하게 되었다. 이 결과는 한강 이북에는 없고 한강의 남쪽에서만 작업하고 있는 300ton 크레인이 한강을 넘어 우리 현장까지 올 수 없다는 것을 의미하였다.

프리플렉스 빔과 동등이상의 성능을 갖춘 대안은

단지 이러한 문제들은 현장 여건과 맞지 않는다는 시공자의 변명에 불과한 것이고 설계자나 발주처 입장에서는 프리플렉스빔의 많은 장점 때문에 공법 변경을 꺼리고 있었다. 현장의 문제해결은 대안이 있어야 대화와 협의가 가능하고 진전이 있게 되어 있다. 대안으로 철골 트러스(truss) 공법, 스페이스 프레임(space frame) 공법, 포스트 텐셔닝(post tensioning) 공법을 검토하였다. 그러나 철골 트러스 공법은 처짐 보완으로 춤이 커져 적용이 불가능 하였고, 스페이스 프레임 공법은 유리한 점이 많았으나 30m 스팬 규모의 슬래브와 합성 구조로 된 시공 실적이 없어 품질과 안전을 확신할 수 없어 제외하였다.

포스트 텐셔닝(post tensioning) 공법은 동남아 지역에서는 거의 모든 RC건물에서 사용되고 있는 흔한 공법이나 국내에서는 사용 실적이 많지 않았다. 포스트 텐셔닝 공법의 장점은 보춤이 대폭 줄어 층고가 낮아지므로 경제적이고 (이 장점이 동남아의 상권을 잡고 있는 중국계 발주처들이 선택하는 이유라고 생각됨) 처짐이 철골이나 보통 RC에 비해 대폭 줄어들며 골조공사 공정의 일부로 포함할 수 있어 공정상으로 지장을 주지 않을 뿐만 아니라 동바리 해체기간을 단축할 수 있어 공기 단축도 가능하다. 단점이라면 스트랜드(strand)의 위치를 고정할 때 정밀도가 요구되는 공법으로 아직 일이 거칠은 국내 수준에서는 위험할 수 있고 국부적인 압축으로 인해 구조물 내에 이상 균열이 발생할 수 있으며 철골에 비하여 동바리 구조가 거대해 진다는 점이었다. 그래서 우리 현장에서는 포스트 텐셔닝 공법의 장점이 당초 설계시의 의도 큰 하중을 받을 수 있고 처짐이 적으며 진동 변형이 적다는 것과 일치하여 발주처 및 설계자의 설득에 유효하게 작용할 수 있었다.

수축띠의 적용

장스팬 지붕 구조로써 포스트 텐셔닝의 적용이 설득력을 갖게 될 즈음 타 현장 사례 조사를 하게 되었는데 가장 심각하게 대두되었던 것은 균열이었다. 즉, 포스트 텐셔닝 보와 슬래브 사이의 균열, 포스트 텐셔닝 보와 벽체 사이의 균열 등 깊은 균열은 아니었지만 스트랜드(strand)의 인장으로 인해 인접 구조물과 변형이 상이해 발생하는 균열이라고 판단하였다.

이에 대한 대책으로 포스트 텐셔닝이 적용되는 부위 둘레의 슬래브와 보를 완전히 끊어주는 수축띠(strip joint)를 두는 방법을 택하였다. 1m 폭의 띠부분을 포스트 텐셔닝 부분

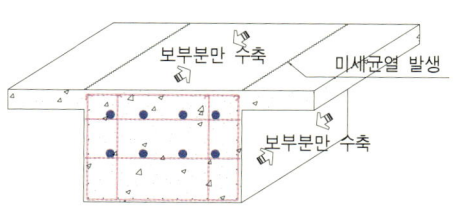

타 현장 조사시 포스트 텐셔닝 보와 슬래브 사이에 0.05mm 정도의 미세한 균열이 일부 발생하였다

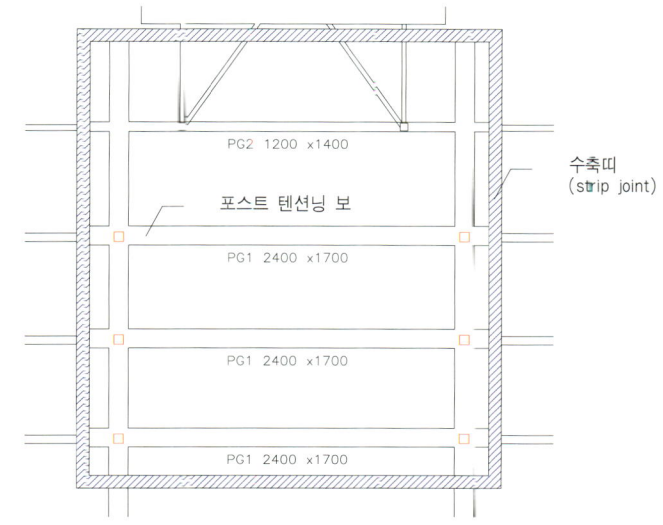

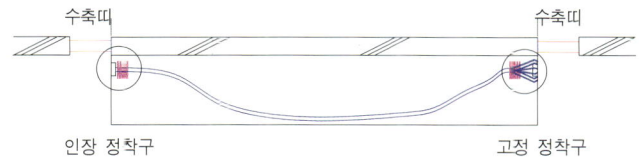

포스트 텐셔닝이 적용되는 부위 둘레에 슬래브와 보를 완전히 끊어주는 수축띠 (strip joint)를 두었다

의 테두리에 두고 콘크리트 타설을 하지 않는다. 즉, 포스트 텐셔닝 보의 부분에 먼저 콘크리트 타설 및 양생을 하고 인장까지 끝낸 후 일개월 정도 뒤에 수축띠 부분을 콘크리트로 타설하였다. 말하자면 초기의 건조수축, 포스트 텐셔닝의 인장으로 인해 탄성변형 그리고 초기 크리이프(creep)까지[1] 수축띠에서 소화될 수 있도록 조치를 취하였다.

그 결과 주위 구조물들과의 균열은 발견되지 않았고, 단지 수축띠 부분을 콘크리트 타설하고 약 일개월 후에 포스트 텐셔닝 보와 슬래브 사이에 0.1mm 미만의 아주 미세한 균열만 발생하였다.

1) 크리이프(Creep) : 일정한 지속 응력하에 있는 콘크리트의 시간적인 소성변형

동바리 구조와 수화열 검토

대형 콘크리트 구조물이 높이 18m의 상부에 설치 되므로 견고

수화열 억제를 위하여 파이프 쿨링(pipe cooling) 시스템을 적용하였다.

1) VSL KOREA 제안시방서 기준
www.vslkorea.co.kr (02)553-8200

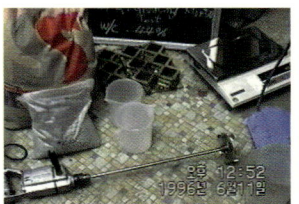

그라우팅 재료에 대한 시험기구

그라우팅 재료에 대한 테스트는 초기에 실시해야 한다.

그라우팅 몰탈의 플로우 테스트(flow test)

한 동바리 구조의 검토가 필요하여 3S 시스템을 적용하였고 (103쪽 18m 높이의 대형 구조물 동바리 선정 참조) 수화열에 의한 균열을 방지하기 위하여 파이프 쿨링(pipe cooling) 시스템을 적용하였다. (110쪽 파이프 쿨링을 이용한 수화열 제어 참조)

포스트 텐셔닝 보의 시공 순서

무엇보다 먼저 와이어(wire) 뭉치를 감싸는 역할을 하는 텐던 쉬스(tendon sheath)를 채우는데 사용될 그라우팅 재료에 대한 테스트가 우선 되어야 한다. 왜냐하면 그라우팅 재료의 28일 강도가 콘크리트 강도에 못미치는 경우는 다시 테스트 해야 하므로 되도록 초기에 테스트를 해봐야 한다. 포스트 텐셔닝 보의 콘크리트 강도인 300kg/cm²이 나올 수 있도록 계획 배합해야 하는데 물시멘트 비 44%, 팽창제 역할을 하는 혼화재(세일콘)량은 시멘트의 1%, 묽기는 플로우 아웃(flow-out)시간 14~18 초를 만족하도록 하였다.[1] 결국 모든 시험을 거쳐 합격을 하였고 28일 큐브 강도도 300 kg/cm² 이상으로 나와 실제 시공 시에도 똑같은 비율을 적용하여 그라우팅 하였다.

포스트 텐셔닝의 텐던 쉬스를 그라우팅 하면서 불현듯 어스 앙카(earth anchor) 공사할 때가 생각나서 씁쓸한 미소를 지었다. 왜냐하면 어스 앙카 시공 시에도 몰탈 그라우팅을 주입하여 정착장을 형성해야 하는데 이때 토목 시방서에는 그라우팅 몰탈의 물시멘트비가 45% 이하였다. 그런데 어스 앙카 몰탈 작업자는 국내에서는 45% 이하 물시멘트비로 몰탈을 주입할 수 있는 기계가 없다고 우겼고 그때는 정말 그런가 생각하여 물시멘트비를 100% 넘겼어도 제재를 가하지 못하였다. 흙속에서는 수분이 소실되어 물 시멘트비가 낮아 지리라는 막연한 기대만 하면서…

그런데 포스트 텐셔닝에 사용된 몰탈 믹서는 물 시멘트비 44% 임에도 아무런 무리 없이 펌핑하였다. 즉, 어스 앵카 그라우팅시도 비용만 좀 들여 좋은 장비를 사용하였더라면 얼마든지 좋은 물시멘트비에서도 주입이 가능한 것이다.

포스트 텐셔닝 보의 시공순서는
① 늑근 및 하단 철근 배근

포스트 텐셔닝 보의 하단근 및 늑근 설치

② 보의 양단부에 인장 정착구를 리세스(recess)용 거푸집과 함께 설치

리세스(Recess)용 거푸집

③ 레벨 철근의 위치를 정확히 잡아 늑근에 용접하고 쉬스를 설치 후 철선으로 고정하고 텐돈 삽입

쉬스(sheath)설치(좌)
텐돈(tendon)삽입(우)

④ 양쪽 정착구에 버스팅 링(bursting ring)과 보강철근을 설치한다.

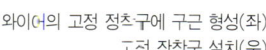

버스팅 및 보강철근 설치

⑤ 고정 정착구의 텐돈(tendon)을 구부려 구근을 형성

와이어의 고정 정착구에 구근 형성(좌)
고정 장착구 설치(우)

⑥ 그라우팅 호스를 설치

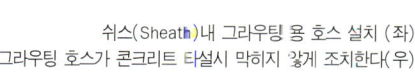

쉬스(Sheath)내 그라우팅 용 호스 설치 (좌)
그라우팅 호스가 콘크리트 타설시 막히지 않게 조치한다(우)

⑦ 파이프쿨링을 위한 배관

수화열 억제를 위해 파이프 쿨링(pipe cooling)배관 설치

⑧ 상부철근과 슬래브 철근을 설치
⑨ 콘크리트 타설 및 양생

콘크리트 타설은 하부에 집중하중이 발생하지 않도록 타설 계획이 수립되어야 한다.

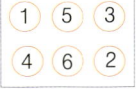

텐던의 인장순서

콘크리트 설계강도가 80%가 발현되면 인장작업을 할 수 있다

⑩ 콘크리트의 설계강도가 80%이상 발현되면 인장작업을 할 수 있는데 이때 한 곳을 집중적으로 하면 국부 변형에 의한 균열이 생길 수 있으므로 중앙에서 외부로 전체 포스트 텐셔닝 보에 일정하게 인장이 가해질 수 있도록 순서를 정리해야 한다.

⑪ 인장이 끝나면 하부 동바리를 해체할 수 있다. 우리 현장의 경우도 인장 즉시 확인 한 결과 약 20mm의 캠버가 발생한 것이 확인되었다. 이것은 하부 동바리의 역할이 종료 되었다는 것을 의미한다.

그라우팅 용 몰탈의 믹싱 장면

리세스부분 몰탈채움

⑫ 쉬스내 그라우팅 및 리세스(recess) 부분을 몰탈을 채운다.

포스트 텐셔닝 공사시 시공계획

포스트텐셔닝 공사시 시공 계획으로는

첫째, 큰 하중을 지지하는 동바리이다 보니 해당 층의 동바리 뿐만 아니라 그 하부층의 동바리에 대한 검토가 필요했고 콘크리트 타설시에는 각층에 동바리의 변형을 확인하는 담당기사를 배치했었다.

둘째, 마감을 위한 인서트(insert) 작업이 콘크리트 타설 전에 완료되어야 했다. 보통은 콘크리트 완료 후 마감 시에 드릴로 뚫어서 셋앙카(set anchor) 등을 설치 후 천정구조를 매달기도 하는데 포스트 텐셔닝 보의 경우 드릴(drill) 날에 의해 텐돈(tendon)을 손상할 경우 치명적인 영향을 미칠 수 있으므로 반드시 콘크리트 타설 전에 인서트는 모두 묻어야 한다.

셋째, 정착구 부위에는 보강 철근이 조밀하게 배치되므로 바이브레이팅으로 충실히 콘크리트가 타설될 수 있도록 해 주어야 한다. 이 부분이 충실하지 못해 텐돈 인장시 정착구부위가 압착되는 경우도 있다.

넷째, 대형 구조물이므로 콘크리트 하중이 집중되어 타설되지 않도록 균등 분포되게 타설 계획을 잡고 보 부분(1차 타설)과 슬래브 부분(2차 타설)을 시간 간격을 두고 타설하는 것이 좋다.

공사중 아쉬웠던 부분은

공사 완료 후 포스트 텐셔닝 하부의 동바리를 해치하면서 담당기사로부터 빔의 하부에 구멍이 있다는 보고가 있었다. 매우 중대한 문제로 생각되어 동바리 해체를 중지하고 확인해 본 결과 한곳에만 있는 것이 아니고 여기 저기 있었다. 구멍을 확인해 보니 쉬스(sheath) 하부로 연속되어 있어 쉬스 하부에 콘크리트가 채워지지 않은 것이었다. 그 이유를 추정해 보니 콘크리트 타설시 쉬스가 다치는 것이 겁이나 (쉬스가 깨져 콘크리트가 채워지면 인장이 안되는 큰 하자가 발생한다.) 바이브레이팅을 과감하게 못한 것이다. 그러다 보니 ∅100mm짜리 쉬스 하부에 공기층(air pocket)이 발

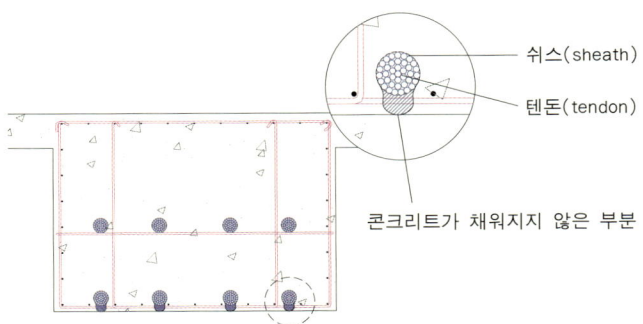

콘크리트 타설시 바이브레이팅 할때 텐돈(tendon)이 손상될 것을 우려하여 최소화한 결과 텐돈 하부에 공기층 (air pocket)이 발생하였다.

생한 것이었다.

  다행히도 동바리를 해체하기 전에 발견하였기에 망정이지 동바리를 전부 해체했다면 큰일 날 뻔한 일이었다. 아무튼 그날 밤부터 새벽까지 수동 펌프식 그라우팅 기계를 수소문하여 반입한 후 밤새도록 쉬스에 채웠던 그라우팅 재료로 그라우팅을 마칠 수 있었다.

  결과적으로 포스트 텐셔닝 공법을 적용하여 발주처나 설계자에게는 공사비가 증가되지 않고 처짐이나 진동 등의 성능이 개선된 구조물을 확보할 수 있어 기뻤고, 시공자로서는 가대 설치에 따른 큰 추가 비용이 투입될 뻔 하였지만 여러 가지 기술적인 문제를 해결하면서 원가, 공기를 절감하고 포스트 텐셔닝에 관한 기술을 축적하는 보람을 얻을 수 있었다.

18m 높이의 대형 구조물 동바리 선정

안전에 중요한 동바리 설계가 시공시에 제대로 검토되지 않고 있다.

신문 지상이나 TV 뉴스에서 공사현장에서 콘크리트 타설 중에 가설 구조물이 붕괴되어 많은 사상자가 발생했다는 기사를 가끔 보게 된다. 공사가 완료된 구조물이 붕괴되는 경우는 거의 없지만 시공중인 구조물이 붕괴되는 경우는 빈번히 발생하는 데 근본적인 해결방법은 없는 것일까? 먼저 붕괴 원인이 무엇인가를 살펴보면

첫째, 국내에는 가설재에 대한 규준이 정립되어 있지 않다.

그러기에 가설재를 사용하고 직접 공사하는 시공 기술자들에게는 이를 계산하거나 안정성을 검토할 기준이 없는 것이다. 예를 들어 거의 모든 현장에서 사용되는 스틸 서포트(steel support; 강관받침 기둥)라고 하는 자재의 경칭은 무려 6개나 통용되고 있고 이것이 하중을 얼마나 받을 수 있는지에 대한 성능을 고시하는 데가 없다. 특히 대형 동바리에[1] 대해서는 설계방법이 정립되어 있지 않은 상태로 단지 산업안전 보건법으로 정한 "3단 이상 이어서 사용하지 않아야 한다." 는 등의 안전 규제 내용만 있을 뿐이다.

1) 높이가 높거나 매스가 큰 콘크리트 구조를 떠받치는 동바리

표 1 강관 동바리 명칭의 상예한 사례

파이프 받침	산업 안전 기준에 관한 규칙
파이프 서포트	노동부고시 제91.10 1호 가설기자재 성능감정규격
강판지주	노동부고시 제94호 콘크리트공사 표준안전작업지침
	한국산업안전공단에서 발행한 표준작업안전수칙
강판 받침기둥	KSF3001
	건축공사 표준시방서
	콘크리트공사 표준시방서
	건설교통부에서 발행한 건축공사 거푸집 동바리 설계 및 시공 지침
pipe support	산업안전관리공단 발행 감리자 안전관리지침서
강관 동바리	건설코준품샘
	건설교통부발행 건설공사 안전관리 요령

콘크리트 타설중에 가설 구조물이 붕괴되어 사상자가 발생했다는 기사를 신문이나 TV 뉴스에서 자주 보게된다

둘째, 일정 높이 이상이거나 대형 구조물에는 시방서에 시스템 서포트(system support) 사용에 대한 명기가 필요하다.

세째, 건설회사에서도 입찰시 시스템 서포트에 대한 충분한 검토와 금액이 반영되어야 함에도 공사를 수주하기 위해 일반 동바리로 입찰하고 있는 실정이다. 현장에서도 위와 같이 짜여진 예산에 맞추기 위해 안전성이 검증이 안된 값싼 자재를 사용할 수 밖에 없고 이런 여러가지 구조적인 문제로 인해 대형사고를 유발하고 있다고 생각한다.

층고가 높은 건물의 동바리 적용방안

우리 현장에서는 높이가 18m이고 보의 폭×높이가 2.4m × 1.7m, 슬래브 두께가 300mm인 대형 포스트 텐셔닝(post tensioning) 보에 콘크리트를 안전하게 타설하기 위한 대형 동바리를 선정하기 위해 많은 고민을 하지 않을 수 없었다. 대형 동바리 시스템을 선정함에 있어 고려해야 할 사항은 안전성, 경제성, 그리고 시공성일 것이다.

일반적으로 사용되는 BT라고 불리는 틀비계(문형지주) 위에 강관 받침기둥을 사용하는 공법은 경제성과 시공성은 좋으나 안전성에는 아무래도 자신이 없었다. 그래서 안전성 확보를 위하여 이를

BT+서포트 시스템은 조립이 간편하고 근로자들이 경험이 많아 설치가 빠르고 용이한 반면 안전성이 취약하다

대체할 다른 시스템을 검토하였는데 토목공사에 주로 사용되는 로드 타워(load tower)와 국내의 건설회사가 수입하여 임대하는 일본 닛소사의 3S 시스템을 1차로 선정한 후 검토하여 아래와 같은 결과를 얻었다.

로드 타워(load tower)의 경우는 높고 큰 하중인 구조물에 적합한 동바리 시스템이었으나 임대료가 비싼 편이었고 자재를 구입하였다가 사용 후 다른 현장으로 되파는 방법을 검토하였으나 연계할 수 있는 현장이 없을 경우는 오랫동안 보관해야 하는 문제가 있었다.

또 한가지는 임대사로부터 구입후 되파는 방법(buy-back)도 검토하였으나 임대사의 방침이 잔존 손료로 판매하는 것이 아니라 신재값으로 판매하고 사용후 되사는 경우는 잔존 손료로 계산해 주어 원가상 부담이 되었다.

3S 시스템의 경우는 임대사가[2] 일본에서 국내로 재재를 수입하여 적용하기 시작하며, 점차 국내 생산까지 할 예정이어서 파격적인 조건을 제안하였다.

2) 당시: 코오롱 건설 3S 사업부
현재: 한길시스템산업(주)
skybent.co.kr 1588-8249

* 적용 가능한 동바리 공법 비교표

공 법	B.T + 강관받침기둥	로드타워(load tower)	3S 시스템
적용방법	일반적으로 사용되는 공법으로 B.T로 높이를 맞춘후 강판받침기둥 1단으로 지지하는 방법	수직 부재와 수평 부재가 1개조로 구성되어 적층하여 사용하는 공법	유니트(unit)화 된 수직 부재와 수평 부재를 연결하여 전체를 한 구조로 형성하여 사용하는 공법
허용하중	부 정 확	1조당 6 ton	1조당 5 ton (제조사 추천하중 기준)
장 점	1. 조립이 간편하다. 2. 설치가 용이하다. 3. 작업자가 숙달되어 있다. 4. 자재비가 저렴하다	1. 조립이 간편하고 높이 조절이 쉽다. 2. 높이가 높고 큰하중인 구조물에 적합하다.	1. 전체 동바리 구조가 하나로 연결되어 구조적으로 안정적이다 운반이 용이하다. 2. 지주하부에서 작업이나 이동이 가능하다. 3. 구조검토 등의 기술 자문이 가능하다.
단 점	1. 층고가 높은 곳에서는 수평 하중을 저항할 수 있는 구조가 아니다. 2. 설치후 하부에 여유 공간이 없다. 3. 해체후 정리하는 시간이 많이 소요된다.	1. 임대가가 고가이다. 2. 독립식으로 별도의 가새(bracing)가 필요하다.	1. 사용후 규격별로 정리가 어렵다. 2. 자재가 세분화 되어 처음 설치가 어렵다.

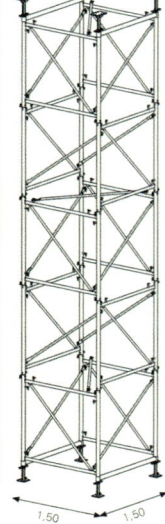

로드 타워(load tower)는 주로 토목 공사에 많이 사용된다

3S시스템 적용 사례

3S시스템은 받침기둥 1본당 허용하중이 5ton으로 다른 시스템보다 가장 큰 하중을 받을 수 있었고 국내에는 동바리에 관한 안전성 인증 제도가 없으나 일본에는 인증제도가 있어 이를 통해 안전성을 확인할 수 있었다. 또한 임대사가 대형회사로 자체 기술력으로 CAD도면 및 구조계산 등의 서비스를 받을 수 있었다.

문제는 국내 작업자에게 숙달되지 않은 자재여서 적용 중에 사소한 문제가 얼마든지 발생할 수 있었다. 즉 어떤 문제가 생길지 확인이 필요했다. 그래서 높이 18m의 대음악당에 설치하기 전에 층고 6m인 기계실 슬래브에 적용해 보기로 하였다. 작업자가 처음 대하는 시스템으로 익숙치 않아 생각했던 대로 계속 불만을 털어놓았고 여기서 얻은 문제점들은 18m 높이의 대음악당 슬래브를 사전 준비하는 데 필요한 데이터로 활용할 수 있었다.

설치시 주위해야 할 사항은 다음과 같다.

첫째, 바닥에 먹을 놓아 위치를 잡아야 한다.

3S 시스템은 수직재와 수평재가 전체 평면에서 모두 서로 연결되어 일체화 되므로 바닥에 반드시 먹을 놓아 지주의 위치를 잡아야 한다. 그렇게 하지 않을 경우는 설치 후 연결부위에서 간격이 조금만 틀려져도 상부로 올라가면서 조립이 어려워진다. 6m 높이의 기계실 슬래브에서는 이런 이유로 시공 중에 해체하고 다시 설

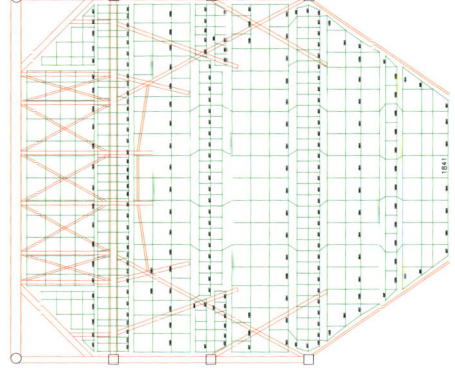

3S시스템은 대형 동바리 시스템으로 일본에서 개발되어 국내 회사가 수입하여 임대하고 있으며 최근에는 국내 생산 및 수출도 하고 있다(좌)
CAD를 이용하여 3S 시스템의 지주위치가 힘을 받는 부위와 일치하는지, 상부의 철골 등의 장애물과 걸리지 않는지 확인해 보아야 한다(우)

3S 시스템의 가새(bracing)는 최하층부터 수직, 수평재와 같이 설치해야 나중에 작업이 어렵지 않다(좌)
U-헤드 자재는 분실하기 쉬워 모자라는 경우가 있어 각재로 이를 대체하였다(우)

치해야 하는 경우도 발생하였다.

먹을 놓기 위해서 뿐만 아니라 상부의 철골 장애물과 걸리지 않는지 확인하기 위해서도 CAD를 이용해 도면을 작성할 필요가 있으며 구조도면과 겹쳐(overlap)보아 상부의 철골 부재 등과 걸리지 않도록 위치 조정도 해야 한다.

둘째, 가새(bracing)도 최하단부터 시공해야 작업이 쉽다.

일반적으로 동바리 구조는 우선 수직 부재를 설치하고 가새는 그 후에 보강하지만 3S시스템은 수직, 수평 부재와 함께 최하단부터 설치해야 한다. 나중에 설치하려면 약간의 오차에도 설치가 어려워 누락되는 경우가 생길 수 있기 때문이다. 따라서 작업자들에게 충분히 조립방법을 주지시킬 필요가 있다.

구조 안정을 위한 작업순서 조정

높이 18m 상부의 구조물은 대형 구조물로써 콘크리트 타설시 콘크리트가 타설되는 부분의 동바리 지지의 하부 구조가 검토되어야 한다. 그러나 하부 객석 슬래브에서부터 상부로 시공을 해갈 경우는 경사진 구조물에 동바리 재설치(re-shoring)가 이루어져야 하는데 이론처럼 완벽하게 되지는 않으리라 판단했다. 또한 경사부분의 무대를 중심으로 곡선을 이루고 있어 받침 구조가 단차이의 중간에 걸릴 수 있는 여지가 많았다.

특히 가설재 3S구조는 받침기둥의 최하단에서 밑둥잡이가 가장

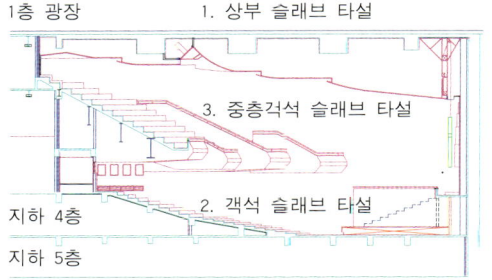
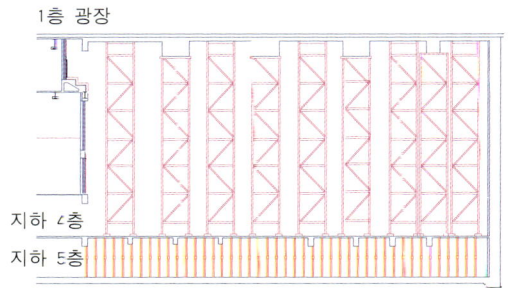

대음악당의 최상부 슬래브를 타설하고 하부 스탠드, 중층 객석 스탠드 순으로 콘크리트를 타설하였다(좌)
최하층 슬래브에 서포트로 보강하였다(우)

중요한 요소인데 지지구조 레벨이 상이할 경우 전체 동바리 구조 안전성에도 문제가 될 수 있다고 판단하였다. 따라서 타설 순서를 최상부 대형 구조물을 제일 먼저, 그리고 하부 스탠드를 타설하고 마지막으로 상부 스탠드 순으로 진행하였다. 물론 상부 스탠드 콘크리트 타설 시에도 철골에 호리빔(horry-beam)을 사용하여 동바리 구조를 최소화 하였다.

결과적으로 대형 구조물의 동바리 구조는 지하 4층에서 전체를 18m의 동일 높이로 설치하고 지하 4층 하부에도 동바리를 설치하여 지하 5층 기초바닥에 하중이 전달 될 수 있도록 하였다.

설계시 대형 동바리 구조 적용 명시 필요

결국은 틀비계 시스템에 비해 약간의 비용 증가가 있었지만 3S 시스템을 통하여 포스트 텐셔닝(post tensioning)보의 무거운 콘크리트를 안전하게 타설할 수 있었다.

우리도 외국의 경우처럼 대형 동바리에 대해 안전성을 인증해 주는 기관과 제도가 만들어지고 설계자는 설계시 시방서에 4m 이상의 높이에는 인증된 자재를 사용할 것을 명시하고 시공자는 입찰시 원가에 이를 반영하고 현장에서는 이를 사용하는 체계가 정립되기를 기대해 본다.

파이프 쿨링을 이용한 수화열 제어

수화열로 인한 콘크리트의 균열 방지 방안

양생중인 콘크리트 표면에 손을 대보면 따뜻한 것을 느끼게 되는데 이는 콘크리트가 양생할 때 수화 반응을 일으키면서 발생하는 수화열 때문인 것으로 알고 있다. 수화열은 공기면과 접촉하는 면이 넓은 슬래브나 두께가 얇은 콘크리트에서는 열의 발산이 잘 이루어져 내부와 외부의 온도차가 적어져 문제가 안되지만 규모가 큰 매스 콘크리트에서는 내·외부의 온도차가 커져 내·외부의 팽창차이로 균열이 발생하여 구조적 문제를 발생시킬 수 있다.

콘크리트의 규모가 얼마이고, 내·외부의 온도차가 얼마일 때 문제가 되는가에 대하여는 국내의 콘크리트 표준 시방서에는 0.8m~1m 두께를 매스콘크리트로 규정하고 있고, 온도차이에 대하여는 온도균열지수 공식을 통하여 온도차이가 30℃이면 균열 확률이 100%, 15℃ 차이이면 40%로 나타내고 있다.[1]

또한 수화열에 의하여 콘크리트의 온도가 상승하여 온도차의 최대값이 25~30℃ 정도에 이르면 열응력이 발생하고 온도균열이 형성된다.[2]

해외공사 시방에[3] 의하면 내·외부 임의의 두 지점간 온도차는 20℃ 이하로 조정(control)되도록 규정하고 있다. 즉 양생중인 콘크리트의 내·외부의 온도차가 20℃를 넘을 때 균열이 발생할 수 있으므로 조치를 취해야 한다는 것이다.

콘크리트 표준 시방서에 의하면 온도응력에 대한 검토도 해야 하고 온도균열에 대한 제어방법으로 철근의 배치, 골재의 프리 쿨링(pre-cooling), 유발줄눈의 설치 등을 하도록 되어 있다. 그러나 현실적으로 적용되지 않고 있는 실정이며, 보통 시도되고 있는 방법으로는 지연형 혼화재를 사용하거나, 값비싼 플라이 애쉬(fly

---

1) 대한토목학회 '콘크리트 표준 시방서' 제29장 매스콘크리트

2) 김진근 '콘크리트 균열의 원인' 콘크리트 학회지 제6권 4호, 1994

3) 쌍용건설 싱가폴 선택시티 현장의 온도 조절 시방서

ash)시멘트, 또는 저발열 벨라이트 (belite)[4]시멘트를 사용하기도 한다. 그러나 비용이 비싸고 균열 저감 효과가 아직까지는 확실하지 않은 방안으로 국내 건축 현장에서 적용하기에는 무리가 있다고 생각되었다.

[4] 쌍용양회 저 발열 시멘트
www.ssangyongcement.co.kr
(02)2270-5114
최근에는 그 효과가 검증되어 많이 시공되고 있다.

비슷한 조건의 타워 크레인 기초를 통한 사전 조사

폭 2.4m, 높이 1.7m, 길이 30m의 규모가 큰 포스트 텐셔닝 (post tensioning) 보가 있어 수화열에 의한 균열이 검토되어야 했다. 그래서 본공사 전에 규모가 비슷한 타워 크레인의 기초를 대상으로 수화열을 측정 및 분석 조사해 보기로 하였다.

타워 크레인 기초는 가로 1.7m, 세로 1.7m 높이 1m로써 포스트 텐셔닝보와 같은 강도인 300kg/cm² 콘크리트를 타설하고 양생 중 내·외부 온도차를 측정하였다. 온도센서 (thermo couple)를 기초 내부에서 외부까지 단계별로 설치하고 측정장비(data logger)를 이용하여 콘크리트 타설 후 5일 동안의 온도 변화를 측정해 다음과 같은 결과를 얻었다.

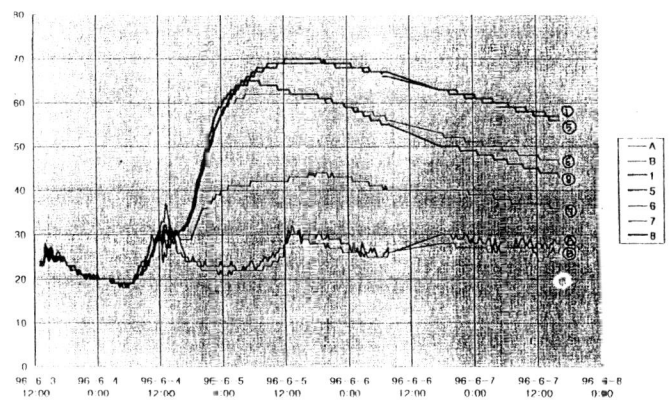

타워 크레인기초를 대상으로 측정한 규모가 큰 콘크리트의 내·외부 온도차는 26℃였다.

양생중의 외기 온도는 25~30℃ 정도였고, 48시간 경과 후에 콘크리트 내부 최대온도가 70℃ 일때 콘크리트 표면 온도가 44℃로 26℃의 온도차가 있었다. 이는 위에서 언급한 콘크리트 내·외부

본공사 전에 타워 크레인 기초를 대상으로 수화열을 측정하였다(좌)
기초 내부에 온도 센서를 설치하여 온도 변화를 측정하였다(우)

의 온도차가 20℃를 넘어 균열이 발생할 수도 있다는 결과였으나 실제 기초에는 균열이 발생하지는 않았다. 그러나 독립된 기초구조에는 균열이 발생하지 않을 수 있지만 기둥과 보로 구속되어 있는 대형 포스트 텐셔닝(post-tensioning) 보에는 균열이 발생할 수 있다고 판단하였다.

수화열 방지를 위한 파이프 쿨링(pipe cooling) 시스템

수화열을 억제할 수 있는 방안으로 여러 가지를 검토해 보았다. 토목현장에서 많이 사용하는 저발열 벨라이트(belite) 시멘트를 이용한 콘크리트를 사용하는 것은 큰 물량을 사용하는 것이 아니어서 적당하지 않았고 비용도 비싼 방안이었다. 지연형 감수재를 사용하는 방안은 시멘트의 양을 줄여 발열 온도를 낮추는 방안으로 국내에 검증된 자료가 많지 않아 품질에 확신을 가질 수 없었다. 포스트 텐셔닝 보를 절반 나누어 치는 방안도 고려했으나 이 방안은 포스트 텐셔닝 구조에서는 시공줄눈(construction joint)에 구조

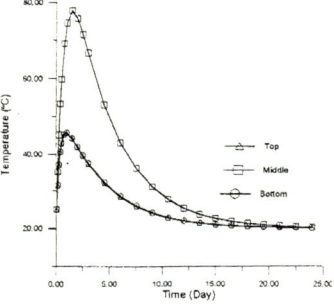
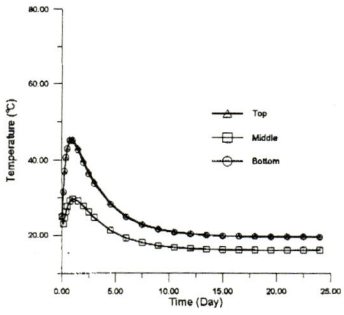

쿨링 파이프를 설치하지 않았을 때의 온도차는 35℃로 추정(좌)
쿨링 파이프를 설치했을 때의 온도차는 15℃로 추정(우)

적 문제가 생길 수 있어 적정한 방안이 아니라는 판단을 하였다.

다른 방안을 조사하다가 해외 현장의 동료로부터 수화열의 권위자인 KIST의 김진근 교수가 개발한 수화열 제어 프로그램이 국제적으로 인정을 받고 있다는 이야기를 들었다. 그래서 김교수를 방문하여 자문을 구하였는데 우리 현장에 적용할 수 있는 파이프 쿨링(pipe cooling) 시스템은 간단한 계산 결과와 내부에 1˝(inch) 파이프를 3가닥 정도 설치하고 분당 15 l 의 물을 순환시키면 균열 억제가 될 수 있다는 조언을 얻을 수 있었다.

김교수의 계산 결과에 의하면 내부에 쿨링 파이프(cooling pipe)를 설치하지 않았을 때는 중앙부의 최고 온도는 80℃ 표면의 온도는 45℃로 내, 외부의 온도차가 약 35℃ 발생하며, 파이프 쿨링(pipe cooling) 시스템을 설치했을 때는 내부 최고 온도가 45℃일 때 표면의 온도는 30℃로 되, 외부의 온도차를 약 15℃로 억제할 수 있다고 추정하였다.

수화열 억제를 위한 시공 계획

이를 근간으로 포스트 텐셔닝 보의 내부에 1˝파이프 4가닥을 설치하고 순환펌프를 설치하여 지하수를 순환 시켰으며 콘크리트 자체의 수화열 감소를 위해 슬럼프를 15cm에서 12cm로 변경하고 유동화재인 로마디(Lomar-D)를[5] 사용하여 슬럼프를 조정하였다.

타워 크레인 기초 때와 같이 온도 측정 센서를 설치하고 강도 300kg/cm² 의 콘크리트를 포스트 텐셔닝 보에 타설하였다. 보의

5) Lomar-D : 콘크리트 감수재로 슬럼프를 조절하는 데 사용하였다.
Henkel-Korea (02) 706-9701~2

포스트 텐셔닝 보 내부에 1˝(inch) 파이프를 4가닥 설치하였다(좌)
순환 펌프를 설치한 후 지하수를 이동하여 양생중 물이 순환되도록 하였다(우)

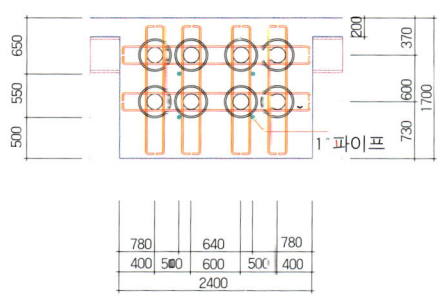
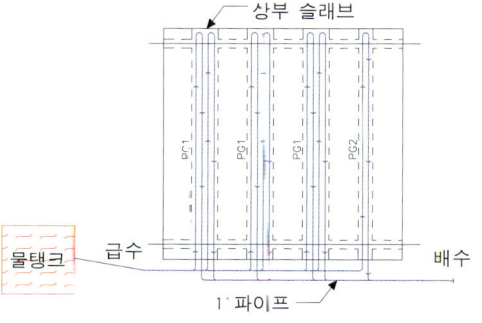

옆면에는 두께 50mm의 스치로폴을 설치하였고 상부에는 양생중 보양포로 덮어 외기를 차단하였다

파이프 쿨링 적용 결과

양생중의 외기 온도는 영하 2°C~영상 15°C였고 양생 기간중 내부의 온도 변화를 측정한 결과는 쿨링 파이프(cooling pipe)를 설치한 내부온도가 타설 후 약 120시간 후에 최고온도인 72°C까지 올라갔을 때 표면부의 온도는 60°C로 내·외부 온도차를 12°C로 당초 예상했던 15°C이하로 유지되었다.

콘크리트 타설 후 오랫동안 관심을 갖고 관찰한 결과 수화열로 인한 균열은 발견되지 않았다. 콘크리트 타설시부터 2주동안 냉수

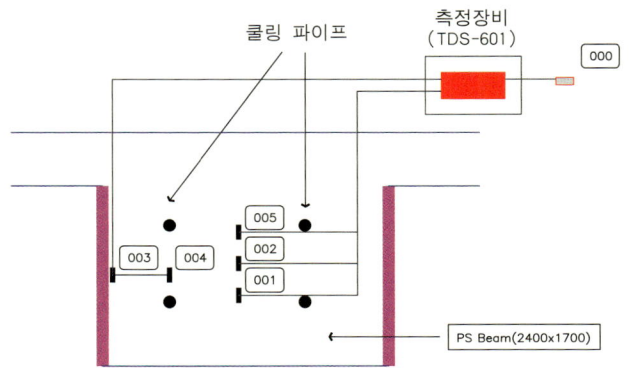

포스트 텐셔닝 보의 내부에서 외부까지 5개의 온도 센서를 설치하였다

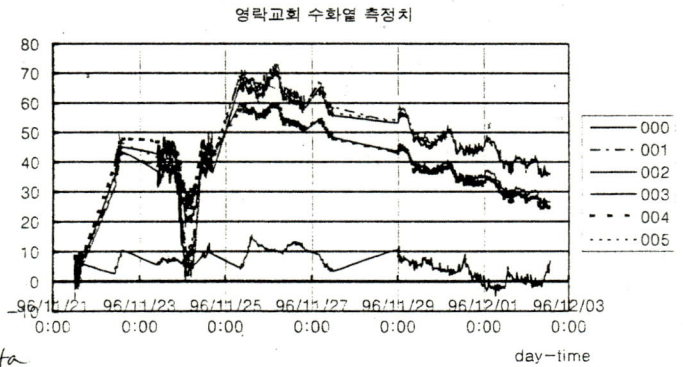

파이프 쿨링 시스템을 통해 포스트 텐셔닝 보의 내·외부 온도차를 12°C 이하로 유지하였다

를 공급했으며 회수된 물의 온도는 최고 50℃까지 올라가 초겨울 온수로 활용되었다. 최종적으로 쿨링 파이프(cooling pipe) 내부는 포스트 텐셔닝 보의 인장작업 후에 시멘트 페이스트(cement paste)로 그라우팅 하였다.

다른 현장에서도 적용해 보기를 …

위에서도 언급하였지만 국내에는 수화열의 온도차로 인한 균열을 실질적으로 방지할 수 있는 방안에 대한 자료를 구하려고 찾아보았지만 쉽지 않았다. 우리 현장의 사례는 현장에서 직접 경험한 실질적인 결과로서 다른 수화열 제어가 요구되는 현장에서는 도움이 되리라 생각한다. 비용면에 있어서도 실제 투입한 비용은 2백만원 미만으로 저렴하고 적용방법이 간단해 현장에서 큰 어려움 없이 사용할 수 있는 수화열 저감 방안이라고 생각한다.

이 지면을 빌어 바쁘신 중에도 현장의 어려움을 이해하고 적극적으로 도움을 주셨던 KIST의 김진근 교수님께 진심으로 감사를 드린다.

철근의 녹에 관한 정보

철근의 녹은 당연히 생긴다

공기중에 방치된 철근은 반드시 녹이 슬게 되어 있다. 공장에서 생산되어 현장으로 반입된 철근은 천막이나 보양포로 잘 덮어 수분의 침투를 방지하면 5~6개월 정도는 거의 녹이 발생하지 않지만 보통 공기 중에 노출된 철근의 경우는 15일 정도면 녹이 슬기 시작하고 습하고 비라도 오게 되면 7일 정도면 녹이 발생하기 시작한다. 특히 겨울철에 밤과 낮의 기온차가 심한 경우에는 아침에 철근에 생겼던 성애가 낮에는 녹았다가 밤이 되면 다시 어는 과정을 반복하면서 철근의 녹은 빠른 속도로 진행된다.

철근에 생기는 녹은 당연하다고 할 수 있는 데 과연 철근의 녹이 부착력 등 구조 성능에 영향을 주는 것일까?

철근의 적정한 관리는 통상 시공사에서 하게 되어 있고 이를 근거로 공사중 수시로 발주처로부터 철근의 녹을 제거하라는 지시를

많이 받게 된다. 따라서 현장의 시공 기술자들은 철근의 녹에 대한 정확한 지식을 갖추어 발주처의 요구에 대해 적절히 대처할 필요가 있다.

공기 중에 노출된 철근에는 당연히 녹이 발생한다

감사시에도 가장 쉽게 지적당하는 철근의 녹

'철근의 녹이 어느 정도까지 발생하면 괜찮은가?', '문제가 있는 녹이라면 철근의 녹을 어떻게 처리해야 하는가?'에 대하여 시방서나 품질관련 법규에서는 그 답을 찾기가 어렵다. 또한 현장의 녹

을 굳이 제거하라는 발주처의 지시가 있을 때 투입되는 비용에 대해 댓가를 주는 발주처도 없고, 그저 시공자로서 해야할 의무 정도로만 생각하고 있는게 우리의 현실이다. 신문이나 TV등 매스컴에서도 종종 공사 현장에서 조금만 녹이 난 철근을 사용하고 있어도 마치 부실 공사를 하는 것처럼 보도하는 경우가 있다.

관공사의 경우에도 골조 공사중인 현장의 감사시에[1] 가장 쉬운 지적거리가 철근의 녹이다. 시공자는 철근의 녹에 대하여 시방이나 법규에 아무런 언급이 없는데도 현장에 녹슨 철근에 대하여 지적을 당하면 그저 고개만 숙이고 있는 것이 우리의 현실이다. 그러나 다음의 자료들을 보면 그럴 필요가 없을 것 같은 생각이 든다.

[1] 감사란 법이나 규정에 따라 지켜야 함에도 이를 하지 않았을 때 지적하는 행위이다

철근의 녹에 대한 연구자료

① 쌍용양회의 방청 도료개발 연구 중 녹에 대한 실험결과에서는 '철근 부식의 중량대비 1% 정도의 초기 발청 단계에서는 부착력(bond strength)이 증진되며 이러한 결과는 녹의 발생시 철근 표면의 거칠기(roughness)가 증가하기 때문이다' 라고 정의하고 있는데 이는 미량의 발생한 녹은 철근의 구속력(holding capacity)을 증가 시킨다는 것이다.[2]

② 서울대학교 에너지 자원 신기술 연구소의 논문은 '철근의 부식 발생 정도에 따라 부착강도가 증가한다' 라고 정의하고 있다.[3]

③ 대한건축학회의 철근 콘크리트 구조계산 규준 해설에 따르면 철근 녹에 대한 제한은 여러 시험이나 권장사항에 바탕을 두고 있는데 통상 약간의 녹은 철근의 부착을 증가시켜 주나 거칠게 다듬은 경우는 부착력을 약화시키므로 주의해야 한다고 되어 있다.

④ 'Withey'의 연구자료는 '철근의 부착 저항성은 콘크리트 철근의 표면 접착성에 의존하므로 녹은 그 부착 저항성을 향상시킨다. 그러므로 3개월까지의 노출은 녹에 대한 부착성이 향상되므로 녹이 없거나 제거한 철근을 사용한 것보다 우수하나 3개월 이상의 녹은 없거나 제거한 철근보다 못하다.'[4] 라고 되어 있다.

[2] 이종열, 신도철 "쌍용양회 철근 방청 도포재로서 시멘트계 자료의 특성과 이용"
[3] 서울공대 에너지 자원신기술 연구소 "발청시멘트 도막철근의 내부식 성능 및 부착성능 평가연구"
[4] ACI Journal, September, 1968,

현장의 녹에 대한 대응

위의 자료를 정리 해보면 실제로 철근 중량의 1% 미만의 녹은 부착응력을 증가시켜 주므로 녹 발생으로 인한 부착력 저하에 대해 우려할 필요가 없으며 녹을 완전히 제거할 경우 도리어 부착응력이 적어질 수가 있다는 것을 알 수 있다. 그러나 1%의 녹 발생을 판단 할 수 있는 기준이 마땅히 없는 것이 현실이므로 녹 발생 조치가 필요한 기준을 앞쪽 ④자료에서 처럼 3개월 이상 노출되는 경우로 기준이 정해지는 것이 바람직하다고 생각한다.

이런 기준이 정해지면 녹 방지 조치를 해야 할 부분에 대한 시방 규정이 정해질 수 있을 것이다. 또한 발주처에서 이 기준에 의해 녹방지 처리 요구를 할 경우는 일위대가나 공사비에 녹 방지 비용이 반영되어 정당한 댓가가 있어야 제대로 시행이 될 수 있을 것이다. 이런 댓가를 주지 않기 때문에 많은 현장들이 투입 금액을 최소화 하고자 시멘트에 다량의 물을 섞은 시멘트 풀을 만들어 눈가림식으로 철근에 칠해주고 있다. 이 방법은 철근의 부착력에 대한 검증이 안되어 부착력을 저하시킬 수도 있는 임시 방편에 불과하다고 생각된다. 녹제거재 또는 녹방지재가 근래에 많이 개발되고 있으나 한번 도포로 반영구적으로 녹방지가 가능하도록 개발된 방청 시멘트의[5] 사용도 고려해 볼 만 하다고 생각한다.

현장에서 열심히 일하는 기술자로서 더 이상 녹 때문에 주눅이 들거나 마치 부실공사를 하는 것처럼 죄책감을 가질 필요는 없다고 생각한다. 또한 현장을 감독하는 감리자나 발주처, 감사원, 그리고 매스컴에 종사하는 분들도 철근의 녹에 대한 정확한 인식을 가지고 판단해 주었으면 좋겠으며 무엇보다도 공인기관에서 철근의 녹에 대하여 유해성 기준이나 방지대책을 마련하여 시방서 등에 언급이 되었으면 하는 바램이다.

5) 쌍용양회 방청시멘트 사업부
(02)2270-5945

많은 연구를 거쳐 개발된 방청 시멘트의 사용도 고려해 볼만하다

높이 18m, 폭 20m의 토압을 받는 옹벽의 시공성 검토

높이 18m 대형 공간의 지하 옹벽

우리 현장은 음악당으로 사용되는 대형 공간이 지하에 배치되어 있었는데 무대 뒷면은 폭 12m, 높이 18m의 벽이 버팀 슬래브(diaphragm)가 없이 뒷 토압을 버티도록 설계되어 있었다. 당초에는 C.I.P (Cast Insuit Concrete Pile)을 박고 영구 앙카로 토압을 견디도록 한 후 200mm 두께의 비내력 콘크리트 옹벽을 설치하드록 되어 있었다.

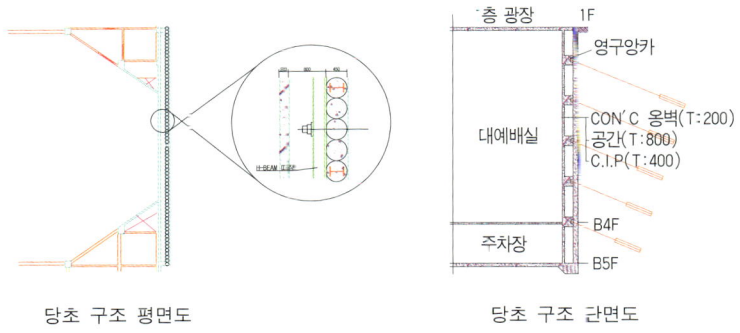

당초 구조 평면도   당초 구조 단면도

이 벽체와 바로 인접하여 문화재급의 교회 석조 건물이 있어 이에 진동이나 변위 등 최대한 영향을 주지 않기 위해 C.I.P 공법을 선택했을 것으로 보여진다.

C.I.P에 영구 앙카를 설치하면 영원히 안전할까

우리 현장은 현장을 착수하면서 이에 대한 검토가 이루어져야 했다. 왜냐하면 토공사중 가장 먼저 해야 할 공종은 장비를 이용한 대구경 천공 후 엄지말뚝 삽입인데 이 작업 이후 터파기 전까지 C.I.P를 해야 했기 때문이었다.

C.I.P 작업에 사용되는 천공장비는 나선형 드릴(drill)을 정착한 오거(auger)인데 이는 토사 또는 사질층 구간에는 효율도 좋고 정확도도 높지만, 암반 구간에서는 직선으로 천공되지 않고 왜곡 (diversion)될 확률이 높다는 단점이 있다.

또 이를 수평 띠장으로 받쳐야 하는데 수평 띠장과 C.I.P사이가 정확히 맞지 않고 이를 보정하는 방안으로 마땅한 방법이 없어 하중의 불균형에 대한 우려도 있었다.

물론 지하에 사용되는 공법들은 모두 불확실성을 가지고 있다. 지질의 차이, 토압의 차이, 수위의 차이, 수맥의 유무 등 변수를 모두 완벽하게 대처할 수는 없다. 그러나 문제가 예상되는 경우에는 이를 해결하는 과정에서 최선의 방법(best solution)를 결정하는 것이 보통 현장에서 이루어지는 방법일 것이다.

골조로 처리하는 방법

영구 앙카로 토압을 저항하는 것은 지하에 시공되는 불확실한 요소를 많이 갖고 있는 공법이므로 이를 좀더 신뢰도가 높은 구조체 자체로 해결할 수 없을까를 검토했다.

우선 확보할 수 있는 최대의 두께는 비 내력옹벽 200mm와 앙카 헤드부분 500mm, 그리고 띠장 크기 300mm로 총 1,000mm 이었다.

또 기존의 도면에서는 20m구간의 양쪽에 기둥이 있고 그 중간에 비내력벽 콘크리트 벽이 경사로 팔을 벌리듯이 있었다.

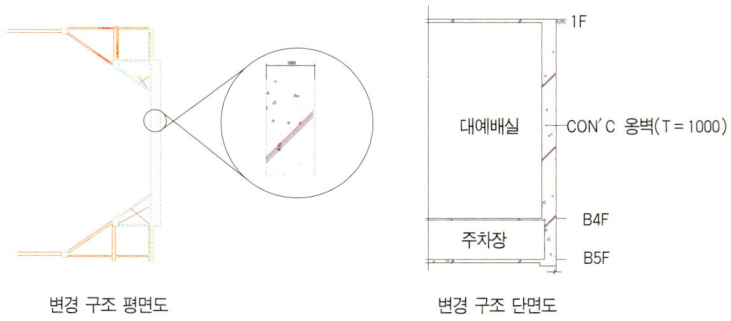

변경 구조 평면도   변경 구조 단면도

이를 밥상의 다리 구조처럼 비내력벽을 버팀 구조로 할 수 있다면 슬래브의 스팬은 12m로 줄어들고 당초의 판구조에서 내민보 구조로 되어 구조적으로 많이 보완할 수 있었다.

1m 옹벽의 구조계산은 본사 기술부서에서 지원을 하였지만 해결하는 아이디어의 제안과 지원요청은 현장 도면을 잘 파악하고 있는 현장 기술자의 몫이 된다.

이와 같은 변경안은 비용 측면에서 당초 구조에 비해 75% 수준이었으므로 감리자나 발주처에서도 흔쾌히 수락하였다.

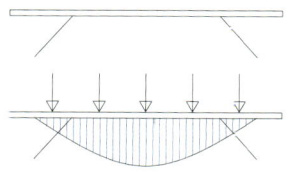

당초 구조개념

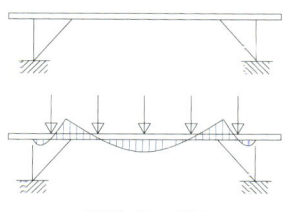

변경 구조개념

시공과정에서 고려해야할 사항

그러나 대안을 제시할 때 현장 시공순서를 고려하지 못하여 시공중 보완이 필요했다. 1m두께의 옹벽 구조계산은 경계조건이 최상부 슬래브까지 완료된 상태인 4변지지 옹벽으로 토압을 저항하는 구조였지만 실제로 시공은 어스 앙카로 지지된 매단마다 콘크리트를 타설 및 양생하고 어스 앙카와 띠장을 단계별로 떼어내면서 시공하게 된다. 즉, 매단마다 3변 지지 옹벽이 토압을 지지하는 형태가 되므로 당초 구조계산을 수정해야 했고 과다한 철근이 계산되는 것을 방지하기 위하여 중간의 한 개의 띠장과 어스 앙카를 영구히 매설하는 방안을 취하였다. 물론 영구 매설되는 띠장의 웨브 부분에는 Ø200의 구멍을 300mm 간격으로 뚫어 1m 옹벽 철근이 관통할 수 있도록 조치하였다.

그림상의 첫단 어스 앙카의 각도가 둘째 이후의 어스 앙카의 각도와 틀린 것은 인접 건물의 지하층의 손상을 주지않기 위함이었으며 어스 앙카의 정착장에서 하부

인접 건물의 지하층의 손상을 주지않기 위해 1단과 2단의 각도를 틀리지 않게 하였다

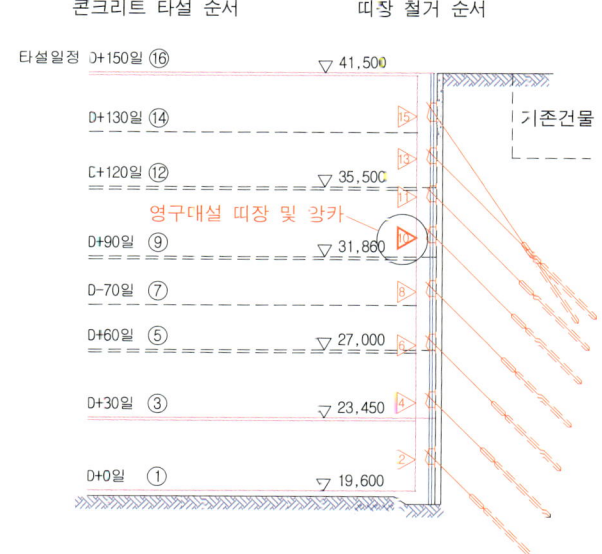

어스 앙카와 서로 만나는 것을 방지하기 위하여 수직 선상에서 서로 엇갈려 시공하였다.

시공 중에 문제점이 가장 잘 보인다

왜 이러한 문제들이 설계할 때 정리되지 않고 시공할 때 나타나는 것일까?

천재 건축가가 있어 전체 건축물의 공간 감각과 평면 감각을 갖추고 이를 통합적으로 설계한다 하더라도 문제는 생길 것이라 생각한다. 왜냐하면 건물을 구상하고 설계할 때는 모든 것을 긍정적인 면으로 보는 것 같다. 잘 되어가는 쪽, 유리한 쪽으로 생각이 치우치게 마련이다. 그러나 현장에서는 항상 부정적인 면으로 보게 된다. 잘 안되는 쪽, 불리한 쪽으로 생각하다 보면 문제가 보이는 것이 아닌가 싶다. 왜 이런 차이가 있을까? 그것은 현장이란 곳은 극한 상황이 계속적으로 접해지는 곳이고, 한번 놓치면 비용을 들일 것은 다 들이고도 두고 두고 욕먹는 상황을 많이 겪는 환경 때문일 것이라고 생각한다.

철근 콘크리트 공사에서 상식과 잘못된 상식

철근 콘크리트 공사는 모든 건설공사의 주공종이다. 어느 현장에서나 항상 시행하는 공종이기 때문에 기술자라면 잘 알고 있는 상식과 관행에 의해 공사가 이루어진다. 여기서는 상식과 잘못된 상식에 대해 몇가지 이야기하고자 한다.

콘크리트 타설시 최초의 압송을 위해 필요한 몰탈의 처티

콘크리트는 콘크리트 펌프(stationary pump)나 펌프 카(portable pump car)에 의해 Ø150mm관을 통해서 압송되어 타설 부위까지 운반된다. 그런데 굵은 골재가 있는 콘크리트를 아무런 조치 없이 관을 통과 시키면 재료분리로 인해 관이 막히게 된다. 이런 이유때문에 약 1m³ 정도의 몰탈을 레미콘 트럭에 얹혀와 이 관을 채우고 그 다음 콘크리트를 압송한다. 여기까지는 상식이다.

그런데 레미콘 트럭에 얹혀 오는 몰탈에 대해서는 잘못된 상식이 있다. 이 몰탈은 모래와 시멘트의 비가 3:1 또는 5:1 등 정식 규격의 배합으로 관리된 몰탈이 아니고 레미콘과 같은 가격대의 관리가 않된 몰탈에 불과하다. 물론 강도도 많이 떨어지는 몰탈이다. 현장에서는 몰탈을 콘크리트와 분리하기가 어려워 관행적으로 구조물에 섞고 있는데 빨리 개선되어야 한다. 해외 공사 시에는 철저히 분리하여 버리면서 그것을 경험한 기술자가 국내에 오면 왜 그냥 놔두는가?

조금 비용이 들더라도 정식 규격의 몰탈을 사용하든지 레미콘 회사와 협의하여 강도가 확보된 몰탈을 받든지 선택하여 사용해야 할 것이다. 아니면 과감하게 버리든지 아니면 인방제조에 쓸 수도 있을 것이다.

대기 자연 양생한 콘크리트의 28일 압축강도

　대기 자연 양생(구조체와 동일한 양생 조건)의 공시체는 거푸집의 존치기간 또는 동바리의 존치기간 결정을 위해 만들어진다. 이렇게 양생된 콘크리트의 강도가 가끔 설계기준강도에 미달하는 경우가 발생한다.

　상식적으로 큰 문제가 있다고 생각되어지는데 과연 그럴까?

　공사 중 기준하고 있는 콘크리트의 강도는 압축강도 시험체를 20℃의 일정한 온도와 수중인 상태에서 표준 양생한 시험체를 압축시험하여 얻은 결과를 기준하므로 대기 양성한 콘크리트의 강도는 표준양생 콘크리트강도보다 작은 값이 될 수 밖에 없다.

　콘크리트 학회의 제3권 1호('91. 3) 54쪽의 질의 응답을 보면 '대기 자연 양생 시편의 강도가 표준양생 강도의 85%이상이면 현장양생이 양호하다' 라고 답변하고 있다. 가끔 메스컴에서 슈미트 해머 등으로 현장조사한 콘크리트 강도가 설계기준 강도보다 미달한다하여 문제삼는 경우가 있는데 이것은 잘못된 상식 때문이다.

　그렇더라도 현장의 기술자는 공사를 하면서 콘크리트의 양생을 위해 건물을 물 속에 담아둘 수는 없지만 최대한 살수 양생하여 습윤양생에 가깝게 강도가 발휘 될 수 있도록 노력하여야 할 것이다.

RC보 늑근(stirup)의 상부 철근

　구조 도면에는 늑근의 표시는 보통 하나의 철근으로 제작하도록 되어 있다. 그러나 현장 조립을 할 경우 그림과 같이 폐쇄형으로

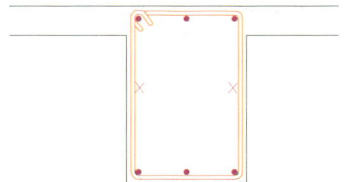
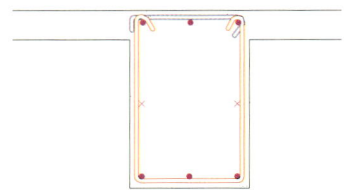

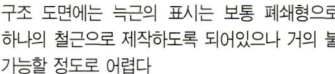

구조 도면에는 늑근의 표시는 보통 폐쇄형으로 하나의 철근으로 제작하도록 되어있으나 거의 불가능할 정도로 어렵다

모든 보의 늑근에는 폐쇄 철근이 필요 없으며 단지 상부 철근의 고정용 철근으로 2-3 단마다 1개씩 넣어주면 된다

배근을 할 수 없다. 이는 거의 불가능할 정도로 어렵다. 그래서 현장에서는 일반적으로 덮개를 씌워서 시공하게 된다.

도면에 폐쇄형으로 표시되어 있다는 이유로 모든 늑근에 덮개를 씌워 늑근을 형성하는 것이 상식처럼 되어 있다. 그러나 구조 규준상에서 폐쇄형 늑근이 필요한 부분을 내진 설계 적용을 받는 보의 지지점에서 2d(유효춤)부분과 외단에 설치된 보로써 비틀림(torsion)을 받는 보에만 적용하면 되도록 되어 있다.

따라서 위에 적용되는 보의 늑근에는 폐쇄 철근이 필요없으며 단지 상부 철근의 고정용 철근으로 2~3단마다 1개씩 넣어두면 된다. [1]

구조설계 도면에도 시공이 가능한 늑근이 도면표시가 되었으면 하고 희망하며 꼭 폐쇄형이 필요한 부위에만 표기되는 것이 무조건 다 폐쇄형으로 하는 것보다 제대로 일할 수 있도록 하는데 효과적일 것으로 본다.

1) 대한주택공사 주택연구소
'철근 콘크리트조 배근 실무편람'
기문당, 1991

복잡한 객석 발코니 철골구조, 단순화를 통한 시공성 개선

복잡해 질 수 밖에 없는 객석 발코니 구조

세종 문화회관이나 예술의 전당 등 대형 공연장의 객석은 2개층 이상으로 되어 있다. 2층 이상의 객석은 보통 무주공간으로 넓고 기둥 없이 발코니를 형성하여야 하므로 객석을 이룰려면 대형 구조체가 이를 떠받쳐 주어야 한다. 또 무대를 중심으로 둥그렇게 배치되어야 하고 앞뒤가 단이 지게 하려면 아주 복잡한 구조가 될 수 밖에 없다. 우리 현장에서도 대음악당에 적용된 철골 구조는 대단히 복잡했던 구조였는데 이를 단순하게 변경한 과정을 설명하고자 한다.

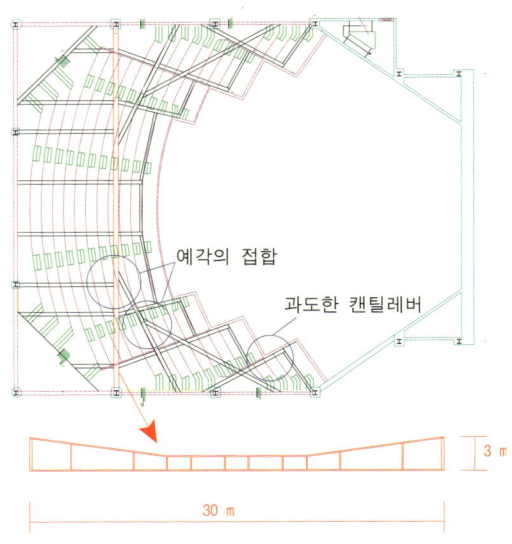

당초 대음악당의 2층 객석 철골구조는 너무 복잡하게 연결되어 정밀시공이 어려워 보인다

주보(main girder)전개도

문제점 파악부터

대음악당 발코니 객석구조는 스팬이 30m이고 춤이 3m인 주보

(main girder)에 보조보(sub beam)가 복잡하게 연결된 철골구조로 이루어져 있었다.

처음에는 잘 이해가 되지 않았지만 자꾸 볼수록 문제점들이 발견되었다. 철골공사는 토공사가 끝나고 기초가 완료되면 곧바로 진행되어야 하고 구매와 제작기간이 선행되는 공종으로 공사초기에 문제점을 발견하지 못하면 개선되지 못하고 그대로 진행될 수밖에 없는 경우가 발생하므로 공사초기에 많은 시간을 투자해서 검토해야 하는 공종이다. 조사된 문제점으로는,

첫째, 주보(main ginder)를 제외한 보조보(sub-beam) 부재는 접합이 예각이면서 경사로 이루어져 있어 입체적으로 적절한 접합이 이루어지기에는 매우 어려운 구조였다.

철골은 공장에서 제작되어 현장에서 대부분 볼트에 의해 접합하게되는데 예각이면서 경사가 지는 입체적인 접합의 경우에는 접합시공이 곤란할 경우가 많다. 또한 쉽게 해결하는 방안으로 레벨이 틀린 부분의 두개의 부재를 아래 위로 연결하였으나 구조적으로 취약해지는 문제도 있었다.

둘째, 양옆의 무대쪽으로 돌출된 부분의 받침구조는 과도한 캔틸레버 구조로 이루어져 슬래브의 하중을 지지하는 것이 불안해 보였다.

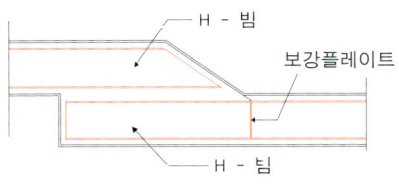

두부재가 아래위로 만나는 경우 구조적으로 불안전한 문제가 발생할 수 있다

셋째, 골조 레벨과 마감 레벨을 표기하여 겹쳐(overlap)본 결과 서로 일치하지 않은 부분이 많았고 이 부분은 덧 콘크리트로 그 사이를 메우는 구조였다. 이것은 슬래브와 철골이 일체로 처짐에 저항하기 어려운 구조로 생각되었다.

단순한 구조가 시공성 좋고 안전하고 품질도 좋다

이러한 문제점들이 발생하는 이유는 주골격(main frame)의 구조가 복잡하여 발생한 것이라고 판단하고 단순화하는 방법을 찾아야만 했다. 단순화가 가능하다면 시공만 쉽게 되는 것이 아니라 안전

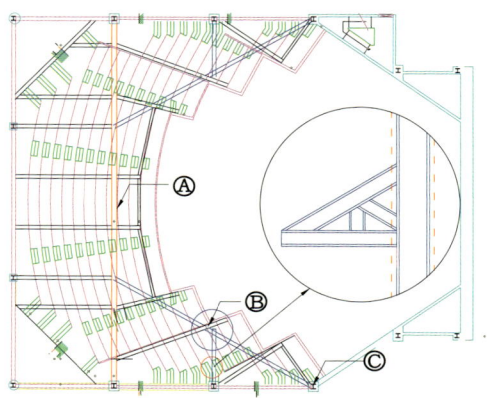

변경된 대음악당 2층 객석 철골구조

하고, 품질도 좋아지고 비용도 줄어드는 것은 건설현장에서 기본인 것이다. 몇일 동안 각 부분의 단면도도 그려보고, 철골의 접합상태를 그려보면서 고민한 끝에 한 방안을 얻었다. 양쪽 기둥 부분에서 캔틸레버 보를 만들어 준다면 전체 구조가 단순해질 것이라는 아이디어를 가지고 본사 기술 부서의 도움을 받아 단순화된 구조로 제안하게 되었다. 즉, 3m춤의 주보 Ⓐ와 새로이 추가된 강성이 큰 캔틸레버 보Ⓑ와 기둥Ⓒ를 일직선으로 연결하여 둔각으로 처리하고 그 위에 객석 레벨과 맞추어 보조보(sub-beam)를 얹어 놓은 형태의 구조로 변경할 수 있었다.

현장에서는 발코니 객석 철골구조의 단순화를 통하여 작업의 효율성을 향상시켜 안전하게 공사를 마칠 수 있었고 강재량과 약간의 콘크리트 양도 줄어 비용도 절감할 수 있었다.

대음악당 2층 객석 철골 공사(좌)
대음악당 2층 객석 철골 측면(우)

스터드 볼트 용접 방법의 적정성 검토

합성구조의 쉐어 콘넥터로서 중요한 스터드 볼트(stud bolt)

합판 두 장을 별도로 겹쳐서 힘을 주었을 때와 두 장을 못으로 연결하여 일체화 시킨 후 힘을 주었을 때 처짐 차이가 얼마나 날까? 휨강성을 계산하여 그 강성 차이를 비교해 보면 무려 4배나 차이가 나게 된다. 두개의 합판을 하나가 되도록 내부에서 연결하는 부재를 쉐어 콘넥터(shear connector)라고 한다. 철골공사시 콘크리트 타설전에 철골상부 프랜지에 용접하는 스터드 볼트가 바로 콘크리트와 철골 부재를 일체화하여 합성부재로서 처짐과 진동을 줄여 주는 쉐어 콘넥터의 역할을 수행하는 것이다. 스터드 볼트를 철골 빔 위에 용접하는 방법은 크게 수동용접과 자동용접이 있는데 우리 현장에서는 이에 대해 시방서에 언급이 없어 어떤 것을 적용해야 좋을지 고민하였다. 타 현장을 조사해 보니 용접 방법의 선택이 연면적 5,000m² 이하의 소규모 공사에는 수동용접을 하고 있었고, 그 이상 규모의 현장에서는 자동용접을 하고 있었다. 자동 용접기의 임대가는 비싸지만 작업속도가 빨라 자동용접으로 시공하는 것이 물량이 많을 경우 유리하기 때문일 것이다.

어떤 방법이 나은지, 또 각각의 방법에 대한 표준작업지침이 언급되어 있지 않아, 현장으로서는 판단하기가 어려웠다.

다만 건축공사 표준시방서에 따르면 콘크리트 타설 전에 스터드 볼트의 용접 상태를 확인하기 위하여 타격 구부림 검사방법을 실시하라고 명시되어 있다. 검사방법은 '용접을

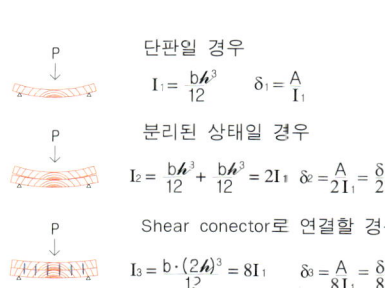

단판일 경우
$I_1 = \dfrac{bh^3}{12} \qquad \delta_1 = \dfrac{A}{I_1}$

분리된 상태일 경우
$I_2 = \dfrac{bh^3}{12} + \dfrac{bh^3}{12} = 2I_1 \qquad \delta_2 = \dfrac{A}{2I_1} = \dfrac{\delta_1}{2}$

Shear conector로 연결할 경우
$I_3 = b \cdot \dfrac{(2h)^3}{12} = 8I_1 \qquad \delta_3 = \dfrac{A}{8I_1} = \dfrac{\delta_1}{8}$

쉐어 콘넥터는 두 개의 부재를 내부에서 연결하여 일체화 시켜 강성을 증가시킨다

마친 스터드 볼트를 망치로 때려서 15°가 기울어질 때까지 떨어지지 않으면 합격하는 것으로 인정한다' 로 되어 있다.

스터드 볼트 수동용접이 좋은가 자동용접이 좋은가

우리 현장에서는 물량이 많아 자동용접이 적합하였으나 자동용접기에 공급되어야 할 200kw 이상의 전력이 확보되지 못해 문제가 있었다. 이를 확보하기 위해서는 발전기를 임대해야 했지만 층별 공사시점간 사이가 길어 비용이 많이 예상되었다.

그래서 수동용접으로 방침을 정하고, 용접봉은 모재와 스터드 볼트 사이에 용입이 쉬운 구경이 ø4mm 대신에 ø3.2mm를 사용하고 일반 용접봉 대신에 모재에 용입이 깊게 되는 고장력봉(7016-H)를 사용하여 용접하였다. 정성을 기울여 1개층을 설치하고 타격 구부림 검사를 실시하였는데도 불합격율이 70% 정도나 되어 무척 당황되었다.

이러한 결과는 아마도 용접방법이 문제가 있던지, 검사 방법이 문제가 있던지 둘 중의 하나가 문제가 있다는 것이었다.

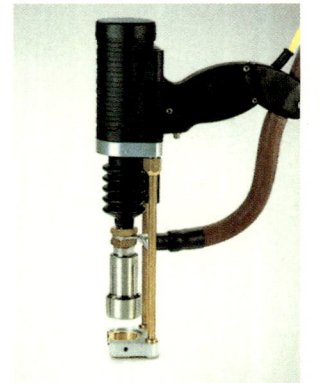

자동 용접기

스터드 볼트에 요구되는 검사는 전단력 검사

우선은 타격 구부림 검사 방법에 문제가 없지 않나 생각해 보았다. 스터드 볼트에서 요구되는 성능은 전단력일 것인데 타격 구부림 검사는 휨 성능을 시험하는 것은 아닌지? 또한 타격하는 것은 정확한 수치적인 데이터 검사가 아니라 육안검사에 불과하지 않은지? 하는 의문을 해결하기 위해 스터드 볼트 시험방법에 대한 문헌을 조사해 보았다.

많은 자료를 검토한 결과 현장 제작 시험체의 전단력 시험 방법에 대한 문헌을 찾아낼 수 있었다. 이 문헌에 따라 시험체를 만들고 현장 스터드 볼트의 시공시와 동일한 방법으로 시험체를 만들고 전단력 시험을 하였다. 그 결과 전단하중이 27.77ton으로 계산 파괴 하중 26.85ton 보다 컸으며 강구조 계산 규준에 의한 허용내력값[1] 21.1ton보다 큰 값으로 평가 되었다.

---

1) 강구조계산 규준 10장 합성구조 표 10-1 쉬어 코넥터의 허용내력

위의 시험으로 시행하고 있는 수동용접이 스터드 볼트의 전단응력 발휘에 이상이 없음을 인정 받을 수 있었다. 그러나 좀 더 확실히 하기 위하여 1차 수동 용접 후 슬래그를 떼어내고 2차로 덧댐 용접을 한 결과 타격 구부림 시험에서 거의 불합격이 나오지 않았다.

시방서에 스터드 볼트 용접 방법 명기

수동용접의 경우 상기와 같은 방법으로 시공하면 문제는 없겠으나 자동용접에 소요되는 전력이 공급된다면 자동용접이 더 확실한 스터드 볼트 용접 방법이다. 왜냐하면 전기자동용접은 스터드 볼트의 하부가 철골 플랜지에 흡입되어 일체가 되므로 구부림 테스트에 만족한 결과를 얻을 수 있다. 전기 자동용접시 중요한 포인트는 충분한 임시동력을 확보하거나 임시동력이 부족할 경우 임시 발전기를 사용하여야 한다는 것이다. 그러나 소규모 현장에서는 전력 확보나 용접기 임대료의 비경제적 이유로 수동용접으로 해야 할 경우는 모재에 용입이 될 수 있는 시공방법을 정하고 용접사의 기능을 검증하여 시공에 임해야 쉐어 콘넥터(shear connector)로서 성능을 확보할 수 있을 것이라 생각한다.

바람직한 것은 스터드 볼트의 용접 방법이 설계시 시방서에 좀 더 자세히 명시되어 중요한 역할을 하는 스터드 볼트의 성능을 확보할 수 있도록 해야 할 것이다.

전단력 검사를 위한 스터드 볼트 시험체

철골빔 위에 자동 용접 장면

프리프렉스 빔의 시공시 검토 사항

건축 자재로서 프리프렉스 빔(preflex beam)의 사용

철골과 철근 콘크리트가 조합된 구조를 철골 철근콘크리트(SRC) 구조라 일컫는 데 자재에 있어서도 철골 자재와 철근 콘크리트자재가 조합된 것이 프리프렉스 빔이다. 프리프렉스 빔은 벨기에의 프리프렉스사에 의해 개발되어 국내에는 1985년 삼표 프리프렉스사가[1] 독점으로 기술 도입하여 제작 보급하고 있고 주로 토목공사에 사용되어 왔다. 그 이유가 타 교량 형식에 비해 장스팬 구조에 유리하며 처짐과 진동이 적어 교량 등의 상부 구조 공법으로 적당하기 때문이다.

'90년대에 들어오면서 장 스팬의 대형 공간을 연출하고 싶은 건축물이 설계되면서 건축공사에도 사용 되어지기 시작하였고 앞으로 많이 사용되어 지리라 생각한다. 건축 기술자들에게는 아직까지는 생소한 자재라 생각되어 22m 장스팬의 교육실에 사용되었던 프리프렉스 빔의 시공 사례를 중심으로 특징과 시공시 유의사항에 대하여 알아보자.

[1] 삼표 프리프렉스 www.sampyo.co.kr (02)460-7224

프리프렉스 빔은 벨기에의 프리프렉스사에 의해 개발된 자재로 철골 자재와 철근 콘크리트 자재가 결합된 자재이다

프리프렉스 빔의 특징

　프리프렉스 빔이란 철골의 하부 플랜지에 철근 콘크리트를 합성하고 압축 프리스트레스를 도입한 것으로 철골과 고강도 콘크리트를 합리적으로 합성한 보를 말한다.[2] 원리는 H-빔을 캠버(camber)가[3] 주어진 상태로 제작한 후 설계하중 만큼 하중을 가하는데 이것을 프리플렉션 하중이라고 한다. 이 상태에서 하부 플랜지에 철근 배근을 한 후 고강도 콘크리트를 타설하고 양생 된 후에 하중을 제거하면 H-빔이 원상태로 복원하려는 힘에 의해 콘크리트는 선압축력(pre-compression)이 작용 하면서 원래의 캠버는 감소하게 된다. 이것을 구조물에 설치하게 되면 하중을 받게 되더라도 하부 콘크리트가 항상 압축력 상태로 있게 되어 처짐의 유효단

2) 프리프렉스 빔 기술가료
www.sampyo.co.kr

3) 캠버(camber) : 철골자재에 힘을 주어 콘크리트 타설 후의 하중에 저항하게 한 것

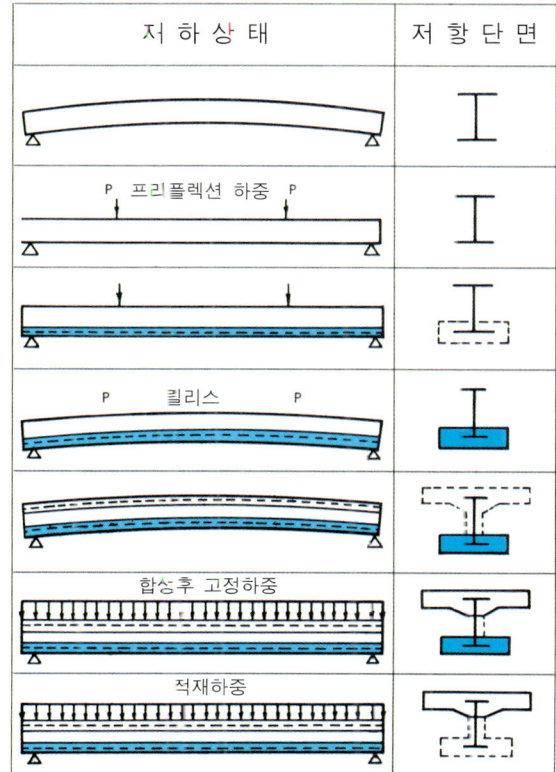

프리프릭스 빔의 제작은 캠버가 있는 H-빔에 프리플렉션 하중을 준 후 하부에 콘크리트를 타설하여 제작한다

면으로 작용한다. 그래서 처짐이 작아져 낮은 보춤의 장스팬이 가능하게 된다. 장스팬 철골 보의 부재 단면 즉, 보춤이 응력보다는 처짐에 의해 결정되어 비경제적으로 설계되는 바로 그 포인트를 보완한 공법이라고 할 수 있다.

프리프렉스 빔의 시공시 유의사항

우리 현장에서는 스팬 길이가 22m인 교육실과 30m인 대음악당에도 프리프렉스 빔으로 설계되어 있었다. 그러나 대음악당의 30m 프리프렉스 빔은 운반과 설치 등이 현장여건과 맞지않아 포스트 텐셔닝(post tensioning) 공법으로 변경하였고 (94쪽 30m 장스팬 보에 포스트텐셔닝 공법 적용 참조) 22m의 교육실에만 프리플렉스 빔을 설치하였다. 프리플렉스빔의 작업전에 다음과 같은 사항을 검토하였다.

첫째, 양중 전 무게 검토

프리프렉스 빔의 자중은 개략적으로 스팬 길이와 비슷하다. 예를 들어 18m인 경우는 약 18ton 정도이고 30m인 경우는 약 30ton 정도로 무게가 무겁다. 그러므로 장 스팬의 구조물일 경우는 작업 전에 프리프렉스 빔의 자중과 현장내 양중 장비의 능력을 검토해야 한다.

둘째, 진입로 검토

프리프렉스 빔은 철골과 달리 절단하여 제작이 불가하다.[4] 그러므로 장 스팬의 프리프렉스 빔을 설계하거나 시공시에는 주변 진입로가 운반 및 설치장비가 진입할 수 있는지 확인해야 하고 현장 주변 교통 통제도 고려해야 한다.

셋째, 오프닝 크기 및 위치 제한 검토

프리프렉스 빔은 오프닝 크기에 제한이 있다. 철골 보춤의 1/2까지만 설비 오프닝으로 사용이 가능하며 그 이상을 넘어가면 하부의 콘크리트 부분에 인접하여 보강을 할 수 없으므로 제작이 어려워 진다. 또한 기둥 부분에서의 오프닝의 위치도 오프닝 높이의 3.5배 이상 떨어져 있어야 한다.

---

4) '98년 후반기에 프리플렉스 빔을 공장에서 2-3개로 절단, 제작하여 현장에서 조립 후 연결부분에 콘크리트를 타설할 수 있도록 개발되었다

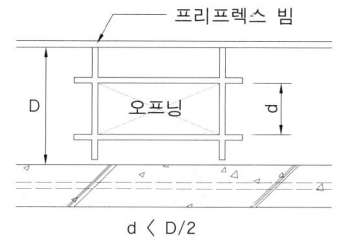
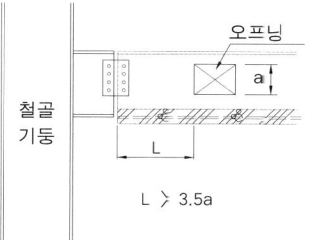

프리프렉스 빔은 보춤의 1/2까지만 설비 오프닝으로 사용이 가능하다

기둥 부분에서의 오프닝의 위치도 오프닝 높이의 3.5배 이상의 위치에 있어야 한다

넷째, 이음부의 차이

일반적으로 철골의 이음부에는 여유 폭이 5mm이다. 그러나 프리프렉스 빔은 캠버를 고려하여 제작되므로 이음부위는 제작시 연결부가 10mm 정도 여유를 가질 수 있도록 검토되어야 한다.

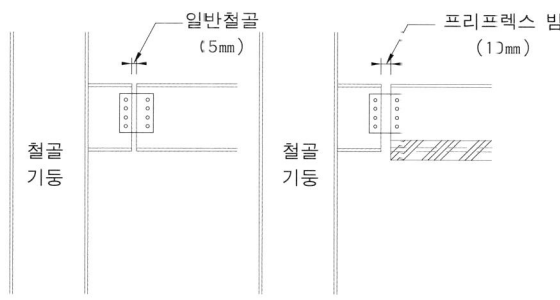

연결부는 철골의 경우 5mm 정도이지만 프리프렉스 빔의 경우는 캠버를 고려하여 10mm 정도 한다

진동이 적은 프리프렉스 빔 자재

프리프렉스 빔의 장점 가운데 하나는 진동이 적다는 것이다. 일반 철골 슬래브의 경우 콘크리트 타설 후 상부 슬래브에서 뛰어보면 슬래브가 울리는 것을 느낄 수 있을 정도로 진동이 있는 반면에 프리프렉스 빔 상부에서 뛰어보면 슬래브의 진동이 거의 느껴지지 않았다. 프리프렉스 빔은 위에서 언급한 여러 가지 장점 때문에 앞으로 많이 사용되어 지리라 생각한다.

조적. 방수. 미장공사

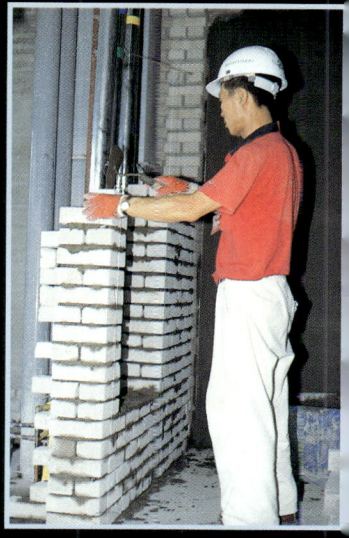

경량 콘크리트 인방과 철재 인방
결로 방지벽으로서 ALC패널 적용
현장시험을 통한 구체 방수재의 선정
액체방수가 우리나라에만 있는 이유
주차장 램프의 조면처리
외부 노출복도에 사용되는 바닥재의 하자방지 방안
무근 콘크리트 균열제어 방안
바닥 온돌용 BST 경량 콘크리트
항상 발생하는 바닥 미장의 균열 방지 조리

경량 콘크리트 인방과 철재 인방

조적벽체의 창호 오프닝(opening) 상부 균열

조적 벽체의 창호 오프닝 주위에는 사인장 균열이 많이 발생하는데 시멘트 계열은 그것이 시멘트 벽돌이든 시멘트 몰탈이든 수축을 하게 되므로 수축으로 인한 모서리 부분에 응력이 집중되어 경사방향으로 미세한 균열이 발생하게 된다.

가끔 창호 위에 과도하게 큰 균열이 발생하는 경우가 있는데 이때는 인방이 정상적으로 시공하지 못해 발생하는 경우가 대부분이다. 인방을 제대로 거치하기 힘든 원인으로 출입문 옆에는 대부분 전기 스위치가 있으며 전선이 연결되기 위해 상부에서 전기 파이프가 내려오게 된다. 그러나 이 전기 파이프가 주로 조적 공사 전에 먼저 설치되어 인방이 설치될 위치에 먼저 자리를 잡고 있으므로 인방이 옆으로 밀려서 설치되는 경우가 발생하게 된다.

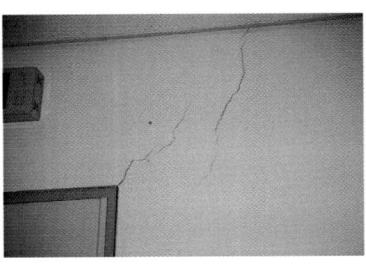

조적 상부의 균열은 주로 인방을 잘못 설치하여 발생한다

인방의 문제점 해결 방안

위의 문제점을 해결하기 위해 전기 파이프의 설치여부와 관계없이 인방보의 거치길이를 확보할 수 있고 인방의 무게를 줄이는 방안을 소개하고자 한다.

첫째, BST 경량 콘크리트 인방보의 사용

인방보에 철근 배근을 할 때 전기 파이프가 인방을 쉽게 관통할 수 있도록 파이프를 묻어 통로를 미리 만들어 놓는다면 인방의 거치길이를 확실히 할 수 있고 전기 파이프의 설치 또한 쉽게 할 수

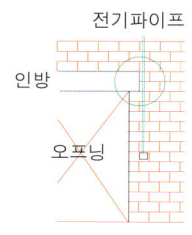 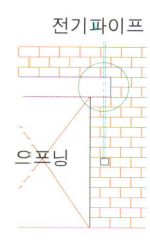 

창호 오프닝 옆에는 전기 스위치 파이프가 설치되어 인방의 거치길이 확보를 어렵게 한다

있다. 인방 설치의 문제점중 하나는 무게인데 무게을 줄이는 방안은 몰탈과 혼합시 재료분리가 되지 않는 BST 폴 골지를 이용하여 제작하면 자중을 45% 정도로 줄여 인방을 제작할 수 있다.

BST 경량 콘크리트 인방보의 배합표는 강도 및 비중에 따라 각각 다르므로 177쪽의 바닥 온돌용 BST 경량 콘크리트의 배합표를 참조하기 바란다.

BST 경량 콘크리트 인방 단면 및 평면도

둘째, 철재 인방보의 사용

아직 국내에는 사용하지 않고 있으나 싱가폴 등 동남아 현장에서 많이 사용하고 있는 철재 인방보를 사용하는 것이다.

싱가폴 DYNTEK사[1]에서 제작, 납품하며 조적벽의 두께에 따라 ㄷ자형의 LU시리즈와 1,050mm미만의 창호나 설비 오프닝에 간단히 사용할 수 있는 LC시리즈가 있다. 인방 상부의 조적 무게에 따라 구조 계산된 철판 두께가

[1] DYNTEK : www.dyntek.com.sg
(65)6362-6000, Fax (65)6362-9000
Mr. Lieu Munn Loong

철재 인방은 브라켓(Bracket)을 이용하므로 골조와 만나는 부분의 인방 설치가 쉽다.

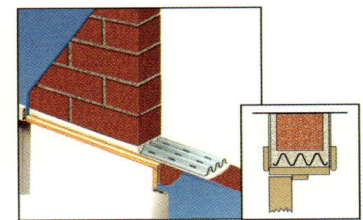

LU 시리즈 철재인방   1,050mm 이하인 길이에 간단하게 설치할 수 있는 LC 시리즈 철재인방

다른 자재를 사용하며 제품 자체에 홈이 있어 미장공사시 접착력을 증가시키는 키 역할을 한다. 전기 파이프의 관통은 드릴을 이용하여 인방 수평면의 파이프 관통 부분에 구멍을 뚫은 후 설치하며 콘크리트 벽체와 조적벽이 만나는 부위에는 브라켓(bracket)을 콘크리트 벽체에 설치한 후 인방을 설치할 수 있다.

결로 방지벽으로서의 ALC 패널 적용

지하층 외부 결로방지벽

　10여년 전만 해도 지하의 흙과 접하는 콘크리트 벽에는 결로 방지벽이 없이 그대로 마감을 했었다고 기억한다. 여름이면 흙과 면한 벽체에 결로가 생겨 바닥에 많은 양의 물이 흘렀던 것을 본 기억이 있다. 이러한 결로를 방지하고 미세한 누수의 흔적도 가리기 위하여 결로 방지벽 이라는 별도의 벽체를 설치하여 그 사이로 결로나 누수를 처리하게 되었다고 생각한다. 현장의 문제를 해결한 방안이었지만 또 다른 문제가 발생하였다.

　보통 결로 방지벽으로써 벽돌을 쌓아 미장을 하거나 보강 블록으로 치장마감을 하는데 여름이면 결로 방지벽에서 물이 베어나오는 하자가 종종 발생한다. 원인은 결로 방지벽 뒤쪽에 고인물을 흘려보내기 위해 작은 트랜치가 형성되는데 조적공사 중 시멘트 몰탈이 뒤로 떨어지면서 트렌치가 막혀 결로수가 의도한 대로 흘러가지 못하고 차오르면서 밖으로 배어나오는 것이다.

　물론 벽돌이나 보강 블록을 쌓을 때 뒤쪽으로 몰탈이 넘어가지 않도록 조심하고 점검구를 만들어 청소하기도 하지만 그 뒤의 공

예전에 흙과 면한 벽체에 결로가 생겨 바닥으로 많은 양의 물이 흘렀던 것을 본 적이 있다(좌)
결로를 방지하고 미세한 누수의 흔적도 가리기 위하여 결로 방지벽이라는 별도의 벽체를 설치한다(우)

벽돌로 된 결로 방지벽은 조적공사중 몰탈이 뒤로 떨어져 트렌치가 막히는 문제가 있다(좌)

공사후에 결로수가 배어나오는 하자가 발생되면 벽돌벽을 일부 헐어내고 보수해야 한다(우)

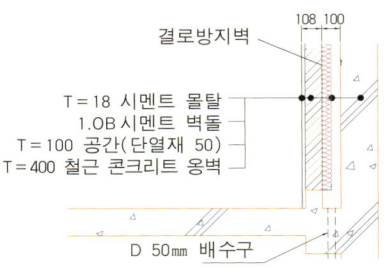

간이 100mm 정도여서 떨어져 굳은 몰탈을 치우기가 여간 어렵지 않다. 공사후에 결로수가 배어나오는 하자가 발생된다면 보수를 하기 위해 벽돌벽을 일부 헐어내고 굳어진 뒤쪽의 몰탈을 깨내야 하는 힘든 작업이 필요하다.

결로 방지벽 공법 비교

결로 방지벽의 당초설계는 400mm 옹벽+50mm 공간+50mm 단열재+1.0B시멘트 벽돌+18mm 미장+페인트로 되어 있었는데 뒤로 몰탈이 떨어져 트렌치가 막히는 문제를 해결해야만 했다. 조적공사시 조적 벽 뒤쪽 트렌치에 비닐을 갈아 놓으면 공사 완료후 점검 구멍을 통해 끌어당기면 청소가 가능할 것이라 생각하여 작업을 시행하여 보았다. 그러나 상부까지 작업을 마치고 비닐 쉬트를 당겨 보았으나 이미 몰탈이 굳어져 있어 당겨지지 않았다.

표 1 결로 방지벽 공법 비교 검토

구 분	ALC 패널	ALC 블록	시멘트 블록	시멘트 벽돌
공 법	건식공법	습식공법	습식공법	습식공법
동절기 공사	가 능	제약 많음	제약 많음	제약 많음
일평균작업량	108 ㎡/조	54 ㎡/조	26 ㎡/조	42 ㎡/조
작업조 구성	5인/조	3인/조	3인/조	3인/조
1인평균작업량	21.6 ㎡	18.0 ㎡	8.7 ㎡	14.0 ㎡
작업일수 (5,000㎡, 마감포함)	70 일×조	126 일×조	272 일×조	297 일×조
마 감 공 법	프라이머 + 수성페인트	1)치장블럭+프라이머+수성페인트 2)일반조적+수지미장+수성페인트	일반미장+수성페인트	일반미장+수성페인트

이를 방지할 수 있는 방안을 모색하던 중 건식공법인 ALC 패널을[1] 적용하는 등 몇가지 방안을 검토하여 앞의 표1과 같은 결과를 얻었다.

ALC 패널의 사용이 건식으로 설치되므로 트렌치가 막히는 문제는 확실하게 해결할 수 있는 방안이었지만 공사비가 비싼 단점이 있었다. 그러나 부수적인 효과로서 시공성이 좋아 공기가 단축되고, 부산물이 적어 쓰레기 처리비가 절약되며, 넓은 면을 유니트(unit)화된 패널로 설치하므로 균열이 발생하지 않는 장점이 있었다. 또한 ALC 패널로 변경하면 단열 성능이 좋아 당초 마감에 포함된 단열재를 삭제할 수 있어 경제성에서도 불리하지 않았다.

ALC 란 무엇인가?

ALC는 1930년대 북유럽의 스웨덴에서 처음 개발되었는데 추운 나라이기 때문에 단열성능이 뛰어나고 건식공사로 연중 공사를 수행할 수 있는 자재가 필요했기 때문일 것이다. 건축물에 보급 확대된 것은 2차 대전 이후 독일에서 전후 복구사업을 위하여 본격적으로 사용되면서부터였다.

원래의 명칭은 AAC(Autoclaved Aerated Concrete)였으나 1960년대초 일본으로 기술이 전수되면서 ALC(Autoclaved Light-Weight Concrete)로 불리면서 일본, 한국, 동남아 등지에서만 ALC로 불리고 있다. 원료로는 규산질 재료가 50~60%, 생석

1) 당시: ALC 기술자료 쌍용양회 ALC 사업부 (02)2270-5919
현재: (주)SYC. (02)2270-5771
www.syc-ak.co.kr

ALC 패널은 시공성이 좋아 공기가 단축되고 넓은 면을 유니트화 된 패널로 설치하므로 균열이 발생하지 않는 장점이 있다

회, 시멘트, 무수석고, 발포제인 소량의 알루미늄이 사용된다.

기포가 전체체적에 70~80%를 차지하므로 밀도가 콘크리트의 1/4밖에 되지 않아 가벼워 시공이 유리하고 단열 성능이 있으며 건식공사로 기후에 영향을 받지 않는 자재이다. ALC 패널은 폭 600mm로 제작되며 길이는 최대 6m까지 공장 제작된다.

18m 높이의 조적 벽체에 ALC 패널 대체 적용 사례

당초 대음악당 전면 무대는 폭이 20m이고 높이가 18m인 대형 벽체가 2중 조적 벽체로 설계되었다. 여기에 몇가지 문제점이 있었는데,

첫째, 국내에는 특별한 조적 벽체의 높이나 넓이 제한이 없지만 외국기준에는 수직으로 4m마다 수평으로 4m마다, 콘크리트 샛기둥이나 테두리 보(tie beam)가 설치되도록 요구하고 있다.[2] 이것을 외국 기준에 맞추어 설치한다면 샛기둥과 테두리보의 콘크리트 타설은 모두 인력작업이 되어야 하므로 비효율적이었다.

둘째, 이부분 최종 마감이 경량철골 구조+합판+무늬목의 확산체가 설치될 부분인데 조적 벽체에 확산체를 고정할 경우 설치되는 앵카가 안전할 것인가 하는 문제였다.

이런 문제를 일거에 해결할 수 있는 시스템이 ALC 패널 구조였다. 형강(H-Beam)으로 기본 구조를 잡고 ALC 패널을 이중으로 설치하므로써 당초 설계에서 요구되었던 단열 효과, 방습 효과

2) 싱가폴 POSBANK현장 시방서 기준

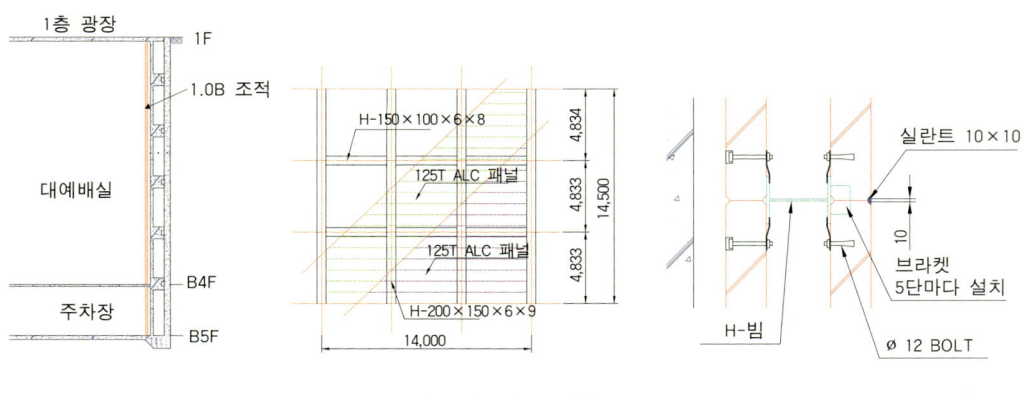

무대부위 당초 단면도   폭 20m, 높이 18m의 대형 ALC 패널   무대 전면부 ALC 패널 이중 설치 단면도

를 확보함은 물론 구조적인 안정성을 확보할 수 있었고 외부에 설치되는 확산판 구조는 ALC 전용 스크류를 이용함으로써 불확실성을 제거하고 고정할 수 있었다.

결로 방지벽 적용 사례

지하 주차장과 원형 램프는 6m미만의 높이로 1단으로 설치하였고 층고가 6m가 넘는 부분은 뒤쪽에 철골로 보강을 한 후 2단으로 설치하였다. 램프의 벽체는 ALC 패널이 원형으로 제작이 안되므로 폭 600mm의 직선 패널로 원형벽을 만드는 상부 고정 앵글을 각 패널 마다 각을 주어서 하기는 과다한 인력 낭비라고 생각되며 2장씩 붙여 시공하는 것이 원형벽을 형성하는데 큰 문제가 없었다.

ALC 표면 마감으로 수성 페인트를 ALC 패널에 직접 도포할 경우 많은 양이 소요되므로 아크릴 프라이머를[3] 도포 후에 작업하였다.

3) 삼화 믹싱 리퀴드 동부페인트
(02) 482-7701

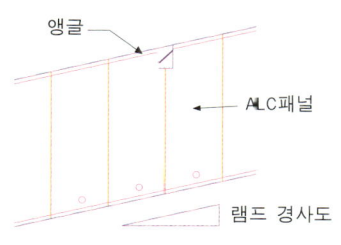

2장씩 붙여 원형으로 시공한 램프의 결로 방지벽(좌)
ALC 패널설치 입면도 (우)

시공시 유의사항

ALC 패널의 시공과 관련하여 유의해야 할 사항을 정리하면 다음과 같다.

첫째, 운반 계획의 수립

ALC 패널은 사용부위를 실측후 설치될 길이로 공장에서 제작하여 파렛트 단위로 반입되며 타워 크레인이나 지게차로 운반되는데 지하층으로 운반할 때 1대의 지게차로는 램프 통과가 불가능하

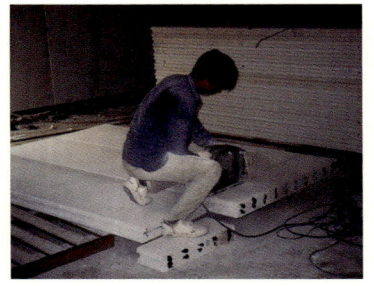

ALC 패널의 커팅시 먼지가 많이 발생하므로 집진 계획을 세워야 한다

며 지게차 2대로 양끝을 들어 운반해야 하는 어려움을 겪었다. 따라서 일부 슬래브를 최하층까지 오픈 하든지 패널의 길이에 따른 운반로가 검토되어야 한다.

둘째, 커팅시 집진 계획 수립

ALC 패널은 사용 길이별로 반입되기 때문에 커팅을 많이 안하게 되지만 램프등과 같은 경우는 경사지게 설치되어야 하기 때문에 끝부분을 커팅하게 된다. 커팅은 원형 전기톱을 사용하는데 먼지가 무척 많이 나서 다른 공종의 작업에 지장을 준다. 그러므로 집진기 등을 사용하여 먼지를 흡수하거나 작업 장소를 격리시켜야 한다.

셋째, 패널의 오프닝(opening) 확인

결로 방지벽 뒷면에는 전등, 또는 스위치가 설치되는데 패널 설치전 스위치 박스 위치를 확인한 후에 오프닝을 만들어야 한다. 패널을 설치하고 나면 정확한 박스 위치를 찾을 수 없다. 또 전기 박스의 볼트도 깊이가 깊은 제품을 선정하는 배려도 필요하다.

넷째, 이질재와 만나는 부위 확인

ALC 패널이 이질재와 만나는 부분이나 끝나는 부분의 상세를 검토해야 한다. ALC 패널을 좁고 길게 자르면 높이에 따른 좌굴의 우려가 있으므로 폭 200mm 미만으로는 사용하지 않는다. 예를 들면 패널이 끝나면서 생기는 좁은 부분에는 골조의 추가 타설이나, 조적 등으로 대체하도록 사전에 준비하는 것이 좋다.

ALC 패널의 내충격 강도는 일반 승용차가 시속 10km/h 이하의 속도로 부딪힐 때는 잘 깨지지 않지만 공

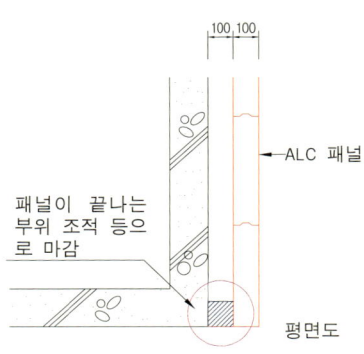

200mm 이하의 공간은 조적을 쌓아 마감하였다(좌)

사중에 현장에서 운행하는 지게차(folk lift)의 날이나 유니로더(uni-loader)의 버켓에 의해 부딪쳐 깨진 경우가 여러 번 있었다. 보수 방법은 큰 판의 교체는 조인트 부분의 요철을 커팅해 내고 한 판을 해체한 후에 교체하며, 부분적으로 파손된 경우는 ALC 보수 몰탈로 미장해서 보수하였다.

건식 공법의 발전을 도모하자

조적공사는 작은 부재를 습식으로 쌓기 때문에 잔재물이 많이 발생하고 현장이 지저분해 지며 동절기에는 물공사의 제약을 받는다. 향후에도 ALC 패널과 같이 건식공법의 조립식으로 간편히 시공될 수 있는 자재들이 많이 개발되어 습식공사를 대체하며 건설현장의 선진화와 현장 환경의 개선에 기여하기를 기대한다.

ALC 패널을 적용하면서 무형의 이익(원가, 품질면)을 많이 얻었다고 판단한다. 예를 들어 지하층에 조적 및 미장공사를 대폭 줄이므로 인해 쓰레기 처리과 분진 등 환경적인 문제를 최소화 하였고 균열에 대한 걱정은 없었으며 곡선의 처리가 직선의 조합으로 이루어져 품질확보가 어려운 부분을 좋은 품질로 마칠 수 있었다.

현장 시험을 통한 구체 방수재의 선정

건물 사용자에게 큰 피해를 주는 방수하자

하자 없는 완벽한 건물을 준공하는 것은 모든 시공 기술자의 꿈이겠으나 건설의 모든 결과물이 사람의 손에 의해 이루어지며 불확실한 현장조건에 의해 시공되는 것이므로 어느 정도의 하자는 발생하게 된다. 그러나 방수에 관련된 하자는 건물을 사용하는 사람에게 치명적인 피해를 주게 되므로 시공기술자로서는 하자 방지를 위해 많은 고민을 하게 된다.

여기서는 흙과 면하는 부분 즉, 지하층 외벽과 최하층 바닥의 골조 자체가 방수 성능을 갖도록 하는 구체 방수자재에 대해 알아보고자 한다.

구체 방수재에 대한 현재의 실정

설계도면이나 시방서에는 구체방수를 하도록 되어 있지만 구체적으로 어떤 자재를 어떻게 사용한다든지 어떤 성능을 만족하는 자재를 사용하라는 언급은 시방서에 없는 경우가 많다. 아마도 그 이유가 아직까지도 국내에는 구체방수재로써 그 성능이 검증된 자재가 없고 KS 규격 등에서 구체방수를 규격화하여 어느 성능 이상일 때 합격 이라든지 하는 공인된 규격이 없기 때문일 것이다. 이런 이유로 영리를 목적으로 하고 가격경쟁을 해야 하는 시공회사로서는 입찰시에 가장 저렴한 제품으로 투찰하게 되고 이것이 국내에서 구체방수재 하면 단지 수밀성을 높여주는 정도의 유동화재를 뜻하는 것으로 이해되게 되었다고 생각한다.

현재 외국에서 사용되고 있는 구체방수재에 대한 예를 들면 오스트리아에서 개발되어 동남아 등지에서 많이 사용되는 칼타이트(caltite)라는[1] 자재는 모체에 균열이 발생하여 물이 침투하면 콘크

---

1) caltite : Cement Aid
www.cementaid.com

리트와 같이 타설된 구체방수재 성분인 폴리모 알겡이가 물과 반응하여 균열을 메우는 역할을 수행한다는 논리를 갖고 있으며, 캐나다에서 개발된 킴(KIM)[2]이라는 자재는 므체에 균열이 발생하여 물이 침투하면 믈과 반응하여 크리스톨이라는 침상구조가 커져 콘크리트의 틈을 막아주는 논리를 갖고있다.

2) KIM : 크리톤 코리아 (02)893-1733

  그러나 이런 확실한 논리를 갖고있는 구체 방수재는 검증도 필요하겠으나 가격이 현재 국내에서 사용하고 있는 수밀성 구체방수재에 비하여 약 10배나 비싸기 때문에 국내에서는 많이 사용되지 않고 있다.

구체 방수재 선정 사례

  우리 현장에서는 구체 방수재의 가격을 국내의 일반 수준으로 한정하고 구체 방수재를 선정하였는 데 어느 정도 국제적 지명도가 있는 SIKA 제품인 플라스토크리트 엔(plastocrete-N)과 HENKEL 제품인 에스-피 플루이드(SP-fluid)를 시험을 거친 후 사용하기로 하였다.

  각각의 자재를 콘크리트와 혼합한 후에 콘크리트의 강도와 슬럼프 그리고 흡수율을 측정하는 것이었다.

  시험항목은 구체 방수재로써의 요구 조건인
① 콘크리트의 강도에 영향을 주지 않아야 하며
② 수밀성 확보를 의한 슬럼프가 필요하고
③ 가능하면 흡수율이 적어야 한다. 를 기준하였다.

  구체방수재 시방에 따라 시험방법은 슬럼프 15cm인 콘크리트에 표준 배합비에 따라 플라스토크리트 엔 제품은 시멘트량의 0.5%, 에스-피 플루이드 제품은 시멘트량의 1.0%를 첨가하여 슬럼프 시험을 실시한 후에 돌드를 3개씩 제작하였다.

  그리고 10일간 수중 양생시킨 후 흡수율을 측정하였는데 수중양생후 24시간 건조하여 무게를 측정하고, 다시 24시간 수중 보관하여 물을 흡수한 무게를 측정하여 계산하였다. 흡수율을 측정한 후에 압축강도를 측정하였으며 결과는 표1과 같았다.

표1 시험결과 (10일간 수중양생)

시험편	슬럼프 (cm)	흡수율 (%)	압축강도 (kg/㎠)
무첨가	17.0	6.45	174
A첨가	19.5	5.84	191
B첨가	18.0	5.77	170

현장에서는 구체 방수자재의 선정을 위하여 담수 시험을 실시하였다

위의 결과를 보면, 슬럼프에서는 A제품이 B제품과 무첨가 한 것 보다 조금 컸으며, 강도는 A나 B 모두 무첨가된 시험체보다 동등하거나 높았으나 A제품이 조금 우수하였다. 흡수율은 모두 양호하였으나 B제품이 약간 우수하였다.

시험을 통해 얻은 결과를 바탕으로 담수 시험도 실시하였다.

이를 결과로 현장에서는 구체 방수재의 선정을 콘크리트의 강도 저하 없이 수밀성을 높여 방수성능을 얻는 것이 목적이므로 흡수율이 낮은 B제품을 선택하였다.

구체 방수재 첨가 방법의 선정

첫째, 혼화제는 레미콘을 생산하는 뱃쳐(Batcher)에서 직접 계량하여 혼합하는 것이 이상적이다.

국내의 뱃쳐는 보통 혼화재 주입용으로 2개의 탱크가 있는데 하나는 AE제가[3] 차지하고 다른 하나는 조강재 등을 사용하고 있으나 일시적으로 혼화제를 사용하는 한 현장을 위해 뱃쳐의 혼화재 탱크의 사용을 허용하지 않고 있다.

둘째, 작업 인부가 뱃쳐에서 인력으로 투입하는 방법이 있으나 이는 신뢰도가 떨어지는 단점이 있다.

셋째, 후첨가 방법으로 15ton 레미콘 트럭(agitator truck) 의 경우 보통 $6m^3$의 레미콘을 운반하나 드럼에 레미콘이 차면 혼화제가 잘 섞이지 않아 강도저하 등 큰 문제가 생길 수 있으므로 $5m^3$만 신고와 현장에서 혼화제를 투입하는 방법이다. 이렇게 하면 혼합은 양호하지만 레미콘 회사와 비용 문제를 협의해야 한다.

넷째, 한대의 레미콘 트럭을 두번으로 나누어 타설하는 방법으로 타설전에 혼화제를 50%만 첨가하고 $3m^3$ 타설 한후 다시 50%를 넣어 혼합 후 타설하는 방법이 있다.

3) A.E 제(air entraining agent) : 콘크리트의 내부에 독립된 미세기포를 발생시켜 콘크리트의 시공연도(work-ability) 개선과 동해융결에 대한 저항성을 갖도록 하기위해 사용된 혼화제

현장에서는 번거롭지만 추가 비용이 들지 않는 이 방법을 택하였다.

현장에서 사용하는 자재에 대한 공인된 기관의 시험결과를 갖자

국내에는 자재가 개발되거나 수입될 때 자재의 성능에 대하여 공인해 주는 기관이나 제도가 아직도 없다. 그러다 보니 시방서 등에 자재의 명시나 시험방법을 애매모호하게 표기하게 되어 현장에 혼란을 주게 되고 제품의 선정에 따른 문제가 발생하는 경우를 종종 보게 된다.

그러므로 우리도 외국처럼 개발된 자재 또는 수입된 자재에 대하여 공인해 주는 기관과 제도를 만들어 검증된 결과를 바탕으로 시방서에 명시가 되고 현장은 그러한 기준에 따라 자재를 사용할 수 있도록 여건이 마련되어야 하겠다.

액체방수가 우리나라에만 있는 이유

우리나라 방수재의 대명사 '액체방수'

액체방수는 아스팔트 방수재(열공법)와 함께 국내 현장 적용 방수재 중 그 역사가 가장 오래되었다. 우리나라에서는 1926년 이후 근대 건축물이 생기기 시작하면서 액체방수재가 도입되어 콘크리트 표면의 간단한 보수, 보호재, 방수재료 등으로 사용되어 오다가, '50년대 이후 콘크리트나 조적조같은 불연 건축물의 건설이 활발해지고 건축의 실내방수의 필요성이 강조되면서 액체방수는 실내방수의 주요공법으로[1] 사용되기 시작하였다. 또한 화장실등 실내방수 뿐만 아니라 지하실 규모가 커지면서 외방수보다는 내방수가 많이 적용되면서 내방수의 대명사처럼 사용되고 있다.

1) 방수공사 기술세미나 자료 (1994. 3. 11, 대한전문 기술협회)

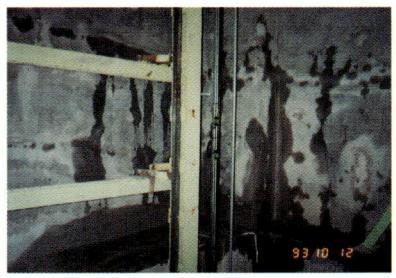

지하층 합벽 부위의 방수하자

액체방수재의 문제점

첫째, 작업방법의 표준이 없다.

예전에 방수공사 반장에게 시멘트 액체방수 2차의 시공방법에 대해 어떻게 시공하는가를 물었더니 '약(액체방수재)을 넣은 몰탈로 2번 바르면 됩니다.' 라는 것이었다. 방수공사 시공경험 10년된 기능공의 대답이다. 이와 같이 대부분의 방수 기능공들은 건축공사 표준시방서에 표기되어 있는 복잡한 시멘트 액체 방수재의 작업절차에 비해 낮은 방수단가를 맞추기 위하여 작업절차를 간소화하여 시공하고 있는 실정이다.

둘째, 단가가 비현실적이다.

현재 시공회사에서 방수 전문회사에게 주는 액체방수 m²당 단가를 분석해 보면 '97년 건축공사 일위대가표를 기준으로 산정한 단가에 약 30~35% 정도에서 계약이 되고 있다. 도막방수재 등 다른 방수재의 경우는 해마다 시공단가가 조금씩 상승하나 액체방수재의 경우는 인건비 비중이 크고 해마다 인건비가 상승하고 있음에도 시공단가는 거의 변동이 없는 실정이다.

셋째, 제품의 품질관리가 어렵다.

현재까지 액체방수재는 제품성능을 제대로 평가할 수 있는 시험기준이나 KS 제품이 없어 현장에서 방수재 선택시 어려운 점이 많았다. 또한 방수 작업자도 작업시 차수별 재료(방수재, 모래, 시멘트, 물)의 배합이 복잡해 정확한 배합에 의거 시공하기 보다는 경험이나 감각에 의해 작업하는 경우가 많아 시공후 들뜸, 균열 등의 하자사례가 빈번히 발생되고 있는 실정이다.

액체방수재의 요구성능

액체방수재를 시공하기 전에 상기와 같은 문제점에 대한 해결대책을 마련하기로 하였다. 그 방안으로 액체방수재가 갖추어야 할 요구성능을 정확히 파악하고 요구성능에 대한 객관적인 품질검증을 통해 현장 적용 방수재를 결정하기로 하였다.

첫째, 모체와의 부착강도가 뛰어 나야 한다.

부착강도는 방수재가 가져야 할 기본적인 성능규정으로서 구조물의 방수를 위해 서는 방수재가 바탕 콘크리트층에 강하게 부착되어야 들뜸등의 하자를 방지할 수 있다. 특히, 내방수에 사용되는 경우는 외부에서 침투하는 수압에 견뎌야 하므로 부착강도는 매우 중요한 요구 성능 일 것이다.

둘째, 흡수 및 투수율이 적어야 한다.

액체방수재의 경우 흡수 및 투수량이 많으면 방수층 자체의 수밀성 및 강도저하의 요인이 되며, 방수층에 한 막을 형성하여 수압 작용시 방수층의 역할을 분담하기 위해서는 투수율이 적어야 한다.

층수	종별	A종	B종	C종	D종
방수층	1	P1	P	P1	P1
	2	L	L	L	L
	3	P2	P	P2	P1
	4	M	L	M	L
	5	P1	P2	P1	P2
	6	L	M	L	M
	7	P2	P	P2	-
	8	M	L	M	-
	9	P1	P2	-	-
	10	L	M	-	-
	11	P2		-	-
	12	M		-	-

1) 표중의 약호는 다음과 같다.
   L : 방수용액 도포
   P1 : 방수 시멘트 묽은 뿜칠
   M : 방수 몰탈 바름
   P2 : 방수 시멘트 된 뿜칠

2) 바탕 처리 및 보호누름은 방수층에 포함하지 않는다.

건축공사표준시방서 상의 시멘트 액체방수재 시공방법은 복잡해 외우기도 어렵다

셋째, 건조수축이나 균열이 일어나지 않아야 한다.

시멘트 액체 방수재의 경우 시멘트가 주재료이므로 경화시 건조수축을 동반하게 된다. 이로 인해 균열이 생긴다면 방수막으로서의 역할을 할 수가 없으므로 균열이 발생하지 않는 자재여야 한다.

현장 품질시험을 통하여 방수재 선정사례

시험대상 방수자재는 국내에서 일반적으로 많이 사용되고 있는 액체방수재 두개 회사 제품과 분말형 도포방수재 한개 회사 제품[2] 등 총 세개 회사 제품에 대해 시험을 실시하기로 하였다.

시험항목은 KSF2451(시멘트방수재) 시험항목과 여기에서 빠져있는 부착강도 시험을 포함하여 시험을 실시키로 하였으며 시험기관에 대해서도 한국화학시험 연구소 등 국가공인 시험기관에 의뢰하는 것도 검토 하였으나 시험과정 및 시험결과를 직접 확인하기 위해 현장에서 시험키로 하였다.

2) 쌍용양회 셈코트사업부
(02)2270-6680

감리, 감독 입회하에 현장에서 시험용 시편을 제작하였다.   흡수시험을 위한 시험체

현장에서 시험 실시

발주처, 감리, 시공사 입회하에 방수시공 전문회사[3] 소속 기능공이 시험용 시편을 제작하였으며, 현장에서 같은 조건으로 28일간 대기양생 후 방수 성능을 측정할 수 있는 장비를 갖춘 연구소에서 시험을 실시 하였다.

액체방수재의 경우 제품에 따라 방수 성능의 차이가 많이 나타났으며 어떤 방수재는 순수한 몰탈 보다도 방수성능이 떨어지는

3) 현진케미칼 : ihyunjin.co.kr
(02)542-4734

시험과정을 발주처, 감리, 시공사가 모두 참석하여 확인을 하였다.(부착력 시험)

것으로 나타나 방수재 선탁 시 선정시험이 얼마나 중요한지를 느끼게 해 주었다. 특히 부착력에 대해서는 대부분의 액체방수재가 낮게 나타나 사전에 검토를 하지 않고 액체방수 위에 미장이나 타일을 붙일 경우 탈락이 될 수 있음을 확인할 수 있었다. 결과적으로 분말형 도포방수재가 모든 항목에서 가장 우수한 시험결과로 나왔다.

압축강도 및 부착강도   kg/cm²

구 분	시험횟수	시험강도	
		압축강도	부착강도
분말형 도포방수	3	328	29.7
A 사 제품	3	189	13.5
B 사 제품	3	300	6.1

흡수성 시험

구 분	시험횟수	흡수량	
		콘크리트 바탕	몰탈바탕
분말형 도포방수	3	7.6g (19.8%)	4.7g (18.1%)
A 사 제품	3	25.8g (70.0%)	21.8g (73.8%)
B 사 제품	3	30.9g (80.7%)	20.5g (78.8%)
일반몰탈	3	33.3g (100%)	26.0g (100%)

현장 적용 확인

액체 방수재(시멘트, 모래 포함)에 비해 분말형 도포방수 자재비가 ㎡당 800원 정도 비쌌으나 시공방법이 간단하여 인건비 절감이 예상되었으므로 방수전문 시공회사에서는 별도 공사금액 상승없이 공사를 시행하기로 하였다. 셈코트는 분말도 포장되어 일정한 비

현장내 넓은 부위 시공을 위해 기계화 샘플시공을 실시하였다

율로 물과 섞어 2~3mm 정도의 1회 도포(쇠흙손, 기계뿜칠 등)로 간단히 시공할 수 있다.

　본격적인 시공이 진행되기 전에 일부 부위에 기계화 샘플시공을 실시하였으며 시공 결과 넓은 부위에 기계장비를 이용할 경우 인건비 절감 및 공기 단축도 가능하다는 것을 확인할 수 있었다.

예상 효과

　현장에 적용해야 할 방수재를 현장 시험을 통해 선정하면서 다음과 같은 확신을 얻을 수 있었다.

　지금까지는 액체방수재가 KS제품이 없어 현장에서는 회사에서 제출한 시험성적서만 검토를 하였으나 우리 현장에서는 발주처, 설계자, 시공사가 현장시험을 통하여 품질을 직접 확인하였으므로 품질에 대한 확신을 가질 수 있었다. 또한 분말형 도포방수재가 시공방법이 간단해 작업자가 편법으로 시공할 우려가 없고 공기도 단축할 수 있었다.

기존의 액체방수재 표준화 작업 필요

　현재 액체방수재의 경우 다른 나라에서는 사용하지 않는, 우리나라만의 방수 공법으로 자리잡고 있다. 그렇다고 수 십 년 동안 사용해 온 액체방수재가 방수 성능이 떨어지는 자재인가?

그렇다고는 생각하지 않는다. 그동안 화장실, 아파트 베란다 등에서 그 역할을 충분히 해 왔고, 지하 옹벽의 경우도 물이 뻗쳐 나오면 가장 많이 찾는 것이 액체방수 급결재였다. 지금까지 액체방수는 가격이 저렴하고 기능인력이 확보되어 있다는 이유만으로 오랜 시간 동안 우리 나라만의 방수공법으로 자리를 잡고 있다. 그러나 액체방수재를 앞으로도 계속 사용하기 위해서는 작업방법에 대한 재검증을 통하여 시공순서를 표준화 할 필요가 있다.

즉, 거의 사용하지 않는 건축표준시방서나 건축특기시방서상의 9차 방수니 12차 방수는 개선되어야 하며, 실제 현장 방수작업자가 제대로 이해하고 사용할 수 있도록 현실적으로 작업 방법을 단순화 및 표준화하여야 한다.

주차장 램프 조면 처리

램프의 조면처리는 건물의 첫인상

자동차를 타고 건물의 지하 주차장으로 진입하면서 램프의 마감을 접하게 된다. 경사진 부분을 미끄러지지 않게 하기 위해 조면 처리를 하는데 어떤 현장은 이것이 조잡하게 되어 있어 첫인상을 흐리게 하는 경우도 있다.

램프의 바닥 마감의 종류는 무척 다양하지만 크게 두 가지로 구분하여 시공한다. 하나는 외부에 노출된 램프의 조면 처리로서 비나 눈에 의한 미끄러짐을 방지하는 기능이 중요시 되는 부분과 또 하나는 내부에 외기의 영향을 덜 받아 미끄럼 방지 기능과 더불어 미관을 고려해야 하는 부분이다.

램프의 조면 처리가 조잡하면 건물의 첫 인상을 나쁘게 줄 수 있다

대부분의 시방서가 그렇듯이 시방서에 세부적인 조면처리방법이 명시되어있지 않아 현장에 적절한 조면 처리를 선정하기 위해 오피스 건물들이 밀집한 강남의 테헤란로, 양재동, 종로에 있는 건물들의 주차장 램프 조면처리를 조사하였다.

서울 시내 건물의 다양한 주차장 램프 조면 처리 방법

지은 지 오래된 건물들은 철근으로 요철을 내는 방법을 많이 사용하였다. 아마도 시공이 간편하고 비용이 저렴한 이 방법이 많이 사용되었던 것 같다. 그러나 정밀 시공이 되지 않은 부분이 많아 마감이 조잡해 보였다. 현재도 가끔씩 사용하는 경우가 있는데 단가는 약 3,800원/m^2(각종 조면 처리 단가도 '97년 후반임) 정도로

철근으로 찍는 방법에서 개선되어 커팅으로 깨끗하게 처리된 램프(좌)
고무링 무늬를 찍고 그 위에 레진몰탈로 마감한 램프(우)

조사되었다.

철근으로 무늬를 찍는 방법에서 좀 더 개선한 방법으로 커팅기로 요철을 내어 깨끗하게 만든 곳도 있었다. 콘크리트 타설후 폭은 약 10~15mm, 깊이 10mm, 간격은 100mm 정도로 커팅기로 조면을 만드는 방법인데 시공비가 약 2,200원/m² 정도이다. 시공후 시간이 지나면 홈부분의 모서리가 마모가 되고 먼지가 발생하는 단점이 있다.

최근에 지어진 건물들은 시공비가 약 6,000원/m² 정도인 고무링 등을 사용하여 무늬를 만들고 그 위에 에폭시, 레진몰탈과 같은 별도 마감으로 시공하기도 하였다. 이는 미관이 좋고 먼지 발생도 거의 없다. 에폭시 마감은 약 8,000원/m² 정도로 내부램프에 많이 적용하고 레진몰탈은 30,000원/m² 정도로 외부 노출된 램프에 사용되는 경우가 많다.

고급스런 건물들은 외부의 노출된 부위에 가격이 비싼 혹두기 마감의 석재로 처리하였다. 단가는 약 65,000~150,000원/m² 정도로 비싼 편이다. 흰색 계열로 시공된 석재바닥은 타이어의 마모로 때가 타서 지저분해 보였고 일부 부위는 석재가 떨어져 나간 부분도 있었다. 종종 석재타일이나 칼라크리트, 그리고 드물게는 아스팔트로 마감 처리한 램프도 있었다.

주차장 램프의 조사를 위해 자동차를 가지고 건물로 들어가면서 각각의 마감이 주는 느낌과 승차감이 달라 램프 조면 처리의 중요성을 새삼 느낄 수 있었다.

가격이 비싼 석재로 시공

고무링 무늬를 찍고 레진몰탈로 시공

석재 타일로 시공

칼라 크리트로 시공

아스팔트로 시공

레진몰탈로 시공

내부 램프 조면처리는 동일한 무늬의 오와 열을 맞추어야

 타 건물의 조사 결과를 바탕으로 시공성과 경제성이 고려된 마감을 선정하기로 하였다. 우선 우리 현장의 램프는 무근이 없고 본 골조에 직접 조면처리를 하도록 되어 있었다. 조면처리의 홈을 만들면 철근의 피복 두께가 작아지는 문제가 있어 슬래브 두께를 10mm 정도 추가하였다.

 조면체의 자재는 고무링을 사용하였는데 동일한 모양의 고무링이 일정간격으로 무늬를 형성해야 하는 데 램프가 일자형이 아닌 원형으로 이루어져 오와 열을 맞추어 무늬를 만들기란 쉬운 일이

고무링은 시공전에 시공 상세도 (Shop Drawing)를 작성하여 무늬의 간격과 배열을 확인 후 시공하였다.

아니었다. 그래서 CAD를 이용하여 원형 램프 바닥에 고무링을 배치한 시공 상세도(shop drawing)를 작성하였다. 시공 상세도에 따라 고무링이 설치되는 벽체선에 먹을 표시하고 시공시에는 벽체 먹선에 따라 실을 띄운 후 고무링의 위치를 확인하였다. 이러한 과정을 거쳐 무늬의 간격과 열을 맞추어 시공할 수 있었다.

고무링의 지름이 내경 Ø 90mm, 외경 Ø 120mm를 사용하였으며 구입하려 한다면 금형을 포함하여 개당 약 650원('99년 후반임)[1] 정도이다.

1. 동일 실업 (고무링 제조) (2009년 현재 연락 안됨)

고무링을 공사 중간에 빼서 다른층에 사용할 수 도 있지만 공사 중에 모서리가 깨지거나 먼지나 쓰레기가 홈을 메워 이를 청소하는 비용이 더 클 수도 있으므로 전층을 마감시까지 박아 놓는 것을 추천한다.

외부 램프 마감 시공의 포인트는 콘크리트의 물때를 맞추는 것

외부에 노출되는 램프 조면 마감도 내부에 사용하였던 고무링을 사용하고 싶었으나 서울 모 백화점에서 고무링으로 시공했던 주차장 램프에서 차량이 빗물에 미끄러지는 사고가 발생하여 레진몰탈로 덧 시공한 사례가 있어 일자형으로 홈을 깊게 만드는 방법을 사용하기로 하였다. 많은 현장의 램프 조면 처리가 조잡해 지고 정밀 시공이 되지 않는 이유는 콘크리트의 물때를 제대로 맞추지 못해 발생한 것이라 생각한다. 즉 램프의 조면 처리는 적당히 양생되기 직전의 물때에 따라 품질이 결정되므로 치밀한 시공계획이 필요하다.

외부에 노출되는 부분에는 직선 줄눈 형태로 시공 하였는데 절차는 다음과 같다.

첫째, 줄눈부분의 벽체에 먹 표시

램프 곡선을 따라 일자형 줄눈이 방사형으로 설치되므로 선이 한 곳으로 몰리는 것을 방지 하기 위해 일일이 먹을 표시하고 벽에 줄눈을 찍은 부위 표시를 하였다.

둘째, 줄눈을 찍을 파이프 준비와 나무 망치 준비

철근을 찍어 홈을 만드는 방법은 너무 조잡해 보였고 목재 기성품(면목)을 사용하는 방법도 고려해 보았으나 가격이 비싸고 면목을 해체할 때 홈부분의 모양이 깨끗치 못한 단점이 있어 손잡이가 달린 파이프를 콘크리트에 놓고 나무 망치로 쳐서 줄눈을 만드는 방법을 사용하였다.

셋째, 토막 파이프를 붙인 쇠흙손으로 다듬기

파이프를 사용하여 홈을 찍을 경우 홈부분이 깨끗하게 형성되지 않으므로 쇠흙손에 같은 모양의 파이프를 붙여 만든 공구로 홈의 모양이 제대로 될 때까지 문질러 주어 홈을 깨끗하게 처리하였다.

넷째, 조면처리 숙련공 선발

램프 조면처리는 물때를 맞춰야 하는 등 감각적인 기능에 의해 품질이 많이 차이나므로 시행전에 미장 전문회사의[2] 도움을 얻어 조면처리 숙련 미장공을 선발하여 충분히 교육 및 협의 후 일을 착수해야 할 것이다.

2) 상합건설 : (02)839-0131~2

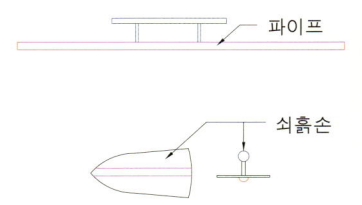

외부 램프 조면 처리에 사용된 공구(좌)
일자형으로 홈을 깊게 만들어 미끄러짐을 방지한 외부램프(우)

먼지 방지를 위한 방안

　램프 조면 처리 후 별도의 마감은 없는 것으로 설계되어 있었다. 그러나 램프의 콘크리트 면이 그대로 노출될 경우는 차량 출입시 먼지가 많이 발생할 수 있는 환경적인 문제가 남아 있었다. 상부에 별도의 마감을 하는 방안으로 투명하드너를 샘플 시공하고 결과가 좋으면 발주처어 제시하고자 했다. 그러나 가격은 저렴하였으나 타이어에 의해 마모가 되어 거의 효과가 없었다.

　결국 비용이 저렴하면서도 먼지를 방지할 수 있는 마감자재에 대하여 충분히 조사하지 못한 채 준공을 보게 된 것이 아쉬움으로 남는다. 그러므로 설계시어 램프 조면 처리 위에 마모에 의한 먼지를 방지할 마감이 설계도서에 반영되어야 할것으로 생각된다.

외부 노출복도에 사용되는 바닥재의 하자방지 방안

차가운 느낌의 인조석 물갈기를 대체할 방안은

지금까지 아파트 복도와 계단 바닥에 가장 많이 시공되어 왔던 마감은 인조석 물갈기이다. 시공이 간편하고 단가가 15,000원/㎡ 정도로 저렴하며 시공 후 하자가 거의 발생하지 않기 때문이다.

그러나 인조석 물갈기는 습식 공법으로 시공시 현장이 지저분해지고 자재가 주는 느낌이 차갑고 단조로우며 색상이 한정된 단점이 있다.

이를 대체하기 위해 우레탄, 레진몰탈, 에폭시 통바닥재 등이 사용되었으나 단가가 비싸고 외기의 영향으로 부분적으로 떨어지는 하자가 발생하여 많이 사용되지 않고 있다.

인조석 물갈기 마감은 시공 후 하자가 없지만 바닥이 주는 느낌이 단조롭고 색상이 한정되 있다

외부 노출복도 바닥 시공시 고려해야할 사항

우리 현장은 색조규사와 수지를 사용한 이음새가 없는 에폭시 계통 바닥재로 설계되었다. 아마도 설계자는 사용자에게 단조롭고 차가운 느낌을 주는 인조석 물갈기보다 따뜻하고 아늑한 분위기를 연출하고 싶었을 것이다.

온도변화가 심한 외부에 노출된 복도 바닥은 하자 요인이 많은 부분이므로 공사시 고려해야 할 사항이 많았다.

에폭시 통바닥재는 색조규사와 수지를 사용하여 이음새가 없다

첫째, 구조체와 바닥 미장면이 분리되면 들뜨게 되어 밟을 때 '통통' 소리가 난다.

둘째, 바탕 미장의 건조수축으로 인하여 균열이 발생하면 상부의 마감재까지 균열이 발생한다.

셋째, 구배가 잘못되어 비만 오면 바닥에 물이 고여 질퍽거리거나 겨울철에는 얼음이 언다.

넷째, 바닥 자체가 미끄러워 보행자가 넘어지는 사고가 발생한다.

에폭시 레진 몰탈 시공사례

위에서 언급한 외부 바닥 시공시의 하자 요인들을 해결하기 위해 다음과 같은 창법을 선정하였다.

첫째, 구조체와 바탕 미장면과의 떨어짐 방지

외부에 노출된 편 복도는 온도변화가 심해 구조체와 바닥 미장면이 탈락할 우려가 많으므로 미장 시행 전 바탕 청소와 접착 증진재의 선택이 중요하다. 바탕 청소는 너무도 당연한 이야기이고 접착 증진재로는 세일콘(sei.con)[1]을 사용하였다. 이는 배합이 중요한데 청소 후에 세일콘을 시멘트 20kg당 0.4kg을 넣어 걸쭉하게 배합한다. 육안으로는 뻑뻑하지만 흐르는 정도의 반죽질기가 되며 이것을 바탕면에 1mm 정도 두께로 밀실하게 도포하였다.

둘째, 바탕 미장면의 균열 방지

미장면의 균열을 방지하기 위하여 미장 돌탈을 건비빔하여 사용하였다. 즉, 3:1 배합에서 모래보다 시멘트 양이 약간 많아 진하게 보일 정도로 건비빔하고 쇠흙손으로 구배를 잡으면서 마감을 한다. 이때 균열 방지를 위해 중요한 사항은 쇠흙손으로 건비빔 몰탈을 깔고 상부로 물이 젖어 올라올 때까지 문질러 주는 것이다.

셋째, 구배 조정을 위한 구배용 줄눈봉 설치

배수 구배를 유지하기 위하여 황동 줄눈 봉을 사용하였으며 바닥 미장 전에 미리, 외부 벽체에서 150mm 안쪽에 위치하게 하고 1/100 구배로 설치하였다. 특히 외부쪽으로는 배수구까지 오픈 트렌지(open trench)로 활용하도록 구배를 만들어 내부에 물이 고이

1. ㈜세일콘: www.seilcon.com
(02)2201-0321-6

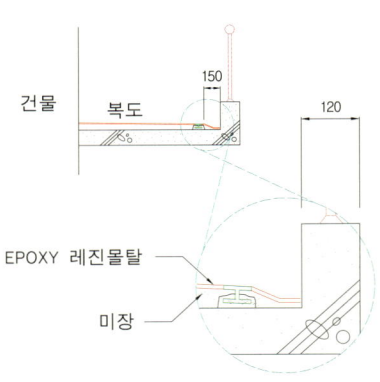

트렌치를 만들기 위한 레벨 조정과 미관을 고려해 설치한 황동 줄눈봉(좌) 외부쪽으로 구배를 고려하여 만든 오픈 트렌치(open trench)(우)

2) 서경기업사 자문
(2009년 현재 연락 안됨)

지 않고 배수구로 물이 유도되도록 하였다.

넷째, 바닥의 미끄럼 방지

에폭시 도포가 완료된 후 미끄럼 방지를 위하여 규사를 뿌려주어 바닥을 거칠게 처리한 후 코팅 하였다. 우리 현장에서는 줄눈봉이 설치되어 기계로 시공하지 못하였으나 줄눈봉이 없는 넓은 바닥에서는 기계도포가 가능하다.[2] 양생은 최소 24시간 이상을 하는데 양생 중에 물이나 습기 등이 침투하면 변색되거나 들뜸의 하자가 생길 수 있으므로 주의해야 한다. 또한 발자국 등의 자국이 생기면 보수가 어렵고 보수 후에도 자국이 나므로 주의해야 하고 먼지 등이 가라앉지 않도록 보양에 유의해야 한다.

시공을 마치고 2년이 지난 지금에도 위에서 언급한 균열이나 들뜸, 바닥에서 미끄러지는 하자가 발생하지 않았으며 바닥이 주는 느낌이 따뜻하다.

시공 단가는 인조석 물갈기 마감의 약 2배 정도였지만 다양한 색상을 선택할 수 있고 바닥 디자인을 설계자의 의도에 따라 변화를 주어 시공할 수 있는 좋은 시공 사례라고 생각된다.

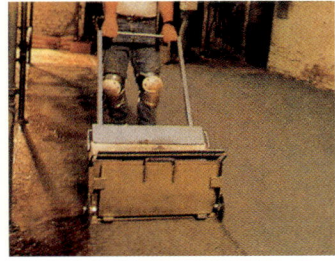

바닥에 줄눈봉이 없다면 기계 도포가 가능하다

무근 콘크리트 균열제어 방안

바닥 무근 콘크리트의 균열, 해결대책은 없는가

일반적으로 익스펜션 죠인트(expansion joint)은 도면이나 시방에 명기되는 것이 보통이나 조절줄눈(control joint)은 도면에 명기가 되지 않는 경우가 많다.

따라서 현장의 기술자들은 콘크리트 시공시에 조절줄눈을 설치 할 것인가? 말 것인가? 설치 한다면 어떤 위치에 어떤 상세로 설치 할 것인가를 고민하게 된다. 연속된 콘크리트 옹벽, 방수층을 보호하는 무근콘크리트, 시멘트 몰탈로 마감된 바닥과 벽 등은 시멘트가 기본재료이므로 양생시 건조수축을 일으키고 양생 후에도 온도변화에 의한 수축팽창을 일으킨다. 사전에 재료의 변형을 고려하지 않아 아무런 조치없이 시공하였을 경우에는 균열 발생을 피할 수 없게 된다. 또한 이런 균열은 미세균열 이거나, 균열이 조금씩 진행되기 때문에 보수하기도 어렵다. 이러한 변형을 사전에 적정한 위치에서 흡수 하도록 하는 것이 조절줄눈의 역할이다.

가끔 옥상 부분에 방수를 하고 무근 콘크리트 타설시 사전에 신축줄눈을 시공하지 않아 온도변화에 따른 콘크리트의 팽창으로 옥상 파라펫에 균열이 가고 누수가 되어 건물에 문제가 생기는 하자를 종종 볼 수 있었을 것이다.

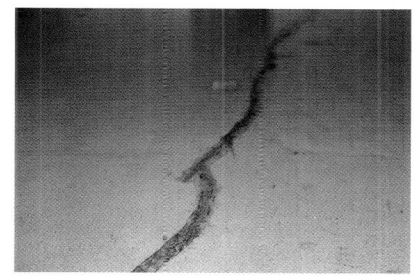
무근 콘크리트를 타설한 지하 주차장에서 균열을 보수한 흔적을 보기는 어렵지 않다

무엇이 문제인가

일반적으로 지하 최하층 주차장바닥 마감은 기초 슬래브+방수 +

건식 소우 커팅의 작업 모습. 아직도 한쪽에서는 콘크리트 면처리를 하고 있다

무근 콘크리트+바닥 마감재로 설계된다.

무근콘크리트의 경우 마감도면에 조인트에 대한 언급이 없고 건축주가 설계 변경을 해주지 않을 경우 대부분의 현장이 바닥에 소우 커팅(saw cutting)을 한다. 왜냐하면 가격이 저렴하고 시공이 간단하기 때문이다. 하지만 소우 커팅(saw cutting)의 경우 크랙을 완전히 제어하지 못하기 때문에 시공 후 크랙의 정도가 심할 경우 많은 비용을 투자해서 조인트나 바닥마감을 재 시공하기도 한다.

따라서 여기에서는 지하 최하층 주차장바닥 줄눈 설치시 검토하였던 소우 커팅(saw cutting)과 신축줄눈재에 대해 설명하고자 한다.

소우 커팅(saw cutting) 시공시 유의사항

무근콘크리트에 주로 시공하는 습식 소우 커팅의 경우 m당 단가가 1,500~2,000원 정도로 저렴하지만 시공시 다음 사항에 유의하여야 한다.

첫째, 습식 소우 커팅의 경우 콘크리트 타설 후 3~4일 이상 양생 후 커팅을 하게 되는데 콘크리트의 건조 수축은 초기에 급속하게 진행되다가 차차 완만해 지므로 커팅을 하기 전에 크랙이 발생할 경우 유도 커팅은 효과가 적다. 따라서 콘크리트 타설후 습윤양생을 철저히 하고 가능한 빠른 시간내에 커팅을 하여야 한다.

둘째, 무근 콘크리트의 경우 보통 120~200mm 두께로 시공하게 되는데 일반적으로 소우 커팅의 경우 방수부위 파손이나 비용 때문에 상부에 30~50mm 정도만 커팅을 하게 된다. 이런 경우 줄눈의 균열 유발 성능이 낮아져, 의도하지 않은 부분에 균열이 발생할 가능성이 있다. 또한 크랙 방지를 위해 무근 콘크리트 타설시 철근을 깔아 시공하였다면 수축팽창이 부분적으로 철근으로 전달

되어 균열이 예상치 못한 곳으로 집중될 수 도 있다. 따라서 커팅 부위로 크랙을 유도하기 위해서는 철근을 커팅 위치에서 완전히 분리시켜야 좋은 효과를 볼 수 있다.

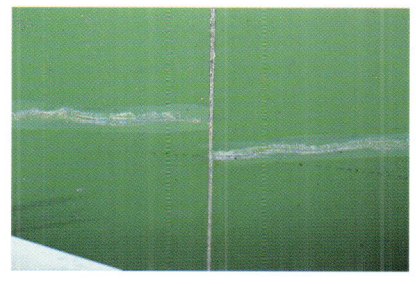

소우 커팅을 했으나 의도하지 않은 방향으로 균열이 발생할 수도 있다

셋째, 방수후 무근 콘크리트를 바로 타설하면 무근 콘크리트가 바탕과 일체가 되어 하부 구속 상태에서 상부에 크랙이 발생하므로 임의 부분으로 크랙이 발생할 확률이 높다.

따라서 분리된 무근 콘크리트만의 선팽창을 유도하기 위해서는 방수공사 후 비닐을 깔아 콘크리트와 방수 바탕면을 분리시켜야 한다.

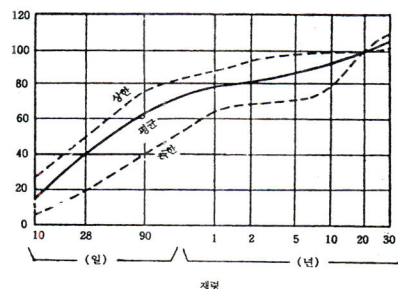

콘크리트의 초기 수축 시험결과 재령 일년의 수축량은 12년간의 수축량의 80% 정도가 진행된다[1]

1) 한국 콘크리트 학회, "최신콘크리트 공학, 제11장"

소우 커팅시 최선의 선택은…

어떤 방식이든 소우 커팅의 경우 완벽하게 크랙을 방지하기에는 분명 한계가 있다. 따라서 소우 커팅시 시공기술자가 할 수 있는 최선의 방법은 콘크리트 타설시 초기균열(dry shrinkage)을 방지하기 위해 습윤양생을 철저히 하고, 콘크리트가 완전히 경화되기 전에 커팅을 해서 단면을 약하게 해야 한다.[2] 그러기 위해서는 기존 습식 커팅 보다는 단가가 다소 비싸지만 건식 커팅(2,500~4,000원/m)이 커팅시기 면에서 유리하다. 참고적으로 건식 커팅은 콘크리트 타설 후 1일 이내에도 커팅이 가능 하고 물을 사용하지 않기 때문에 작업 후 청소도 쉽다고 한다.[3]

2) Edited By Mark Fintel, Handbook Of Concrete Engineering,

3) AF건설 (건식커팅) 자문 (2009년 현재 연락 안됨)

신축 줄눈재 시공시 유의사항

신축 줄눈재를 사용하면 콘크리트 타설 전에 콘크리트를 완전히 분리시키므로 콘크리트 양생시 건조수축에 대응이 가능하고 균열 발생도 최대한 억제 시킬 수 있다. 신축 줄눈재로 시공할 경우 줄눈의 간격이나 폭만 제대로 검토하면 어느 정도 크랙을 방지할 수 있는 반면 시공비가 m당 11,000원 정도로 비싼 편이다.

신축 줄눈재의 경우도 시공시 다음 사항에 유의해야 한다.

첫째, 신축 줄눈재 시공시 콘크리트 타설 중 자바라에 의해 줄눈재가 파손되지 않도록 몰탈로 튼튼하게 고정해야 하고 콘크리트 높이(level)에 맞게 정확히 설치하여야 한다.

둘째, 콘크리트 타설시 줄눈재가 콘크리트에 덮히지 않토록 시공하여야 한다.

제물치장 콘크리트 마감인 경우는 콘크리트 타설시 콘크리트가 줄눈재보다 낮게 시공되면 면처리 기계(finisher)가 줄눈에 걸려 시공이 어려우므로 작업자는 줄눈재를 콘크리트로 완전히 덮어서 시공하려 한다. 그러나 차후 줄눈 코킹을 위해 줄눈재 상부를 제거할 경우 줄눈 상부재가 주변 콘크리트와 함께 떨어져 미관적으로 문제가 되고 줄눈 상부재 제거에도 많은 인원이 투입되어야 한다. 따라서 콘크리트 타설시 줄눈재 상부가 보이도록 쇠흙손으로 마무리를 잘하는 세심함이 필요하다.

콘크리트 타설시 자바라의 충격에 부딪쳐 줄눈재가 파손되지 않도록 튼튼하게 고정해야 한다

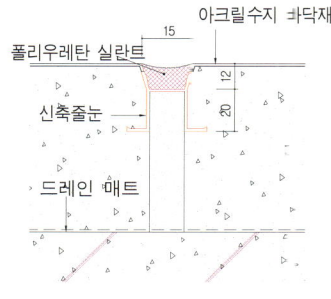

신축 줄눈재 설치 단면도(좌)
제물치장 콘크리트 마감은 콘크리트 타설 후 면처리 기계를 사용한다(우)

셋째, 신축줄눈 설치시 설치간격과 폭을 사전에 검토해야 한다.

콘크리트의 열팽창계수는 배합에 따라 조금은 달라지지만, 보통 100만분의 7~13정도로 대략 100만분의 10정도로 볼 수 있다. 이 크기는 철의 팽창계수와 거의 같아 길이 10m의 콘크리트는 1℃의 온도변화에서 0.1mm정도의 길이 변화인데, 8m 간격에 30℃의 온도변화를 가정하면 수축, 팽창폭은 2.4mm정도로 예상할 수 있다.

균열 발생을 최대한 억제 하려면…

균열을 최대한 억제하기 위해서는 비용이 좀 더 발생하더라도 신축 줄눈재의 설치를 권하고 싶다. 우리현장의 경우도 발주자, 감리자의 협의를 통하여 기둥간격 8.0m마다 폭 20mm의 신축 줄눈재를[4] 시공하였는데 공사가 완료된지 2년이 지난 지금에도 신축

[4] 칼리코 신축줄눈재, www.caliko.com
(02)3272-2311

지하 최하층 주차장 바닥을 신축 줄눈재를 사용하여 시공하였다(좌)
콘크리트 타설시 줄눈재가 콘크리트에 덮힌 부분은 줄눈선이 깨끗하게 살아나지 않았다(우)

줄눈재로 시공한 부분에는 균열이 발생하지 않았다. 그러나 공사 완료후 한가지 아쉬운 점은 콘크리트 타설시 줄눈재 일부 부분에 콘크리트가 덮여 줄눈선이 깨끗하게 살아나지 않은 점이다.

콘크리트 타설시 신축 줄눈재가 콘크리트에 덮이지 않도록 관리 감독을 좀더 철저히 하지 못한 것이 아쉬웠다.

사전에 문제제기 필요

우리 나라도 바닥 무근콘크리트의 조인트 설치 방법에 대해 마감도면에 설계가 되어야 하고 마감 도면에 반영 되지 않았을 경우 발주처에서 시공사가 알아서 할 일 이라고 한다면 차후 하자 발생에 따른 책임 소재를 분명히 하기 위해 시공사에서는 사전에 문제 제기를 발주처에 해 두는 준비자세가 필요하다.

바닥 온돌용 BST 경량 콘크리트

온돌 시스템의 발전 과정

추운 겨울날 밖에서 놀다가 방에 들어와 따뜻한 아랫목에 깔린 이불 밑으로 몸을 넣고 추위를 녹이던 때의 행복감을 추억으로 가지고 있는 사람들이 많을 것이다. 방바닥의 따뜻한 느낌은 우리나라의 독특한 난방 시스템으로 바닥 전체에서 올라 오는 온기로 난방을 하는 형태(panel heating)로 서양식 입식구조의 라지에이터에서 발산되는 온기보다 훨씬 정겨운 난방 방식이 아닌가 싶다. 그래서인지 주거형태가 한옥에서 아파트로, 생활 패턴도 좌식에서 입식으로 변화 되었음에도 온돌 방식은 아직도 계속 개선, 발전되며 사용되고있다. 최종 바닥재가 장판지에서 모노륨, 온돌마루판, 황토 장판지 등 유행에 따라 짧은 주기로 바뀌고 있는 반면에, 축열층과 마감층으로 구성된 온돌 시스템은 축열층이 기능적인 차원에서만 조금씩 개선될 뿐 큰 변화없이 지금껏 사용되고 있다.

'60년대 아파트에 온돌이 처음 도입될 시기에는 한옥의 구들처럼 연탄의 열기를 직접 바닥으로 통과시키는 방법을 사용하였다가, '70~'80년대는 온수가 파이프를 통해 회전하는 간접 난방의 도입과 더불어 축열재로써 자갈층이 사용되었고, '80년대 말부터는 경량 기포콘크리트 및 플라이 애쉬 기포 콘크리트, 경량 콘크리트, 축열보드 배관판 등이 축열재로 시공되고 있다.

콩자갈 축열층 공법의 문제점

온돌 시스템의 원설계가 축열층이 자갈층으로 구성되어 시공시 몇 가지 문제점이 예상되었다. 먼저 콩자갈은 공급하는 데가 거

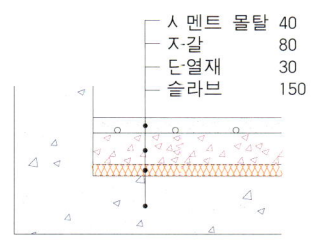

자갈을 축열층으로 이동하는 방안은 몇 가지 문제점이 있었다

의 없어 구하기도 힘들지만 시공적인 면에서도 옛날에야 소위 꿈 방이라고 불리는 등짐으로 나르는 것이 보편적이었으나 최근에는 인력으로 콩자갈을 나르는 것은 비용의 과다를 떠나서 시간과 인력 수급에 무리가 예상되었다. 성능면에서도 이 공법은 '80년대 중반까지 쓰였던 연탄 보일러의 과열 방지에 유효한 공법이었다. 그러나 이런 요건만으로는 발주처에 설계변경의 당위성을 설명하기에는 불충분하였다. 그래서 당초 도면의 문제점을 근거있는 자료를 통해 검토하고 예상되는 문제점과 해결 방안을 발주처와 함께 논의하였다.

자료에[1] 따르면, 콩자갈 축열층은 열적과다(熱的過多) 현상으로 축열에 필요한 시간이 2~3시간이나 소요되고, 초기난방(30분 이내)에 필요한 난방비가 많이 투입되어 난방 비용이 상승한다. 또한 자갈 포설시에도 자갈을 밟고 다니면서 바닥에 기 설치한 동파이프의 손상 하자 사례가 빈번하다는 문제도 있었다.

바닥에 설치하는 스치로폴의 경우도 층간 단열효과를 높이기 위해 설치되므로 개별 난방인 경우는 유효하겠으나 중앙 난방에서는 전세대가 동시에 난방이 되므로 필요가 없었으며[2] 품질면에서도 스치로폴 설치시 바닥 충격음에 대한 저항이 유리한 면은 있었으나[3] 콘크리트 바닥면이 완전한 수평면이 되기 어려우므로 스치로폴의 밀착이 안되어 들뜸 현상이 발생하기 쉽고 특히 피아노 등의 집중하중이 가해지면 방바닥이 압축 침하 되는 문제가 있었다.

이런 문제점에 대하여 발주처에 검토를 요청하였고 발주처에서도 문제점이 있음이 이해되어 개선 방안을 함께 찾아보기로 하였다.

콩자갈 축열재를 대체할 방안의 검토

위의 문제점을 해결할 수 있는 방안을 찾기 위해 다른 현장에서 사용되고 있는 몇가지 방안들을 검토해 보았다. 근래 온돌의 축열재로써 경량 기포콘크리트 또는 기포 콘크리트가 많이 사용되고 있다. 기포 콘크리트의 품질은 기포 발생의 균일함에 달려 있는데 기포 발생량이 불확실하여 강도가 약한 부분에서는 상부의 몰탈이

1) 쌍용건설 기술연구소 "건기총서 시리즈 4 - 온돌공법개선 (I)" 1995

2) 건축물의 설비기준에 관한 규칙 제21조
3) 적정 온돌 구조체 선정을 위한 실험연구 '대한주택공사' 1988

깨지는 하자가 발생하는 등 품질 관리가 어렵다. 물론 각각의 공법들에 대해 발생할 수 있는 문제를 예상하여 대비하면 얼마든지 좋은 품질을 확보할 수 있을 것이다. 그러나 실제의 일은 기능공에 의해 이루어지므로 최대한 단순하게 불확실성이 더 적은 쪽으로 생각이 기울어 지게 된다.

여기서 소개하고자 하는 BST 경량 콘크리트 축열재는 그 당시('97년 후반기) 사용되기 시작하였던 자재로써 균일한 품질이 가능하여 소정의 강도와 열전도율이 확보될 수 있는 축열재였다. BST란 스치로폴 알갱이에 표면 부착력을 높여주는 분말을 코팅하여 콘크리트(또는 몰탈) 내에서 부력보다 부착력을 크게 하여 재료분리가 되지 않는다는 간단한 원리로 제조된 제품이었다. 이 자재는 구조용 원형 스치로폴을 사용하면 가격이 비싸지만 온돌 축열재용으로 쓰일 경우는 재생 스치로폴로 비정형의 형태로 만들어 지므로 가격이 저렴하다.

BST 원자재(좌)와 시멘트를 혼합한 후 (우)

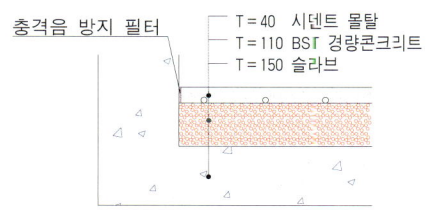

BST 경량 콘크리트를 축열층으로 사용하는 단면도

BST 경량 콘크리트 시공 방법

사용되는 몰탈은 현장에서 수동혼합하여 저조할 경우 배합이 정확히 될 수 없어 균일한 품질을 확보하기가 불가능하다고 판단하여 비용이 좀 더 발생하더라도 품질확보 차원에서 공장 혼합 몰탈(ready-mixed mortar)을 사용하였다. 공장혼합 몰탈(ready mixed mortar)을 스퀴지(squeeze) 펌프로 각 실의 타설 부위까지 압송(pumping)한다. 사전에 각 실에 필요한 만큼 운반되었던 BST 자재를 압송된 몰탈과 함께 소형 믹서가 혼합하면서 곧바로 바닥에 포설하게 된다. BST 경량 콘크리트는 표1, 2와 같이 배합량에 따라 강도와 열전도율을 달리 할 수 있다. 슬럼프와 열전도율이 현장에 적합한 비중 1.3의 배합을 선택하였다.

작업량은 믹서 1대로 1일 30 m³ 작업이 가능하며 작업조는 1조

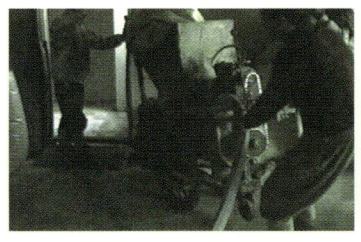 

현장으로 운반된 몰탈은 믹서에서 각방으로 운반되어 BST 자재와 혼합한다(좌). 각방으로 압송(Pumping)된 몰탈과 기 운반된 BST 알갱이를 혼합하는 소형 믹서(우)

(Crew)에 8명으로 구성된다.

BST 경량 콘크리트위에 배관 및 미장을 시공하고 최종 마감할 때까지 약 4개월이 경과하였는데 바닥미장에 균열이 거의 발생하지 않았다. 그러한 이유는 BST 자재의 부피에 비해 몰탈의 구성비가 낮아 수축량이 적었고 기포 콘크리트를 사용할 때는 바닥 미장과 들뜸 현상이 발생하는 데 비해 BST 경량 콘크리트는 바닥 미장재와의 부착력도 좋기 때문이 아닌가 하는 생각이 든다. 다만 BST 경량 콘크리트는 자체 강도가 약하기 때문에 설비 배관 고정을 위한 크립이 자주 빠지는 경향이 있었는데 사전에 고정방법에 대한 좀더 구체적인 검토가 필요하다고 생각한다.

BST 경량 콘크리트는 바닥의 강도가 약해 설비 파이프를 고정하기 위한 크립이 빠지는 현상이 있었다

표 1 배합 재료량

구분 비중	단위 재료량 (kg/m³)					비 고
	BST(m³)	Cement	Sand	Water	A.D	
1.0	0.9	300	400	260	-	sand 표면수 : 4 (%)
1.1	0.85	280	550	260	-	
1.2	0.71	240	800	260	-	
1.3	0.64	230	840	230	-	
1.4	0.57	280	860	210	0.6	
1.5	0.5	350	860	220	0.7	
1.6	0.43	410	950	230	0.82	
1.7	0.4	450	1,000	230	0.9	

표 2 시험 결과

시험항목 비중	슬럼프 (cm)	Air (%)	열전도율 (Kcal/mh°)	압축강도(kg/cm²)			비 고
				3 일	7 일	28 일	
1.0	경량으로	30	0.13	10	18.3	26.7	
1.1	슬럼프	28.5	0.15	13.2	24.6	34.3	
1.2	측정불가	24	0.17	12.2	22.4	32.6	
1.3	12.5	22	0.19	12.7	25.6	40.4	
1.4	13.5	20.5	0.21	26.2	43.6	68.2	
1.5	15.0	14	0.23	40.3	58.7	90.2	
1.6	16.0	12.5	0.26	46.4	69.8	106.8	
1.7	17.0	12	0.28	51.4	94.0	121.3	

항상 발생하는 바닥 미장의 균열 방지 논리

바닥 미장 균열은 해결될 수 없는가?

현장에서 공사를 수행하다 보면 그냥 두면 나중에 하자가 발생될 것을 알면서도 뾰족한 대안이 없거나 관리하기가 너무 힘들어 그냥 시공해 버리는 경우가 종종 있는데 그 중의 하나가 바닥 미장공사이다. 벽 미장의 경우는 초벌과 정벌을 나누어 시공하고 적당한 간격으로 비드(joint bead)를 설치하면 균열을 방지하거나 원하는 곳으로 유도할 수 있다. 그러나 바닥 미장의 균열에 대하여는 특별한 대안을 세우지 못한 채 시공을 하게 된다.

국내 한 건설회사의 조사에[1] 의하면 바닥 미장에서 발생하는 균열은 아파트의 경우 평균 $0.44m/m^2$, 균열 폭 평균 0.55mm로 발생하며 이와 관련하여 위에 깔린 장판지가 물결치듯 볼록 나오는 하자가 발생한다고 조사되었다. 실제 한 아파트 단지는 전체 세대의 70~80%의 바닥재를 갈아 주어 하자 보수비로 수 억원이 들어간 사례도 있다 한다. 물론, 바닥에 온돌이 없는 일반 사무실의 바닥 미장도 많은 균열이 발생하고 있다. 바닥 미장에 균열이 발생하게 되면 균열이 더 커지면서 골조 바닥과 분리되어 들뜸도 생겨 이 부분을 밟을 때마다 '통통' 소리가 나게 된다. 일부가 아니고 바닥 전체가 들고 일어나는 경우도 있는데 보수를 하기 위해서는 들뜬 부분을 걷어 내고 재시공해야 한다.

1) 쌍용건설 기술연구소 "온돌구조체 설계변경 검토서" 1996.

균열의 진행

미장 바닥에 균열이 발생하면 더 커지면서 바닥과 분리되고 들뜸도 생긴다

바닥 균열의 원인은 가수(加水)로 인한 건조 수축

바닥 미장의 균열 원인은 여러 가지가 있겠으나 응결에 필요한

물 이외에 잉여수로 인한 건조수축이 주원인이라고 하겠다. 그렇다면 바닥미장 균열의 가장 큰 원인인 가수(加水)를 못하게 하면 되지 않느냐고 반문할 수 있지만 위에서 언급한 대로 현장의 실정은 그렇게 간단하지 않다.

우리 나라에서 사용하는 짤순이라고 불리는 몰탈펌프(squeeze pump)는 장비에 따라 틀리지만 타설부위가 높을수록 충분히 질지 않으면 압송(pumping)이 어렵다. 압송(pumping)을 무리하게 하면 펌프의 송압력을 가하는 부분의 고무 튜브가 터져 작업을 할 수 없으므로 현장 담당자는 작업 진행 때문에 가수(加水)를 묵인하고 있는 경우도 있다.

바닥 미장시 균열 방지를 위한 해결책

7층의 아파트를 시공하는데 있어 바닥 미장의 균열을 방지하기 위해 다음과 같은 논리적인 접근을 해보기로 하였다.

첫째, 현장에서 수동으로 배합하여 혼합하는 몰탈을 사용하지 않고 공장혼합 몰탈(ready mixed mortar)을 사용하기로 했다. 물론 가격면에서만 본다면 현장에서 수동 배합하는 몰탈보다는 비싸지만 추후에 예상되는 바닥미장의 균열을 방지하는 최선의 방법이라고 생각하였다. 왜냐하면 현장 믹싱은 배합이 감각으로 이루어져 시멘트, 모래, 물의 계량이 정확히 될 수가 없으므로 품질관리를 포기하는 것과 같다.

둘째, 압송시 가수(加水)하지 못하도록 관리하였다.

작업시 가수(加水)를 못하게 하는 것은 담당자로서는 큰 어려움

바닥 미장의 균열을 방지하기 위하여 반드시 공장혼합 몰탈(ready mixed mortar)을 사용해야 한다(좌)
현장에서 가수(加水)를 못하게 하기 위해서는 담당자로서는 큰 어려움이 따른다 (우)

이 따르게 된다. 보통 바닥미장 계약시 협력회사 사장은 가수하지 않겠다고 하지만 현장에서 기계를 운전하는 근로자들은 기계에 무리를 주지 않으려고 막무가내로 물을 타는 경우가 많다. 심지어 가수를 못하게 하면 작업을 안하고 가버리겠다고까지 하는 경우도 있다. 그러므로 우리 현장에서는 담당 기사를 현장에 배치하여 가수를 감시하고 가수를 강행하려고 하면 경우에 따라서는 작업을 중지시키거나 협력회사 사장을 불러 협조를 구하였다. 7층 높이의 건물 공사시 가수를 하지 않았지만 걱정했던 펌프의 고무튜브는 터지지 않았다.

셋째, 팽창성 혼화제를 사용하였다.

건조수축은 모든 시멘트의 양생 중에 발생하며 굵은 골재가 없는 몰탈의 경우는 특히 심하다. 균열을 억제하고자 예전에는 화이버 글래스 등의 보강재를 사용하기도 하였으나 지금은 거의 사용을 안하고 있다. 그 이후 플라이 애쉬(fly ash)가 쓰이기도 했으나 아직까지 비싼 자재여서 우리나라에서는 값싸게 안정적으로 공급되지 않고 있는 실정이다. 근래에는 몰탈의 건조수축을 팽창제로 상쇄하여 균열을 방지하는 방안이 사용되고 있다.

현재 사용되는 몰탈의 균열 방지재는 아우인계(hauyne) 광물(calcium sulfo aluminate) 팽창재와 CaO-CaSO4 계 팽창재가 있으며 CaO-CaSO4 계열은 타설 초기 균열 방지 효과가 있으나 약 4개월 후에는 급격히 균열이 발생한다고 한다.[2]

우리 현장에는 아우인계인 엔드 크랙(end-crack)[3] 이라는 제품을 사용하였다. 확실하게 몰탈과 믹싱이 되게 하기 위해 레미콘 공장과 협조하여 큰 자루에 담긴 혼화재를 레미콘 트럭(agitator truck)이 현장으로 출발하기 전에 인력으로 털어 넣어 현장까지 도착하는 시간

2) 정성철 외 2인 '액상 균열 방지재에 의한 공동주택 바닥 모르터의 균열 저감에 관한 실험적 연구, 대한건축학회 논문집 15권 1호, 1999
3) 삼건개발㈜(2009년 현재 연락 안됨)

팽창제의 논리는 보통 콘크리트를 팽창하게 하여 수축을 보상해 주는 것이다

까지 약 30분 정도 믹싱이 되도록 하였다.

위의 방법으로 하부의 BST 경량 콘크리트 위에(173쪽 바닥 온돌용 BST 경량콘크리트 참조) 바다 미장 몰탈을 타설하였는데 공사후 약 4개월 동안 실크랙 하나 발견되지 않았다. 타설 후 계속 관심을 갖고 관찰하였더니 5개월째가 되면서 0.1mm 이하의 실크랙이 2가 방에 1개소 정도, 수치로 표현하자면 0.025m/m² 정도가 발생하여 양호한 결과를 얻었다

다우인계 팽창성 혼화재를 레미콘 트럭(agitator truck)에 인력으로 혼합하였다

기계화 공법으로 표준화된 시공을 ….

우리 현장에서는 팽창성 혼화제를 레미콘 트럭(agitator truck)에 인력으로 혼합하는 방법을 사용하였지만 레미콘 공장과 협조가 되었다면 뱃처(batcher)의 자동 계측 탱크에서 배합이 될 수 있도록 하여 더 좋은 결과를 얻을 수 있지 않았을까 생각해 본다. 누군가 한번 시도를 하려 한다면 레미콘 공장과 협조하여 인력으로 하는 방법이 아닌, 자동 배합이 될 수 있는 방법으로 시공을 해 보았으면 하는 바램이다.

또한 바닥 미장시 균열을 방지하기 위해선 현장 혼합 몰탈이 아닌 공장혼합 몰탈(ready mixed mortar)의 사용이 규정되어야 하고 높은 위치까지 가수하지 않고도 타설이 가능한 펌프의 개발이 하루 속히 이루어져야 한다고 생각한다. 그러기 위해서는 설계자가 작성하는 시방서에 공장혼합 몰탈과 팽창재 등이 반영이 되어야 하고 관공사 및 민간 발주처의 내역서, 그리고 국가 표준 품셈까지 바뀌어야 한다고 생각한다.

그렇게 하지 않으면 바닥 미장의 균열 문제는 계속 해결하지 못하는 문제로 남기 될 것이다.

타일, 석공사

타일 압착공법시 시험을 통한 접착재 선정
타일의 모서리 처리
바닥 석공사 시멘트 오염과 백화 방지
외벽에 사용듸는 혹두기 석재, 크기에 따른 두께 검토
정교한 인력 가공이 가능했던 중국석 사용
계단 논스립 마감에 대한 아이디어
실란트에 의한 석재 오염 방지

타일 압착공법시 시험을 통한 접착재 선정

타일 압착공법은 좋은 접착재의 선정이 중요

타일로 마감된 건물에서 군데군데 타일이 떨어져 있는 것을 종종 보게 된다. 예전의 타일 붙임공법은 시공이 간단하고 바탕면의 오차를 쉽게 보완할 수 있으므로 보수가 쉬운 떠붙임 공법이 많이 사용되었다. 그러나 떠붙임 몰탈이 타일 뒷면의 모서리 부분에 채워지지 않아 공극이 생길 경우 작은 충격에도 파손되기 쉽고 백화현상이나 겨울철 동파로 인한 하자가 생기는 경우가 많았다.

타일 붙임공법으로 개선공법이 많이 소개되고는 있으나 보편적으로 벽체에 바탕 미장을 하고 타일을 붙이는 압착공법이 많이 사용되고 있으며 대부분의 시방서에도 압착공법의 사용을 명시하고 있다. 그러나 압착공법은 타일 작업자의 숙련도에 따라 또 사용하는 접착재에 따라 떨어지는 하자가 발생할 확률이 많으며 보수방법도 어렵다. 또 작업 절차가 복잡하여 떠붙임 공법보다 비용이 많이 들어 대부분의 작업자들이 되도록이면 떠붙임 공법으로 하려는 경향이 있다. 여기서는 압착공법으로 시공할 때 발생할 수 있는 하자요인을 분석하고 그에 대한 방안을 이야기 해보고자 한다.

타일이 군데군데 떨어져 있으면 보는 이의 눈살을 찌푸리게 한다

압착 타일공법의 시공 순서

압착 타일공법의 시공 순서는 방수공사 이후에 타일 시공도(shop drawing)에 맞추어 아다리라 일컫는 레벨 팩(level pack)을 설치하고 바탕 미장을 하게 된다. 바탕 미장위에 타일 접착재를 도포한 후 타일의 뒷발이 접착재와 밀실하도록 쳐주어 타일을

붙이며 접착재가 완전히 강도를 발휘하기 전에 줄눈을 약간 파주고 그 위에 줄눈을 시공한다. 여기서 타일 박락의 하자가 발생하는 요인은 거의 타일 접착재에서 찾을 수 있다.

타일 시멘트로는 타일의 탈락 하자 방지에 한계가 있다

시방서에 타일공법은 타일 시멘트를 사용한 압착공법으로 명시되어 있었다. 하자가 발생했던 현장을 조사해 보니 주로 타일 시멘트를 사용한 곳이 많았다.

타일 시멘트는 가격은 저렴하나 하자의 주요 원인인 오픈타임(open time)에 영향을 많이 받으며 이 오픈타임은 시공 당시의 온도나 습도 등 외기의 영향을 많이 받으므로 압착공법은 하자가 발생할 확률이 높다고 판단되었다. 그래서 오픈 타임의 영향을 덜 받는 자재의 선정을 위하여 부착력 시험을 실시해 보기로 하였다.

현장 시험을 통한 타일 접착재 선정

국내에 많은 타일 접착재가 있음에도 가격과 성능면에서 어떤 자재가 좋은지에 대해 참고할만한 자료가 없었다. 결국 타일 접착재로 현장에서 사용될 수 있는 5종류의 자재를 선정하여 부착력 시험을 실시하기로 하였다. 선택된 자재는 시방에 명시된 타일 시멘트, 본드 종류인 S사의 PC-3000, S사의 PC-7000, 에폭시 본드, 그리고 외산 자재인 라티크리트 L-4237 이었다.

시험 방법은 KSL-1592에 따라 시편을 3개씩 1조로 선정된 자재를 사용하여 붙인 후 20일간 양생한 뒤에 측정장비로 타일의 부착력을 측정하였는데 표1 과 같은 결과를 얻었다. 시험 결과는 타일시멘트, PC-7000, 에폭시 본드 그리고 라티크리트가 합격품으로 판정되었다. 특히 에폭시 본드와 라트크리트는 시편이 부숴지며 떨어질 정도로 접착력이 좋아 보수 공사시 기존의 타일 위에 타일을 시공하여도 괜찮을 정도로 접착력이 우수하였다. 시험 결과를 바탕으로 경제성과 시공성 면을 살펴보면 타일 시멘트는 하자 사례가 많았고, 에폭시 본드와 라티크리트는 값이 너무 비싸 현장

시편을 3개씩 1조로 각각의 접착재로 붙이고 20일간 양생하였다

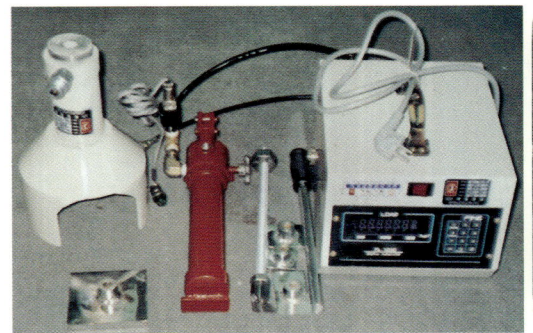
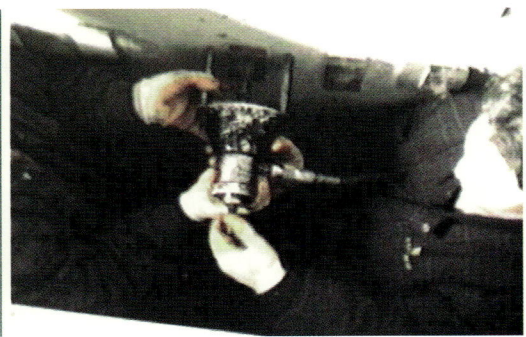

타일 부착력 테스트 장비(좌)
타일 부착력 테스트 장면(우)

표1 KSL-1592에 따른 타일 접착력 테스트 결과   (합격기준 4Kg/m²)

NO	자재명	부착력	합격여부
1	타일시멘트	4.09Kg/m²	○
2	PC-3000	2.91Kg/m²	×
3	PC-7000	5.55Kg/m²	○
4	에폭시본드	시편이 부숴지며 분리	○
5	라티크리트 L-4237	지면이 부숴지며 분리	○

적용이 어려웠다.

결국 우리 현장으로서는 PC-3000을 품질 개선한 PC-7000을[1] 선정하였는데 20kg의 일액형 캔으로 제작되어 운반이 용이하고 시공이 간편하였다. 원가적인 측면에서는 다소 금액증가가 있었지만 하자발생 후 보수하는 비용과 회사의 이미지 손상까지 고려한다면 어느 정도 금액상승을 감수해볼만 하다고 생각하였다.

위에서 언급한 자재들의 특징을 정리하면 표2와 같다.

1) (주) 쌍곰 www.ssangkom.co.kr
(02) 2271-3030

표2 타일 압착 붙임 자재 비교표

항목	타일 시멘트	PC-7000	에폭시본드	라티크리트(L-4237)
특징	1. 오픈타임이 짧아 외기의 영향을 많이 받는다. 2. 단가가 저렴하다.	1. 오픈타임이 길어 유리하다. 2. 시공성 양호하다. 3. 자재의 이동 사용이 편하다.	1. 온도및 습도의 영향이 적다. 2. 접착력이 우수하다. 3. 단가가 비싸다.	1. 접착력이 우수하다. 2. 두 가지 성분으로 섞어서 사용한다.
m²당 수량	5.2kg	1.5kg	1.5kg	용액1.5ℓ, 규사 5.8kg
m²당 단가 ('97년 단가 시공비 별도)	480	2,800	11,300	16,900

라티크리트와 레미탈의 사용도 고려해 볼만 ….

당시는 공기에 쫓겨 사용하지 못하였지만 라티크리트 L-4237 액을 가격이 비싼 규사대신에 시멘트와 모래가 혼합된 레미탈과 혼합하여 사용했다면 품질도 좋으면서 단가도 타일 시멘트와 비교할 때 크게 상승하지 않는 단가로 사용할 수 있었을 것이라고 생각한다.

타일의 모서리 처리

화장실에 가보면 그 건물의 품질 수준을 알 수 있다

건물내에서 화장실은 많은 사람들이 사용하는 곳으로 화장실을 통하여 은연중에 그 건물에 대한 품질평가가 이루어진다고 생각한다. 화장실 내부의 타일 줄눈선이 소변기 선과 맞지 않거나, 벽이나 바닥에 쪽 타일이 눈에 띄게 보이거나, 바닥의 구배가 잘못되어 바닥에 군데군데 물이 고여있다면 화장실을 사용하는 사람들은 그 건물에 대하여 좋은 평가를 내리지는 않을 것이다.

또한 일반인들은 그냥 지나칠 수도 있겠지만 화장실 코너 부분에서 타일 마구리가 그대로 노출되어 있다면 건축 기술자들은 조금만 더 신경썼더라면 좋았을 걸 하는 아쉬움을 갖게 될 것이다. 왜냐하면 타일은 코너마감 처리에 따라 깔끔해보이거나 정성껏 시공한 것이 표현될 수 있기 때문이다.

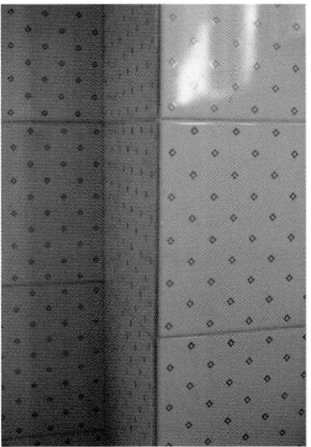

타일의 마구리 노출은 보는 이로 하여금 건물을 성의있게 시공하지 않았다는 인상을 줄 수 있다

타일의 코너 처리 방안

일반적으로 많이 사용되는 타일의 코너 처리방법은 타일의 한쪽 면을 45°로 면취시킨 후 시공하는 방법으로 시공후 미관은 좋은 반면 타일 시공전 타일을 별도로 면취공장에서 가공하고 다시 반입하여 시공해야 하므로 작업 절차가 복잡하다. 그리고 시공 후에도 시공부위가 약하여 잘 파손되는 단점이 있다. 면취 단가는 대략 타일 자재와 운반비를 별도로 약 1,000원/m(97년 후반기 단가)

타일의 면취 후 코너 처리는 모서리가 약하여 잘 파손되는 결점이 있다(좌) 피브이씨(PVC) 기성품 몰딩은 미관도 깔끔하고 유지 보수도 좋으며 단가도 저렴하다(우)

정도이고 코너처리에는 2장이 소요되므로 2,000원/m 정도가 된다.

다른 방법은 최근에 사용하고 있는 기성품 몰팅을 사용하는 것이다. 이는 압착타일 공법에만 사용하며 재질은 피브이씨(PVC), 알루미늄, 스텐레스, 황동류가 있고 색상이 다양하므로 타일의 색상에 따라 선택할 수 있다.

단가는 PVC 재질이 2,000~4,000원/m, 알미늄 재질이 4,000~7,000원/m, 스텐레스는 수입제품으로 16,000원/m 정도이다.[1]

우리 현장에서는 타일의 코너처리를 당초 시방서대로 타일을 45° 면취하는 방법으로 시공하였으나 시공 후 모서리의 파손이 많아 백시멘트로 자주 보수를 해주어야 했다. 그러나 타일 시공이 거의 완료될 무렵 경향 하우징페어를 관람하다가 피브이씨(PVC) 몰딩을 알게 되어 좋은 아이디어라는 생각에 발주처와 협의하여 남은 시공 부위는 기성 몰딩을 사용하였다. 시공 후 미관도 깔끔하고 코너의 파손이 없어 유지 보수도 좋았으며 원가도 면취와 같은 단가로 시공할수 있어 미리 알고 적용했더라면 하는 아쉬움을 가졌다.

1) 참스라인 www.charm-sline.com
(02) 514-3217

바닥 석공사 시멘트 오염과 백화 방지

석공사의 하자는 시멘트 오염과 백화

마감이 화려한 건물에서 화려함에 감탄 했다가 바닥에 깔린 돌이 검게 시멘트 오염 되어있거나 계단 부위에 발생한 하얀 백화현상을 보고 아쉬워 한 적이 있을 것이다. 최근들어 건물이 고급화되면서 사람의 왕래가 잦은 홀이나 로비 또는 외부 광장이나 진입로 등을 석재로 시공하는 건물이 늘어 나고 있는 추세지만 위에서 언급한 하자가 발생하면 건물의 이미지에 손상을 입게 된다.

일반적인 습식 바닥 석공사 시공방법은 시멘트와 모래를 작은 양의 물과 함께 혼합한 바탕 몰탈을 건비빔 하여 바닥에 깔아주고 시멘트물(cement paste)을 뿌린다음 그 위에 석재를 올려놓고 고무망치로 레벨을 맞추어 가며 석재를 붙이게 된다. 그리고 줄눈으로 시멘트와 잔모래를 섞어 채워 넣게 되는데 이러한 시공방법은 근본적으로 외부의 물이 바탕몰탈 내부로 침투 하였다가 시멘트 성분과 함께 석재에 침투하여 생기는 시멘트 오염이나, 물이 빠져 나오면서 발생하는 백화현상 등의 하자가 발생할 수 있는 요인을 안고 있다.

바닥에 깔린 돌이 하얗게 백화가 생기면 건물의 이미지를 손상 시킨다(좌)
시멘트 물이 줄눈 사이로 빠져 나가면서 석재 오염을 일으킨다(우)

백화와 시멘트 오염의 해결방안

 외부바닥이 대부분 화강석으로 설계되어 있었고 외부에 노출된 계단이 많아 백화나 시멘트 오염 등의 하자가 우려 되었다. 그렇다고 백화나 시멘트 오염을 방지하기 위해 바닥 시공시 시멘트를 사용하지 않을 수는 없는 일이었다. 이를 해결하기 위하여 해외에서 바닥석을 붙이기 위해 사용한다는 라티크리트(laticrete) 4237이라는[1] 자재를 검토하게 되었다. 이 자재는 미국에서 생산되는 제품으로 유럽 등지에서는 이미 보편화 되어 사용되고 있다는 얘기를 들었다. 라티크리트 4237은 접착재로서 라티크리트 211이라는 규사 계통의 미세 골재이 혼합하여 사용하도록 제작된 자재로써 타일, 석재등의 시공에 사용하고 접착강도 또한 일반시멘트 보다 3배 이상 뛰어나다고 하였다.

 단가는 바닥 석공사에 사용할 경우 ㎡당 자재비가 약 4,000원('96년 기준, 두께 6mm) 정도로 다소 비싼 편이지만 라티크리트 사용시 석재 시공을 위한 바탕몰탈 삭제가 가능하고 제물치장 콘크리트 위에 시공할 수 있어 건물내부의 경우 층고를 50mm정도 더 확보할 수 있는 장점이 있었다.

 시공 방법도 바닥 석재 시공전 바닥에 라티크리트를 6mm정도 접착재처럼 바르고 석재를 붙여 나가면 되므로 공기단축의 효과도 예상 되었다. 또한 라티크리트 줄눈재의 경우도 사용시 부착력 증가와 방수성이 뛰어나 줄눈을 통한 물의 침투를 최소화하여 석재에 얼룩이 지는것을 막아주며, 줄눈재의 색상이 다양해 석재의 재질에 따라 여러가지 색상의 선택이 가능 하였다. 다만 m당 단가(줄눈폭 6mm)가 500원 정도로 일반 몰탈에 비해 비싼게 흠이었다. 또한 라티크리트 바닥 접착재

습식 바닥 석공사 시공방법은 쭈꾸미라 불리는 시멘트 바탕 몰탈을 깔고 시멘트 풀(cement paste)을 뿌려 석재를 붙인다

1) 동서코퍼레이션
www.dongsuh.net (02)564-0330

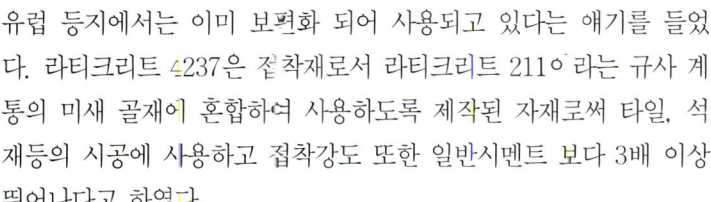

 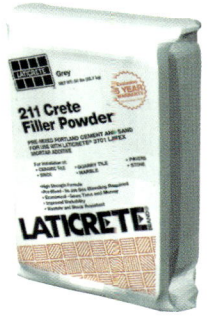

라티크리트 자재는 미국에서 생산되는 제품으로 유럽등지에서는 이미 보편화 되어 사용되고 있다고 한다

및 줄눈재의 국내 시공사례가 없어 현장 샘플 시공을 통하여 현장적용 유무를 검토해 보기로 하였다.

석재두께 차이로 사용하지 못한 라티크 리트 접착재

샘플 시공은 시멘트 몰탈을 사용하여 시공하는 기존의 시공방법과 라티크리트 접착재를 사용하여 시공하는 두 가지 방법에 대해 검토하였으나 시공중 전혀 예상치 못한 문제점이 발견 되었다.

현장에 반입된 석재의 두께차이를 검토해 보았더니 40mm의 경우 ± 3mm정도의 오차가 있었다. 기존 공법은 60mm정도의 바탕 몰탈로 시공하므로 ±3mm정도의 두께 차이는 시공에 전혀 문제가 되지 않으나 라티크리트 접착재는 두께 6mm정도에서 시공이 되므로 석재두께 차이가 ±1mm이상 나면 레벨을 맞추기 위해 접착재 두께를 증가시켜야 하고 이럴 경우 기존 공법에 비해 시공비 상승이 예상되었다.

따라서 어느 정도 석재 레벨을 맞추기 위해 접착재 두께를 10mm이상으로 시공해 보았으나 시공후 돌의 하중에 의해 접착재가 갈아앉는 현상이 발생하여 접착재의 두께를 키우는 방법은 단가적인 측면뿐만 아니라 시공적인 측면에서도 문제가 예상 되었다.

외부의 물은 석재줄눈을 통해 바탕몰탈로 침투 하는 경우가 많으므로 라티크리트 줄눈재를 검토하기 위해서 기존 방식인 시멘트 몰탈 줄눈과 비교하여 샘플 시공을 하였으며, 외기에서 같은 조건

시멘트 몰탈을 사용한 돌붙임 공법 (좌)
라티크리트를 사용한 돌붙임 공법 (우)

시멘트 몰탈을 줄눈재로 사용한 경우는 방수효과가 적어 줄눈재 주변이 오염되었다(좌)
라티크리트 줄눈재를 사용한 경우는 번짐 현상이 거의 나타나지 않았다(우)

으로 30일간 노출양생 시킨 결과 시멘트 몰탈을 줄눈으로 사용한 경우는 방수 효과가 적어 줄눈 주변으로 물이 먹어서 검게 오염되는 현상이 일어났으나 라티크리트를 줄눈재로 사용한 경우는 번짐 현상이 거의 일어나지 않았다.

라티크리트 적용 방안

라티크리트를 바닥석재 접착재로 사용 하려던 당초계획은 바닥석재의 두께의 오차를 ±1mm이내로 제작하는 기술적인 사항이 해결 되지않아 결국 줄눈재만 현장에 적용 하기로 하였다.

라티크리트 줄눈재는 분말과 액상으로 구분 되어 있어 시공 전에 혼합 시공하면 된다. 시공시 특별한 문제점은 없었으나 일반적으로 줄눈 시공후 젖은 걸레를 통하여 줄눈 주변을 청소하게 되는데 접착력이 강해 시멘트몰탈로 시공할 때보다 청소하는 데 품이 많이 들어 갔다. 그러다보니 줄눈시공을 하는 아주머니들은 청소를 쉽게 하기 위해 라티크리트 용액에 물을 넣어 시공하는 경우도 발생할 수 있으므로 시공시에는 특별한 관리 감독이 요망 된다.

또한 분말과 액상은 손으로 잘 섞이지 않으므로 사전에 핸드 믹싱기를 준비하여 작업자가 효율적으로 작업을 할 수 있도록 미리 준비가 되어야 한다.

적용 결과

　석재 두께의 오차로 바탕 접착재로는 사용하지 못하였으므로 라티크리트에 대한 전반적인 평가는 어렵지만 1년 6개월이 지난 현재 시점에도 석재줄눈에는 번짐현상이 거의 나타나지 않아 줄눈재로서의 사용효과는 있는 것으로 확인 되었다.

　바탕 접착재로서 석재에 적용하지 못했으나, 라티크리트의 품질을 확인하기 위해 두께가 거의 일정한 석재타일에 일부 적용하였다. 석재타일은 시멘트 몰탈면과의 부착력이 석재보다 낮아 탈락의 하자가 많은 자재이다. 이 석재 타일 시공에 라티크리트액과 몰탈을 비벼 적용하였는데 시공시에도 강력한 접착력을 느낄 수 있었고 시공후 1년이 훨씬 지난 지금에도 백화나 떨어짐의 하자는 발생 되지 않았다.

　따라서 석재 두께만 정확히 가공할 수 있다면 바닥석 시공시 라티크리트 접착재를 사용하여 기존의 습식 공법의 낭비적인 요소를

광장 잔혹두기 바닥줄눈을 라티크리트 줄눈재를 사용하여 시공 하였다

석재타일 일부 부위를 라티크리트 접착재를 사용하여 시공하였다

없애고 추가적인 단가 상승없이 품질 확보 및 하자방지 (백화, 시멘트 오염 등)가 가능할 것으로 판단되었다.

또한 바닥석재나 석재타일 시공시 라티크리트 분말 대신에 프리몰을 사용하여 라티크리트 용액과 섞어 시공하는 것도 괜찮을 것으로 판단 되므로 원가절감 차원에서 시간적 여유를 두고 검토 해 보는 것도 좋을 것이다.

현재로서는 이러한 자재에 대하여 외국의 자료를 토대로 비교 검토하는 수준에서 현장 적용을 검토할 수 밖에 없지만 라티크리트란 자재도 일종의 접착재이므로 우리 나라에서도 이같은 접착재에 대한 제품 개발과 사용기준이 정립되어 저렴한 가격으로 사용될 수 있었으면 하는 바램이다.

외벽에 사용되는 혹두기 석재, 크기에 따른 두께 검토

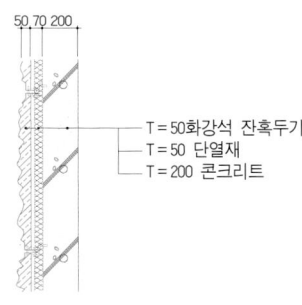

1,050×710mm, 두께 50mm 잔혹두기로 설계된 외벽 석재 마감

화강석 혹두기 두께 50mm로 제작이 가능한가?

건물마감이 고급화되면서 석재는 마감자체의 아름다움으로 인해 내·외장재로 많이 사용 되고 있다. 그러나 각종 마감이나 석재크기에 따른 적정두께를 산정하는 자료가 거의 없어 석재 설계시 특히 외부 혹두기 설계시 적정하지 않은 두께로 설계되는 경우가 있다.

우리 현장의 경우는 당초 도면에 외벽 석재 크기가 1,050×710mm, 두께 50mm 혹두기로 설계되어 있었고 계약 내역서에도 두께 50mm로 반영되어 있었다.

혹두기 가공의 최소 두께 검토

화강석은 주요광물의 결정입도의 대소, 결정 입자의 방향에 의하여 화강석의 절리 즉 결을 형성하게 되고 혹두기 가공은 이 결을 따라 화강석을 잘라내어 표면을 가공하는 것이다.

일반적으로 혹두기 가공은 석재를 양쪽으로 쪼개어 제작을 하므로 쪼갤때 최소 20~30mm 오차가 발생하게 되고 정자국을 없애기 위해서는 30mm를 따내야 한다. 그리고 보통 에도라고 불리는 테두리 몰딩이 들어갈 경우 20mm가 더 소요되고 위·아래를 연결하는 고정철물을 위해서는 30mm가 더 필요하다. 따라서 이론적으로 최소 100mm가 필요 하게 되는 것이다. 하지만 석재시공 전문회사에서는 혹두기와 같은 형상을 가공하기 위해서는 석재 크기가 1,050×710mm정도면 석재두께가 최소 150mm이상은 되어야 한다고 하였다.

이것은 자재비의 증가라는 비용문제 뿐만아니라 디자인 문제가 동시에 발생하므로 이때부터 발주자 및 설계자와 함께 문제를 해

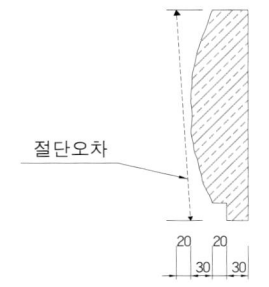

혹두기로 가공하기 위해서는 이론적으로 두께가 최소 100mm가 필요하다

결하기로 하였다. 이러한 문제점을 설계자에게 제시하였으며 설계자는 가공 과정을 직접 확인하고 문제점을 검토해 보기로 하였다.

석재 가공공장에서 혹두기 가공 두께 검토

먼저 크기 1,050×710mm의 큰 원석을 상부에 간 쇄기를 박아 쪼개어 보았더니 편차가 50mm이상이 발생하여 측면까지 쇄기를 조밀히 박아 쪼개어 보기로 하였다.

먼저 큰 원석에서 300mm두께의 판석은 큰 편차없이 쪼갤 수 있었으며 그것을 다시 150mm의 판석으로 쪼개는 과정에서 관석이 전체면으로 쪼개지지 않고 일부만 쪼개져 실패하였다. 따라서 이번에는 250mm로 쪼개기 위하여 500mm를 큰 편차없이 쪼개고 그 반 크기인 250mm로 쪼개기 위해 아주 조심해서 작업을 하였더니 25mm정도의 편차를 내며 석재를 절단 할수 있었다.

수차례 이와같은 시험결과를 종합해 보면 도면상의 크기인 1,050×710mm로 석재를 절단하기 위해서는 석재두께가 최소 250mm는 되어야 한다는 판단을 할 수 있었다. 이것을 커팅(cutting)하면 하나의 두께가 125mm가 된다.

300mm원석을 150mm로 쪼개다 실패를 하였다(좌)
500mm원석을 아주 조심해서 작업을 하였더니 25mm정도의 편차를 내며 석재를 절단할 수 있었다(우)

적용 가능한 다른 마감 검토

설계자는 이러한 문제점을 석재 가공공장에서 직접 확인하였고 새로운 석재마감을 검토하기 위해 서울의 주요 건물을 시공사와 함께 둘러보았다. 그리고 잔다듬, 고보다시,[1] 피죽[2] 등 별도 마감에 대해 검토 하였으나 잔다듬의 경우 비용도 상승하지만 종교건물인 우리현장 분위기와는 어울리지 않았으며 고보다시의 경우는

1) 고보다시 : 네모난 돌을 반으로 쪼갠 마감, 일반적으로 작은크기(15-20cm)를 많이 사용
2) 피죽 : 석산에서 채취하는 단위인 1.5×1.5×1.5m 크기의 석재 덩어리의 외부면

덕수궁 석조전의 기둥은 모서리에 각을 주어 석재 매스를 강조 하였다

성공회 건물의 외벽은 석재 정다듬으로 마감하였다

혹두기와 거의 같은 절차로 절단이 되고 절단 후 정자국을 떼내야 하므로 두께를 50mm로 하기에는 무리였다.

또한 피죽의 경우도 석재 덩어리의 한쪽 면만 사용하므로 물량 확보가 어렵고 단가도 맞지 않았다. 추가적으로 덕수궁의 석조전과 같이 모서리 부분에 각을 주어 석재매스를 강조하는 방안과 성공회건물처럼 외부에 정다듬을 주는 방안도 검토하였으나 설계자는 이러한 마감들이 외관 디자인과는 어울리지 않는다는 판단을 하였다.

석재 크기에 따른 혹두기의 최소 두께

지금까지 검토한 자료를 종합해볼 때 석재 크기 1,050mm × 710mm를 혹두기로 만들기 위한 석재 최소두께는 계산상으로 두께 80mm로 가공이 가능하지만 현재의 가공 기술력이나 혹두기 형상을 감안할 때 두께 150mm 정도는 되어야 하며 그 절반 크기

최종적으로 석재 크기는 당초 크기의 절 반인 710X520mm, 두께는 100mm정도 로 시공하였다

인 710×500mm의 경우도 계산 상으로는 최소 두께 80mm로 가공이 가능하지만 혹두기 다운 형상을 가공하기 위해서는 최소 두께 100mm 이상은 되어야 한다는 결론을 얻었다.

석재 두께의 변경과 크기 조정

두께 50mm로는 혹두기 가공이 어렵다는 결론이 났지만 비용증가를 우려한 발주처에서는 두께 변경을 결정하지 못하였다.

그 시점에서 가격이 다소 저렴한 중국석에 대해 현장적용 가능성에 대한 검토가 이루어지고 있는 중이었고 중국석에 대해 어느 정도 예산 절감이 예상되자 최종 적으로 석재 크기는 당초 크기의 반인 710×520mm, 두께 80mm로 변경되었다. 따라서 전체적인 건물 입면 디자인도 석재크기에 따라 변경 되었고, 그후 시공도 특별한 문제없이 마무리 할 수 있었다.

정교한 인력 가공이 가능했던 중국석 사용

석공사의 골치거리 이색

석공사를 하다보면 관리하기 힘든 부분중 하나가 돌의 이색(異色)문제이다. 이색을 방지하기 위하여 시공전 돌을 바닥에 깔아 색상을 확인한 후 시공하여도 시공 후 또다른 느낌의 이색이 보여지거나, 외벽석의 경우 흐린날에는 이색이 보여지지 않다가 건물에 햇빛이 비춰지면 이유를 알 수 없는 이색이 나타나기도 한다. 특히 국내석의 경우는 이색뿐만 아니라 석재 공급능력에도 한계가 있어 규모가 큰 현장에서 국내석을 사용할 때는 사전에 충분한 검토가 이루어져야 한다.

당초 우리현장은 외벽과 바닥 등 건물 외부마감 대부분이 국내석으로 설계되어 있었고 총 9,291㎡의 석재를 상기와 같은 문제점 없이 현장에 공급하기 위해서는 충분한 검토기간이 필요했다. 검토기간 중 석재로 마감된 건물을 몇군데 견학하였는데, 그 중 중국석으로 시공한 Y대 상경관 건물은 좋은 품질을 보여주고 있었으며, 검토과정에서 가격과 공급능력도 적정한 것으로 조사되어 중국석에 대한 구체적인 검토를 해 보기로 하였다.

1) 복주도원비 금속광제품 유한공사,
중국 TEL 86-591-751-0894

국회의사당의 외부 석재는 시멘트 오염에 의해 이색(異色)져 보인다

중국석 검토를 위한 중국 석산 방문

중국석에 대해 검토하는 과정에서 국내에서 중국석을 취급하는 회사[1]를 알게 되었고 그 회사를 통하여 중국에 직접 가서 적용 타당성을 검토해 보기로 하였다. 중국 방문전에는 사회주의 국가에 대한 막연한 긴장감과 설레임이 어느 정도 상존하였으나 상해국제공항에 도착하였을 때는 여기도 똑같이 사람

사는 곳이구나 하는 생각이 들었다. 동남아에 현장견학을 갔을 때도 느꼈지만 중국도 일본에 대한 감정은 좋지 않겠지만 곳곳에 일본 기업들이 많이 진출해 활발히 활동하고 있었다.

석산의 규모는 방대하였으며 공장 시설은 국내보다 조금 노후하였으나 기능공의 작업 모습에서 일에 대한 강인한 열정을 엿볼 수 있었다. 또한 일본에서 꾸준한 주문을 하고 있어 공장은 아주 바쁘게 움직였다.

중국의 석산은 국가 넓이 만큼이나 방대한 규모를 느낄 수 있었다

석재의 품질 검토

먼저 혹두기 가공공장에서는 미리 제작 의뢰한 도면에 의거 제작품을 검토하였다. 먼저 수십장을 현장 석재시공도(shop drawing)에 의거 바닥에 배치하여 이색정도를 체크 하였으나 이색은 전혀 찾아볼 수 없었으며 혹두기 모양 또한 자연스럽게 다듬어져 있었다. 그러나 석재 가공치수가 대부분 1~2mm정도의 오차를 내고 있어 큰 문제는 아니었으나 정확도에서 수준이 떨어지지 않나 하는 생각이 들었다. 따라서 정확도에 대한 인식을 현지 공장책임자에게 심어주기 위하여 뭔가 보여주고 싶었다. 같이 동행한 석공사 전문회사[2] 소속 기술자는 수십년의 석재가공 경험을 통해 아주 간단히 치수오차의 원인을 찾아 내었는데 자가 그 원인이었다.

그들이 가지고 있는 자는 일제, 중국제등 가지각색 이었고 1m을 비교해본 결과 1m에서 무려 1~3mm의 오차가 발생하였다. 그들은 지금까지 일본에서도 수없이 현장을 방문했으나 자까지 이렇게 꼼꼼히 체크 한적은 없었다고 하였고 우리는 전체자를 통일하는 것이 좋겠다는 제안을 하였다. 이러한 치수 오차는 버너구이 판재 가공공장에서도 똑같

2) 동아대리석 (2009년 현재 연락 안됨)

석재를 현장시공도에 의거 바닥에 배치하여 돌에 대한 느낌과 이색에 대한 확인을 하였다

사전에 샘플로 제작 의뢰한 석재를 통하여 제품의 정확도를 확인 하였다

이 나타났다.

혹두기, 버너, 물갈기, 잔다듬등의 가공공장을 둘러보며 품질 및 기술력을 확인 할 수 있었으며 어느정도 중국석 사용에 대해 확신이 서자 공장 담당자에게 다음과 같은 요청을 하였다. 모든 가공석재 원석은 이색방지를 위하여 한 장소에서 채석한 석재를 사용하고, 석재 가공시 정자국을 많이 내어 인위적인 혹두기를 만들지 말며, 버너판재 내부면에 골진 것은 사용하지 않토록 하였다. 또한 제작품의 허용오차에 대한 한계와 제품포장 등에 대한 협의도 하였다. 또한 수작업으로 하는 버너작업을 지양하고 자동버너 및 물갈기 기계설치에 투자해 줄 것을 요청하였다.

중국 석산 방문 결과

중국석산 및 가공공장을 견학한 결과, 중국석 사용시 이색에 따른 문제는 거의 없을 것으로 판단되며, 기능공의 가공 기술력이 뛰어나고 경제적이어서 현장적용에 어느정도 확신을 가질수 있었다. 다만 자재발주부터 반입까지 한달정도 소요되고 국가신용도가 낮다는 점이 부정적으로 작용하지만 사전에 충분한 계획을 세워 작업을 추진키로 하였다.

중국에서 가져온 선정 시험용 자재를 국가공인 시험기관에 시험의뢰를 하였는데 결과도 좋게 나왔다. 따라서 다음과 같은 사전예방 대책을 강구하고 중국석을 사용키로 하였다. 먼저 일정량의 원석을 반입하여 불량품 및 긴급히 제작이 필요한 제품은 국내에서 제작하고 최소한 석재 시공전 3개월전에 자재를 발주하여 자재 반입지연에 따른 손실을 사전에 방지키로 하였다. 또한 약속 미이행에 따른 피해를 방지하기 위하여 석재가 현장에 반입한 것에 대해서만 기성을 지불키로 하였으며 품질 확보를 위해 주기적으로 가공공장을 방문키로 하였다.

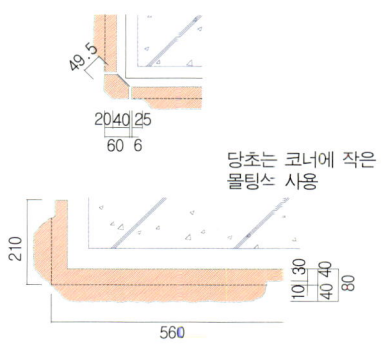

'ㄱ'자 통석으로 가공한 코너석으로 변경   통석으로 가공한 코너석

석재 두께의 변경과 설계 변경

발주처에서도 시공사의 이러한 노력을 긍정적으로 평가해 주었고 석재 두께도 당초 혹두기 두께도 50mm에서 80mm로 어느 정도 현실성 있게 설계변경이 되었다. 또한 중국석의 기술력과 경제성을 최대한 활용하기 위하여 시공상세도도 일부 보완하였다.

당초 코너석이 맞댐하는 방식(그림 참조)이었으나 통석으로 변경하였으며 테두리석 또한 미적요소를 좀더 가미하여 설계하였다. 그리고 외벽석에 외부몰딩, 십자가 등의 문양을 새겨 넣었고 또한 넓은 광장의 당초 석재타일은 떨어지는 하자가 우려되어 잔다듬 판석으로 변경하여 시공하였다.

중국석 사용결과

당초 예상했던 바와같이 석재 가공수준은 뛰어났으며 이색에 대한 문제도 전혀 발생되지 않았으나 다음과같은 미비점이 발생되었다.

첫째, 발주에서 현장반입까지 한달이 소요된다고 하였으나 시공시 두달 이상 소요되는 경우도 발생하였으며

둘째, 불량품이 반입될 경우 부분적으로 국내에서 즉시 제작하여야 했는데 일부 중국으로 재발주 하는 바람에 1~2개월 가량 후속작업이 지연되는 경우도 발생하였다.

테두리석에 디자인을 가하여 미관, 물 흘림, 먼지오염 방지를 개선했다(좌)
상부 버너 마감과 하부 혹두기 마감의 경계선 역할을 한 테두리석(우)

셋째, 자재발주량이 많아지면서 일부 선발주 물량이 후발주 물량보다 늦게 반입이 되었고 중국의 장마기간 및 구정 연휴때는 두달 가까이나 작업이 진행되지 않은 점은 작업추진에 큰 어려움이었다. 따라서 외부 화강석 석재를 중국석으로 사용하는 것이 그 당시 상황으로서는 약간의 모험적인 면도 있었으나 결과적으로 품질이나 원가적인 측면에서 큰 성과가 있었다.

우리도 국제 경쟁력을 키우자

석재에 대해 검토하면서 한가지 아쉬운 점은 우리나라 석재산업이 너무 영세하다는 점이다. 국내 석재 전문회사에서 가공하여 시공하는 석종은 대부분이 국내석으로 한정되어 있고 그나마 그것도 공급능력의 한계와 이색문제로 규모가 큰 건축물 적용에는 어려운 점이 있지않나 생각된다. 따라서 많은 고급 건축물에서 이러한 문제가 해결이 안되어 국내석 보다 몇배 이상 비싼 외산자재를 사용하고 있는 것이 우리의 안타까운 현실이다.

우리나라도 석재 가공 장비나 기술력을 향상시켜 국내석 위주로 가공하는 수준을 탈피하여야 한다. 따라서 미국이나 스페인, 이테리 등 석재산업 선진국처럼 국내석뿐만 아니라 전세계의 좋은 석질의 원석을 국내에 반입 또는 확보하고 현지 가공등을 통해 또다시 전세계 시장에 내다 팔수 있는 기술경쟁력을 갖춘 기업이 자리를 잡아야 하지 않나 생각을 해본다.

계단 논스립 마감에 대한 아이디어

소홀히 하기 쉬운 물갈기 내부계단 논스립

계단의 마감 형태를 보면 일반적으로 외부계단은 버너마감, 내부는 물갈기 마감으로 설치된다. 내부의 홀이나 로비와 같이 사람이 많이 다니는 부분의 계단은 화강석이나 대리석으로 시공하는 경우가 많은데 석재로 시공한 계단 디딤판의 논스립의 마감형태는 대부분 2~3개의 홈을 파는 방법이 대부분이다.

계단 논스립 무엇이 문제인가

이러한 논스립 마감은 홈 부분에 먼지나 이 물질이 끼어 지저분해 보이기 쉽고 청소를 하려면 일일이 홈 부분을 파내어 청소를 해야 하므로 홈이 파손되거나 청소에도 비효율적이다. 홈의 폭은 대부분 3~5mm정도로 하는데 이 정도로 논스립 역할을 제대로 할 수 있을까?

현장에서 간단히 시험해본 결과 구두를 신었을 때에는 논스립 효과가 거의 없는 것처럼 느껴졌다. 그래서인지 어떤 건물에서는 홈이 파여 있는 디딤 판에 별도 논스립재를 붙이기도 하고, 홈을

홈이 파여 있는 디딤판에 별도 논스립을 붙여 홈이 파인 논스립의 역할을 의심케 한다(좌)
디딤판에 홈을 파지 않고 물갈기로만 논스립 처리하는 경우도 있다(우)

파지 않고 상부를 90도로 각지게 만들어 시공 하기도 하나 이는 논스립의 효과가 적어 결국 논스립 테이프 등으로 추가 시공하게 되는 경우도 있었다. 그러나 논스립 테이프도 영구적인 방법은 못되 시간이 지남에 따라 논스립 테이프가 벗겨지거나 닳아 없어져 보기 흉하게 되는 경우가 많았다.

좀더 괜찮은 논스립 시공방법이 없을까 ?

버너마감 논스립 시공 사례

현장에서 여러 가지 논스립 설치방안에 대하여 검토한 결과 일정 폭의 버너마감으로 논스립을 시공하는 방법을 생각하게 되었다.

가공방법은 먼저 디딤판 상부를 물갈기로 가공한 다음 앞 부분을 약 50mm폭에 5mm깊이로 양쪽 커팅을 하고 그 내부에 버너구이로 처리하는 방법이다. 시공후 논스립 효과도 뛰어나고 미관적으로도 단순하고 깔끔해 보였다. 처음에는 버너 가공 부위 양쪽에 커팅을 하지 않고 버너가공을 하였으나 버너마감 선이 일정하게 살아나지 않아 지저분해 보이는 것을 개선한 방안 이었다. 단지 생각만으로는 버너마감 논스립에 대한 정확한 느낌을 전달하기가 쉽지 않다는 생각을 해보며, 직접 샘플을 만들어 확인해 볼 것을 권하고 싶다. 또한 설계 사무소에서도 이러한 마감 방법을 설계에 반영하면 좋은 반응을 얻을 수 있을 것이라 생각해 본다.

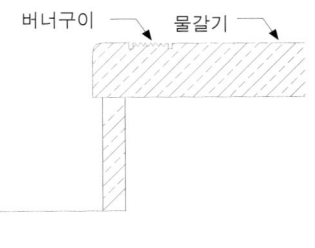

버너마감 논슬립 단면도

물갈기 디딤판에 일정폭의 버너마감으로 논스립을 시공하였다

실란트에 의한 석재 오염 방지

실란트는 다양한 외부 마감을 가능하게 한 일등 공신

건물의 외관이 20여 년 전만해도 붉은 벽돌이나 타일마감이 주를 이루었다고 기억한다. 그러나 요사이는 알미늄 복합패널, 돌마감, 전면 유리마감 등 고급화되고 다양화 되어가고 있다. 이러한 고급스런 다양한 마감이 가능하게 된 요인중에서 실란트의 개발을 빼놓을 수 없다. 내구성과 탄성, 그리고 인장력 등을 갖춘 실란트가 개발되었기에 외벽재료가 돌이든 패널이든 유리든 독립된 부재를 서로 결합하여 벽체를 형성할 수 있게 되었다고 생각한다.

실란트는 30~40년 전부터 개발되고 상품화 되면서 이제는 방수성, 내구성, 인장강도 성능을 거의 만족하는 보편화된 제품이 되었다.[1] 그러나 아직까지 실란트로 인해 마감재의 오염에 대하여는 연구가 아직 진행중에 있고 이에 대한 인식도 부족하여 건물에 얼룩과 먼지오염 등 미관을 해치는 현상을 자주 보게 된다.

1) O'Neil and Andreas T. Wolf, Effects of Weatherproofing Sealants on Building Aesthetics - Part II, Virginia K, 1997

석재 건물에서 실란트의 오염은 건물 전체의 품위를 떨어뜨린다

건물의 외관에 손상을 주는 실란트

건물은 시간이 지남에 따라 일정기간의 얼룩이 진다든지 퇴색하는 노화를 거치게 된다. 이때 건물에 나타나는 얼룩은 고건축에서는 건물에 역사적 가치를 주지만 현대의 건물에서는 지저분하게 보여 가치를 떨어뜨리는 등의 부정적인 영향을 준다. 얼룩과 퇴색

은 코킹이라고도 하는 실란트[2]에 의해 건물의 외관에 영향을 주는 경우가 많은데 특히 외장이 돌로 이루어진 웅장하면서도 중후한 멋이 있는 건물이 조인트에 사용된 실란트가 먼지오염이나 기름번짐 등으로 오염되어 건물의 품위를 떨어뜨리는 것을 자주 볼 수 있다.

시공 기술자들은 실란트 공사를 공사비가 적어 석공사에 비해 소홀히 할 수도 있으나 결과는 값비싼 외장재로 사용된 석재 전체에 영향을 주므로 사용전에 코킹의 특성과 오염발생 논리를 잘 알아야 한다고 생각한다.

실란트로 인한 마감재의 오염 종류[3]

실란트에 의한 미관을 해치는 가장 많은 예가 기름번짐(fluid migration)이다. 실란트 주위에 젖은 듯이 보이는 어두운 띠를 만드는 기름번짐은 줄눈에서 석재로 2~3mm부터 60~70mm까지 번지기도 한다. 발생 원인은 실란트로부터 흘러나온 잉여 유체(free fluid)가 돌과 같은 다공질의 마감면에 흡입되면서 나타나는데 상식적으로는 실리콘계통에만 나타난다고 생각하지만 거의 전 종류의 실란트에서 발생한다고 한다. 다공성 마감재의 기름번짐이 확산되는 범위와 속도는 실란트의 자유 폴리머와[4] 오일(fluid)의 점성과 양에 따라 결정된다고 한다.

먼지오염(dirt pick-up)은 실란트 표면에 공기중의 먼지가 쌓인 것을 말하며 주로 표면 양생 속도와 환경 조건에 따라 영향을 받는다. 실란트가 양생되기 전에 양생기간이 길 경우 현장의 많은 먼지가 엉겨서 생기는 경우와 실란트 표면이 양생된 후에도 실란트가

표면에 잔류 접착성을 갖는 경우 먼지가 누적되어 먼지 오염을 일으킨다. 이것은 닦아낸다고 지워지지는 않는다고 한다.

기름 줄무늬오염(fluid streaking)은 오일의 이

기름번짐(fluid migration)은 실란트로부터 흘러나온 잉여 유체 (free fluid)가 돌과 같은 다공질의 마감면에 흡입되면서 발생한다

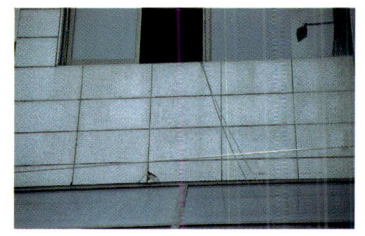 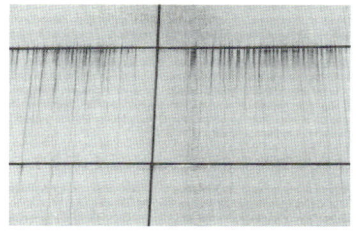

먼지오염(dirt pick-up)은 실란트 표면에 공기중의 먼지가 쌓인 것을 말하며 주로 표면 양생속도와 환경 조건에 따라 영향을 받는다 (좌)
기름 줄무늬오염(fluid streaking)은 오일의 이동에 큰 관계가 있으며 실란트에서 유출된 기름에 공기중의 먼지가 축적되었다가 흘러내림으로 생긴다 (우)

동에 큰 관계가 있으며 알미늄 복합 판넬 등 기공이 없는 마감재에 실란트에서 유출된 기름이 공기중의 먼지가 축적되었다가 흘러내림으로 생긴다. 이것은 둘리적인 청소에 의해 청소되기도 하지만 보통의 청소방법으로는 기름기가 제거되지 않기 때문에 곧 다시 발생한다.

기시공 현장조사를 통한 우리 현장의 사례

보통 국내에서 사용되는 석재용 코킹으로는 3종류가 있는데 실리콘 계통, 변성실리콘 계통, 우레탄 계통이다. 시방서에는 변성실리콘으로 되어 있었는데 아마도 기름번짐에 대한 방지효과가 크다는 이유였을 것이다. 기름번짐외에 먼지오염의 발생 가능여부와 내구 성능도 확인하기 위해 3가지 종류의 코킹으로 기시공된 다른 현장을 통해 알아보기로 하였다.

실리콘계 코킹으로 시공된 갤러리아 백화점은 '90년에 시공된 건물로 코킹의 내구성은 양호하고 먼지오염은 없었으나 약간의 기름번짐이 있었다. 변성 실리콘계 코킹은 '86년도에 시공된 종로의 여전도 회관을 조사하였는데 일부 부위가 양생되지 않아 손으로 누르면 들어가는 부분이 있었다. 아마도 이액형으로 주재와 경화재의 믹싱에서 그 양이 제대로 섞이지 않았기 때문일 것으로 생각되었고, 이는 잉여 기름이 많이 유출된다는 의미이며, 먼지오염과 기름번짐이 심했던 원인이 되었을 것으로 판단하였다. 그러나 대부분의 실란트는 탄성을 유지한 양호한 내구성을 보여주었다.

우레탄계 코킹은 '70년대에 시공된 세종문화회관을 조사하였는데 물론 오랜 시간이 지나서인지 코킹은 표면이 갈라지고 잡아당

변성 실리콘계 코킹은 이액형으로 주재와 경화재의 믹싱에서 그 양이 제대로 섞이지 않아 경화되지 않는 부분이 있었다

오일 오염이 없다고 알려진 변성 실리콘은 오일 오염이 있는 것으로 확인되었다 (좌)
우레탄계 코킹은 표면이 갈라지고 잡아 당기면 그냥 떨어져 나와 내구성이 좋지 않았다(우)

기면 그냥 떨어져 나와 거의 실란트로서의 수명을 다했다고 보이며 우레탄계 코킹이 내구성이 안좋은 것으로 확인되었다. 그러나 먼지 오염이나 기름번짐은 거의 없었다.

석재용 코킹의 선정 및 설계변경

조사결과를 바탕으로 다음과 같은 시공계획을 세웠다.

첫째, 이액형의 문제점을 개선

현장에서 배합하여 시공하는 이액형의 경우 배합 오류로 인하여 경화가 안될 경우 구조적 문제가 발생할 수 있으며 과도한 잉여기름으로 인하여 기름 번짐과 먼지 오염의 원인이 되고, 시공성도 불리하여 일액형을 사용하고자 하였다.

둘째, 변성 실리콘 기름번짐 확인

일반적인 상식처럼 알고있는 변성 실리콘이 기름번짐이 없다는 것은 자료조사에서도 언급되었지만 현장을 확인해본 결과 그렇지 않았다. 우리 현장은 위에서 언급한 문제점들이 보완된 코킹을 검토하다가 오일오염에 대한 성능이 개선된 실리콘계 DC977[1] 이라는 자재를 선정하게 되었다.

1) 한국다우코닝 www.dowcorning.co.kr (02)551-7600

셋째, 기름번짐과 먼지오염에 대한 시각적인 보완

당초 도면은 외벽석재가 맞댄이음으로 되어있어 기름번짐이나 먼지오염이 발생할 경우 이를 감출 수 있는 방법이 필요하였다. 이를 해결하기 위해 석재 두면에 몰딩을 두어 기름번짐이나 먼지오염으로 석재가 오염될 경우에도 몰딩부분에 그림자가 생겨 외부에서 볼 때는 그림자로 보이도록 처리하였다.

넷째 띠석에 물끊기홈 설치

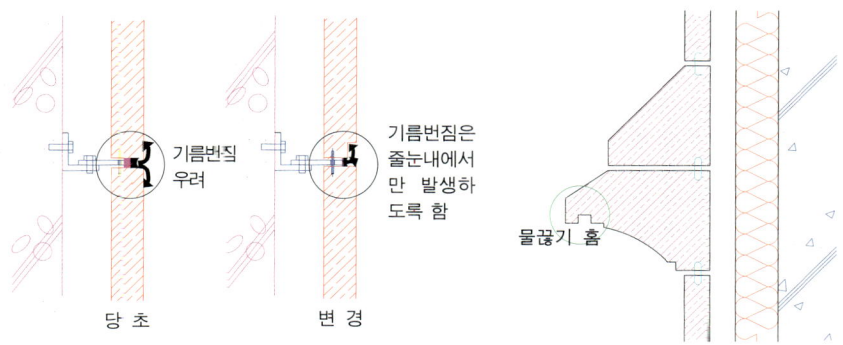

먼지오염을 방지하기 위해 석재 두면에 콜팅을 두어 외부에서 보면 그림자로 보이도록 하였다(좌)
빗물이 석재쪽으로 흐르지 않도록 물끊기 홈을 주었다(우)

당초 띠석의 형태가 물끊기 홈이 없어 비가 올 경우 빗물이 석재쪽으로 흘러 오염될 수 있었다. 이를 해결하고자 빗물이 석재쪽으로 흐르지 않도록 물끊기 홈을 두었다.

실란트 오염 매카니즘의 연구가 필요

실제 현장에서는 어떤 실란트가 내구성, 기본성능, 오염 정도를 발휘하는 지에 대한 정보를 얻기가 어렵다. 시간을 가지고 검토를 하다 보면 적정한 답을 구할 수는 있겠으나 현장의 한정된 인원과 업무로는 이를 모두 검토할 수는 없으므로 실란트에 대한 표준화된 시험방법, 또는 제작표준 등을 제정하여 현장 적용에 객관성을 갖을 수 있도록 개선이 요구된다.

가평석(加平石)　　　　　　　　　거창석(居昌石)

고창석(高敞石)　　　　　　　　　고흥석(高興石)

괴산석(槐山石)　　　　　　　　　마천석(馬川石)

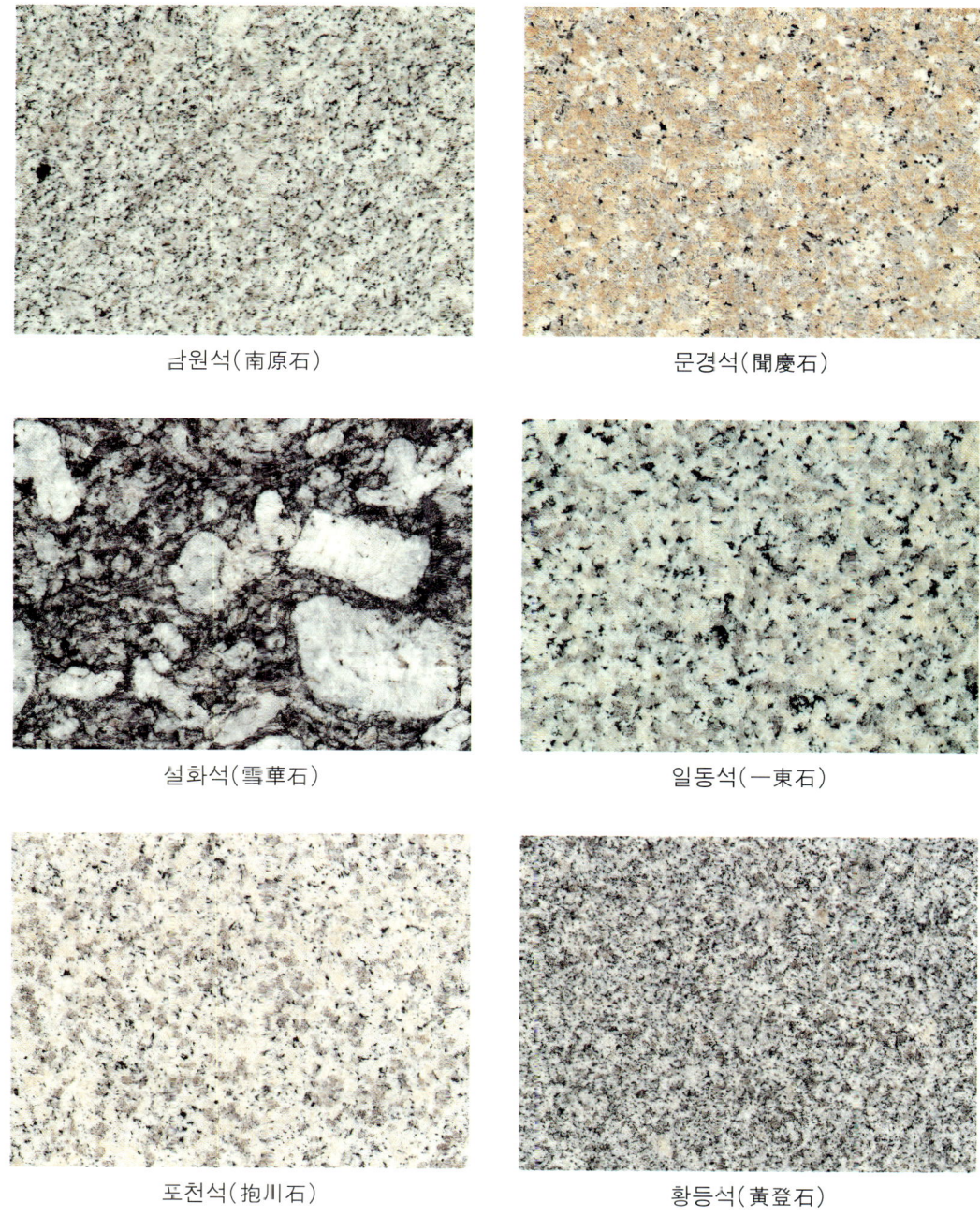

남원석(南原石) 문경석(聞慶石)

설화석(雪華石) 일동석(一東石)

포천석(抱川石) 황등석(黃磴石)

국내 최초로 사용된 이동식 간막이의 적정성 검토

큰방도 되고 여러 개의 작은 방도 되고

한정된 공간에서 큰 방도 필요하고 작은 방도 여러개 필요할 경우 필요한 모든 방을 다 수용 하려면 한정된 건축면적을 초과하게 되며 이 때 해결하는 방법이 간막이 벽의 변경일 것이다. 간단하게는 커튼으로 가려서 작은 방으로 나누거나 걷어서 큰방으로 사용하기도 하고 음식점에서는 간막이 문을 설치하거나 떼어내서 용도에 맞게 큰방과 작은방으로 사용하기도 한다. 이런 용도의 간막이 벽을 시스템화 하여 쉽게 설치·해체할 수 있고 차음 성능이 뛰어나며 견고하게 제작한 것이 이동식 간막이(movable partition) 이다.

이동식 간막이는 오피스 등에 사용 되기도 하나 대부분은 대,소 교육장이 필요한 종교시설, 다양한 규모의 호텔 연회장, 강연 규모의 변동이 많은 세미나실 등에 많이 설계되고 있다.

현재 국내의 호텔 연회장에는 낱개로 분리되어 이동할 수 있는 독립 패널(individual panel) 형태의 이동식 간막이가 많이 설치되어 있다. 막힌 벽처럼 보이지만 천정에 간막이를 따라 레일(rail)이 있다면 그 벽은 이동식 간막이 일것이다.

우리 현장에서는 국내 및 아시아에서도 사용된 사례가 없는 전동식 간막이와 아코디언 간막이 등 다양한 이동식 간막이가 사용되었다.[1] 학생들이 교육하는 교육실에는 신속한 설치, 해체를 위해 전동 모터로 작동되는 전동식 연속 패널과 전체가 한 세트로 이동되는 아코디언 간막이가 사용되었고 설치·해체가 빈번하지 않은 유치원과 식당에는 독립패널식이 사용되었으며 세미나실에는 독립패널이 모두 연결된 수동식 연속 패널이 사용되었다.

사용된 이동식 간막이는 전량 미국에서 수입되었다.[2] 여기서는 이동식 간막이는 누구에게나 생소한 자재일 수 있으므로 자재에

1) ㈜세진 월텍 (HUFCOR)
(2009년 현재 연락 안됨)

2) HUFCOR, Inc www.hufcor.com
미국 800-542-2371

대한 소개와 도면이 변경되는 과정, 그리고 시공상 유의사항에 대해 소개하고자 한다.

이동식 칸막이의 종류

첫째, 이동식 칸막이(operable partition)

천정의 트랙(track)을 다라 설치되는 칸닥이로 설치되어 있을때는 벽체처럼 보이며 견고하고 차음 성능도 좋으며 기종에 따라 3가지 종류가 있다.

① 페어드 패널(paired panel) : 2개 또는 3개가 연결되어 이동할 수 있도록 연결되어 있으며 트렉이 직선으로 설치된 곳에만 쓰일 수 있으며 높이가 비교적 낮고 설치 속도가 빠른 것이 요구되는 교실, 토론회장 등에 사용된다.

페어드 패널(paired panel)의 도면

② 독립 패널(individual panel) : 독립된 패널이 이동, 설치되며 트렉이 "ㄱ"자 형태처럼 꺾여 있어도 이동이 가능하다. 높이가 16m의 천정이 높은 벽에도 사용되며 다목적용으로 사용되는 교회시설, 호텔의 연회장, 전시장 등에 사용된다.

독립 패널(individual panel)의 도면

③ 연속 패널(continuously hingepanel) : 패널이 힌지로 모두 연결되어 함께 이동하며 대규모일 경우는 전동모터를 이용하여 이동할 수 있다. 트렉이 직선으로 설치된 곳에만 쓰일 수 있다. 설치·해체 속도가 빠르고 인력이 적게 소요되는 곳에 사용된다. 호텔 연회장, 학교 교육실 등에 추천된다

연속 패널(Continuously Panel)의 도면

'ㄱ'자로 꺾인 부분도 설치가능 하다.

식당의 독립패널 칸막이으 꺾어진 부분의 설치중 사진(좌)

칸막이 설치 후 사진(우)

꺾이는 부분의 고정 힌지

연속 패널의 저장고 전경

연속 패널 설치 전경

설치 후 전경

화이트 보드를 설치한 연속패널

패널이 만나기 직전

패널하부에서 혀를 내밀듯이 설치된다

패널 설치 후 하부씰이 완전히 설치된다

아코디언 칸막이(accordion partitions)의 도면

둘째, 아코디언 칸막이(accordion partition): 천정의 트렉을 따라 설치되는 칸막이로 주름식으로 펼쳐졌다 접혀졌다 하며 공간을 나누는 칸막이로 설치·해체가 쉽고 빠른 반면에 차음 성능은 약간 떨어진다. 접혀진 후의 부피가 작아 수납고가 작아도 되고 가격도 저렴하다. 학교 교실, 회의실, 종교시설에 많이 쓰인다.

아코디언 칸막이 설치 장면

아코디언 칸막이 설치후 전경

아코디언 칸막이 하부 고정 부분

낱장 칸막이(potable partition)

셋째, 낱장 칸막이(potable partition): 트렉이 필요없이 원하는 부분에 천정과 바닥에 지지되어 설치되는 패널로 가볍고 천정이 낮은 곳에 사용된다. 물건을 전시(display)하는 곳에 독립적으로

설치되기도 하며 박물관 등에 임시적으로 칸막이를 해야하는 곳에 사용된다.

이동식 칸막이의 작동원리와 세부기능

독립 패널의 경우

천정에 고정된 유도장치(track)에 활차(runner)가 미끄러지면서 이동 한다. 즉 이동중에는 하부의 씰이 패널 내부로 들어가 있어 하부에는 마찰되는 것이 없이 유도 장치에만 매달려 가기때문에 패널 무게가 43kg/m² 즉 한 패널당 약 120kg 정도였으나 이동하는데 크게 어렵지 않다. 설치 위치에서 고정 방법은 각 패널마다 레버로 패널 내부의 핀을 돌려주면 하부 씰이 패널의 하부에서 돌출하여 바닥에 밀착하게 된다. 최종적으로는 마지막 패널에 확장 패널(expanding jamb)이 있어 수평으로 전체를 밀실하게 한다.

레바로 하부 씰을 내리는 사진(좌)
하부씰이 설치된 후의 사진(우)

전동식 연속 패널의 경우

작동모터에 의해 설치·해체가 자동으로 이루어 지는데 모터는 이동을 위한 0.5마력(HP)의 드라이브 모터(driver motor)와 밀착을 위한 0.25마력(HP)의 스퀴즈 모터(squeeze motor)로 이루어진다. 이 모터의 유니트(unit)는 수납고 천정내에 설치되는 데, 천정내 설비공사를 공정상 먼저 진행하게 되므로 폭 0.8m, 길이 1.2m의 공간은 설비 라인이 지나가지 않도록 배려하여야 한다. 설치는 패널 수납고의 반대편에서 스위치를 작동하여 패널이 이동하면서 위험요소가 없는지를 확인하여야 한다.

이동 원리는 연결된 패널의 첫번째 패널(lead panel)에 모터와

전동식 칸막이 저장고 삼중문   저장고를 열은 사진   저장고에서 패널이 나오는 사진

체인이 연결되어 있어 움직이게 되며, 이 패널의 상부에 돌출 스위치가 있어 이것이 맞은편 벽에 닿아 수평으로 밀실해지면 드라이브 모터가 중단되고 스퀴즈 모터가 작동하여 패널 내부에 위치해 있던 각 패널의 하부 씰(seal)이 바닥으로 돌출하여 밀착되고 견고한 벽체를 형성하게 된다.

전동식 칸막이 조정 사진   전동식 칸막이가 설치되는 사진

아코디언 칸막이

  아코디언처럼 접혀있다가 설치하기 위해 당기면 칸막이 내부에 있는 팬토그라프(pantograph)라는 격자형 폭조절기에 의해 전체 패널에 힘이 전달되어 펴지는 원리로 되어있다. 별도의 돌출되는 씰(seal)은 없고 상·하부에 3중의 유연한(flexible) 씰이 있어 바닥과 유도 장치에 끌리는(sweep) 형태로 설치되어 있다. 우리 현장의 경우 전동식 연속 패널에 직각으로 아코디언 패널이 설계되어 있는데 수납고에서 나와서 직각으로 설치되는 구조였다.

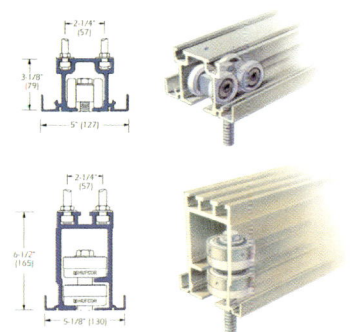
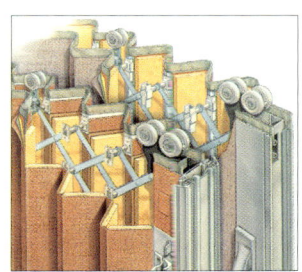

독립 칸막이의 내부(좌)
독립 칸막이 상부의 트랙 구조(중)
아코디언 칸막이의 내부(우)

이를 유도장치에서 해결하기위해 그라이드 스위치(glide switch)라는 기차 레일이 만날 때 방향을 바꾸어주는 원리인 방향 조절기가 설치되었다.

고정 방법은 벽에 앙카를 설치하여 칸막이를 받아주는 방법이 보통이나 우리 현장에서는 전동식 칸막이에 설치되어야 하는 이유로 상·하부에 고정홀을 뚫고 봉이 홀에 꽂혀지는 형태(cremone bolt type)로 고정하였다.

수동식 연속 패널

전동식과 작동원리가 같으나 단지 사람의 힘으로 이동하여 설치한다. 단지 이동이 완료되고 최종 고정될 때 첫번째 패널(lead panel)에 돌출된 작동기가 벽에 눌리면서 전체 패널의 하부 씰이 바닥으로 떨어지는 방식이 특이하다.

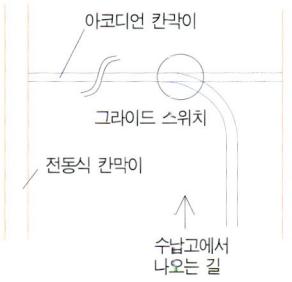

레일이 만날 때 방향을 바꾸어주는 그라이드 스위치

패널규격과 STC

표 1 판넬규격과 STC

종류	모델	설치높이	설치길이	하부씰 구조	소요 저장고 규모	STC	무게(kg/㎡)
전동식 연속패널	6900E	3.7m	19m	돌출씰	패널 1조당 100+216mm	51	46
독립 패널	5600	2.7m	14m	돌출씰	패널 1조당 89+25mm	49	43
수동식 패널	5900M	2.8m	13m	돌출씰	패널 1조당 89+100mm	49	43
아코디언 칸막이	3900	3.7m	15.5m	sweep seal	패널 1조당 158+76mm	39	18.5

우리 현장에 사용된 판넬의 규격은 앞쪽의 표1과 같다.

S.T.C.(Sound Transmission Class)는 자재의 차음 성능을 표시하는 단위로써 공사 완료후 현장에서 시험하는 NIC와는 다르다.

예를들어 STC 51인 전동식 판넬의 경우 설치후에는 판넬 반대편에서 합창을 해도 소리가 들리지 않을 정도로 차음 성능이 좋다. STC의 개략적인 정도를 표시하면 다음과 같다.[3]

3) HUFCOR 카달로그

STC	느끼는 정도
25	보통때의 대화가 쉽게 이해할 수 있는 정도
30	보통때의 대화가 들을 수 있는, 그러나 이해하기는 어려울 정도
35	큰소리로 대화하면 이해할 수 있을 정도
40	큰소리로 대화가 들을 수 있는, 그러나 이해하기는 어려울 정도
45	큰소리가 거의 안들리는 정도
50	소리를 지르면 겨우 들릴 정도
55	소리를 질러도 안들리는 정도

일부 이동식 칸막이 도면 변경

여러 종류의 칸막이를 조합하여 설계한 경우는 우리나라에서 최초로 시도되는 방법이었다. 세부적인 검토가 진행되면서 일부 도면이 다음과 같이 변경되었다.

첫째, 당초 도면은 19×39m의 큰 교육실을 전동식 칸막이를 설치하면 5개의 중간 크기의 실로 분리되고 다시 아코디언을 두줄로 설치하면 15개의 작은 크기의 실로 분리되는 형태였으나 이 경우

당초에는 화재 등의 비상 발생시 대피하는 것이 문제였다(좌)
아코디언을 2줄에서 1줄로 변경하였다 (우)

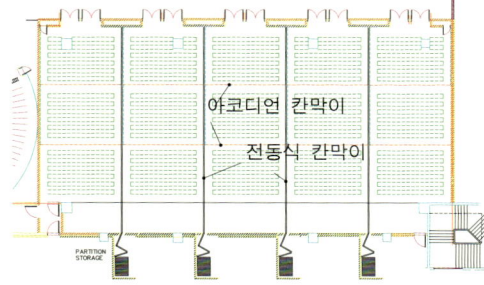 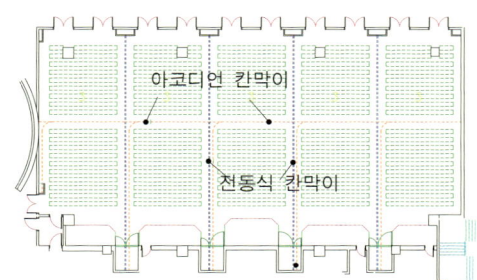

내부의 배치된 실에서 화재 등의 비상 사태시 전동식 패널에는 문 등의 오프닝을 만들 수 없기 때문에 대피하는 것이 큰 문제였다. 아코디언 칸막이를 한줄로 설치하고 10개 실로 구분하여 출입시 복잡함을 줄였다.

둘째, 아코디언 칸막이가 전동식 패널에 붙는 탈착식이었는 데 설치된 상태에서 전동식 칸막이가 작동하면 패널이 파손되므로 아코디언 칸막이를 바닥에 고정하는 것으로 바꾸고 누구나 손잡이임을 인식할 수 있는 크레볼 볼트로 변경하여 가능한 한 외부로 쉽게 대피할 수 있도록 하였다.

셋째, 전동식 칸막이가 구대쪽의 작은 틈을 통하여 나올 수 있도록 하고 틈은 항상 열려있는 형태였으나 칸막이가 전동에 의해 이동할 때 수납식 내부의 상황을 볼 수가 없어 사고 위험이 있을 수 있다. 또한 무대에 이동로를 만들어 분리하는 형태는 미관상 개선이 필요했다.

결국 수납식에 문을 설치하여 설치할 때는 열고 설치가 끝나면 문을 닫아 수납고 면적을 줄일 수 있었고 항상 벽으로 인식될 수 있도록 하였다. 하부의 무대도 당초 합쳐진 형태에서 완전히 분리 형태로 변경하였다. 여기서 수납고에 설치된 문은 이동식 칸막이 회사로부터 수입할 경우 대단히 고가여서 우리 현장에서는 시행착오를 거쳐 삼중문을 개발, 제작[1]하였다.

넷째, 패널을 보관하는 수납고에는 모든 패널이 상부 슬래브에 행거를 통하여 매달리는 구조이므로 큰 하중이 실린다. 당초 구조설계는 이것까지 고려하여 보강되기는 어려웠을 것이므로 수납고 위치가 확정된다면 상부 슬래브 구조 보강을 해주어야 한다.

시공시 유의해야 할 기술적인 문제점들

시공시 경험했던 유의해야 할 사항을 정리하면 아래와 같다.
첫째, 천정 상부가 밀실하게 막혀야 한다.
이동식 칸막이의 차음성능은 주요 기능 중에 하나인데 패널보다는 천정 내부의 차음에 더 공을 들여야 했다. 왜냐하면 천정내에는

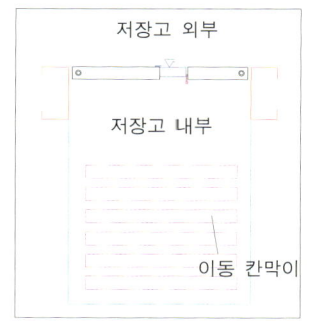

이동식 칸막이 설치전

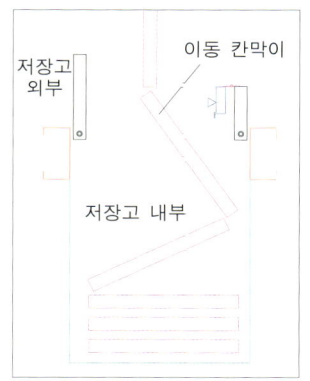

이동식 칸막이 설치중

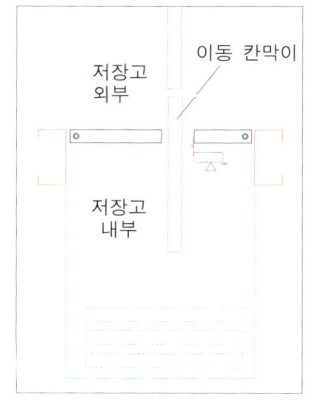

이동식 칸막이 설치후

1) 동신건업
(02) 2617-3050

차음을 위해 천정내 덕트와 설비배관, 전기 케이블의 오프닝을 석고보드로 막고 그라스 울(glass wool)로 채워 주었다

수많은 덕트와 설비배관, 전기 케이블이 지나가므로 오프닝을 석고보드로 막고 그라스 울(glass wool)로 채워 넣기란 대단히 어려운 작업이었다.

따라서 차음 성능을 요구하는 이동식 칸막이가 설치되는 경우는 각종 배관이 칸막이 벽을 통과하는 것을 최소화하는 노력이 필요하다.

둘째, 바닥이 평활해야 한다.

바닥이 평활하지 않으면 이동식 칸막이 설치·해체시 움직이지 않거나 바닥에 틈이 생겨 차음 효과가 떨어질 수 있다. 바닥 미장시에 바닥의 평활도를 위해 전체면에 레벨봉을 설치하여 레벨을 맞추고 패널이 지나는 부분에는 비드를 설치하여 동일한 레벨을 맞추려 하였다. 그런데도 바닥에 오차가 발생하여 나중에 그라인더로 바닥을 갈아 보수하였다. 특히 아코디언 칸막이는 바닥의 평활도가 맞지않을 경우는 걸려서 진행이 안되는 구조이므로 각별히 신경을 써야 한다.

셋째, 트랙 위에 큰 덕트가 지나갈 경우 보강이 필요하다.

트랙을 변형이 없도록 잡아주는 H-빔을 슬래브에 50×50×3t 앵글로 1m간격의 달대를 설치하는 것이 기본적인 트랙구조인데 1m가 넘는 덕트가 통과하는 경우는 사선으로 달대를 설치하기도 하였다. 이때는 슬래브와 트랙을 잡아주는 보강부분이 끊길 수 있으므로 보강 가새를 설치하여 보강해주어야 한다.

넷째, 자재의 반입은 설치시점에 한다.

이동식 칸막이는 수입자재로 콘테이너로 수입되어 현장에 하역되었는 데 이때부터 운반은 인력으로 작업장소로 옮겨 시공하게 된다. 운반중에 파손이 많이 발생하게 되므로 설치시점을 맞

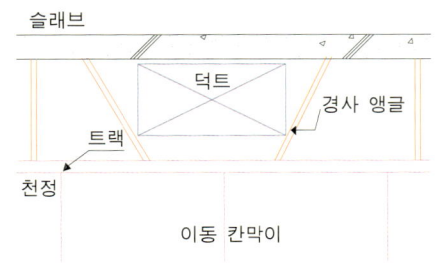

트랙위로 폭이 넓은 덕트가 지나갈 경우 가새로 보강해 주어야 한다

추어 반입하여야 한다. 우리 현장의 경우 설치 시점보다 일찍 자재가 도착하였고, 창고 저장 비용(한 달 이상 체류하면 가격이 비싸짐)의 부담때문에 현장에 보관하였다가 설치 장소까지 한번 더 운반을 해야 했다. 이때 이동중에 포장이 파손되고 일부 자재에 손실이 있었다. 따라서 설치 시점과 반입 시점을 맞추는 것이 관리 포인트라고 생각한다.

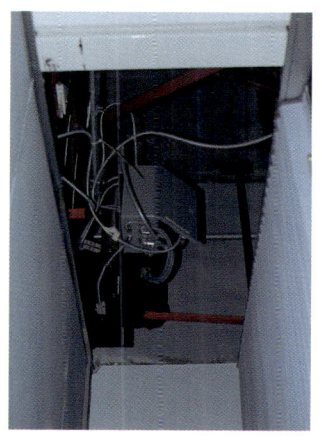

전동식 패널의 모터는 외부에서 볼 때 오른쪽에만 설치되므로 설비 기구 등과 겹치지 않도록 해야 한다

다섯째, 모타의 위치를 고려하여 설비기구를 배치한다.

전동식 연속 패널의 경우 모터는 수납고 상부에 위치하게 되는데 수납고 밖에서 수납고쪽을 보았을 때 꼭 오른쪽에만 위치해야 한다고 한다. 한 부분이 변경할 수 없는 기 설치된 설비 배관으로 인하여 왼쪽에 설치할 수밖에 없었고 이 때문에 기술적인 검토와 왼쪽에 설치되는 모타의 제작 등으로 공사가 약 한달간 지체되기도 하였다.

시방에 명시된 외산자재의 독과점 해결 방안

이동식 칸막이 전문 설치 회사와 계약을 체결할 때 어려웠던 부분이 이동식 칸막이가 외산 자재로 시방에 명기되어 외국 제작회사와 국내 에이젼트까지 설계에 관여했다는 것이었다. 물론 특수한 공종의 경우 어떤 제품의 이름을 명시하고 그 성능 이상의 것을 선택하도록 시방을 정하는 것이 제일 실수하지 않는 방법일 것이다. 그러나 이미 정해진 회사는 경쟁자가 없으므로 원가적으로 여유있는 가격을 요구하게 된다. 실제 입찰시 100%로 잡힌 공사비는 일부 환율이 상승하기는 했지만 실행예산 편성시 이미 110%로 상승하였고 계약을 진행시키기 위해 요청한 견적서에는 120%로 상승하였다. 이 문제를 해결하기 위하여 경쟁회사가 필요했고 경쟁회사를 시방의 기준에 맞출 수는 없었으나 기존의 도면을 상세히 검토하고 문제점을 발췌하여 그 문제점을 해결할 수 있는 회사로써 그 대안을 제시하게 되었다.

물론 앞서 설명한 것들이 문제점을 해소하였으므로 더 이상 설명이 필요없겠으나 대안제시와 입찰가의 80%수준에서 시공할 수 있는 경쟁사의 출연으로 당초 시방에 명시된 회사에서도 비용 절감의 수단을 강구하게 되었고, 결국 적정 공사비로 시공할 수 있었다.

우리나라에서도 시스템 개발을

경쟁회사를 찾으면서 국내에도 이동식 칸막이 생산가능한 회사도[5] 연결이 되었다. 우리 현장은 전동식 등 국내생산의 불가능한 부분이 있어 적용 하지는 못했지만 독립 패널 등은 충분히 국내 생산이 가능하다고 판단되었다. 물론 기존의 대리점 형식의 외국제품 공급회사도 국내 생산이 가능할 것이다. 이동식 칸막이가 국산화 되어 가격이 저렴해 진다면 기능상 매우 요긴한 제품이므로 설계에 많이 반영하여 활성화 될 수 있는 공종이라고 생각한다.

---

5) 우종기업 www.woojong.co.kr
(031)777-5340

스테인드 그라스의 선정과 적용

등급이 다양한 스테인드 그라스

'채색된 유리'라는 의미의 스테인드 그라스는 넓은 의미에서는 색이 들어있는 모든 유리제품을 지칭한다. 그러나 일반적으로 그리스도 교회공간과 함께하는 미적 표현방법으로 고유 명사화 되었다. 유리의 색 배열과 디자인에 따라 실내의 분위기를 해가 뜰 때부터 질 때까지 매우 다양한 변화를 일으키는 것이 특색이다.

이는 고대 이집트의 색유리에서 처음으로 시작되어 현재의 예술적인 형태로 변모된 것은 중세시대에 종교의 정신적인 빛의 신비를 색유리라는 물질적인 빛으로 환원시켜 빛의 신비와 황홀한 색채로 교회 공간의 중압감과 신비스러움, 그리고 신성함을 표현하고자 하면서부터 이다.[1]

1) 김문경 "스테인드 그라스" 미진사, 1983

스테인드 그라스는 어떤 자재를 사용하는지, 또 어떤 조합으로 할 것인지, 작품성을 어느 정도 배려할 것인지에 따라 그 품격과 가격이 천차만별이다. 이런 이유로 스테인드 그라스는 통상적으로 설계도서에 포함되지 않고 공사 중에 그 디자인과 사용자재가 결정되는 것이 보통이다.

우리 현장에서도 당초 시방서

스테인드 그라스는 종교의 빛의 신비를 색유리라는 물질적인 빛으로 환원시켜 신비한 분위기를 만들어 낸다(좌)
스테인드 그라스 실내장면(우)

스테인드 그라스의 종류

구분	종류
불투명 재질	오팔센트
	금속재
투명 재질	투명유리
	글루칩
	웨이브 엠보싱
	워터 그라스
	머신 엔티크
	마우스 블로운
표현 기법	그라스 페인팅
	이미테이션

와 도면에 사용자재와 디자인이 없는 상태에서 계약이 되었고 이 것을 적정한 수준의 작품으로 건축주와 공사범위를 정하여 시공하게 되었다. 여기서는 예술적인 작품성에 관한 내용은 제외하고 공사진행을 위해 조사하고 검토되었던 내용을 중심으로 현재 국내에 사용되는 자재의 종류와 등급에 따른 작품을 소개하고자 한다.

스테인드 그라스의 종류와 특징

스테인드 그라스의 종류는 재질에 따라 3가지로 분류하며 불투명 재질, 투명 재질, 그리고 표현기법에 따른 재질이다. 전체를 일일이 열거하고 설명하면 종류도 많고 예술적인 면이 설명되어야 하므로 여기서는 건축현장에서 주로 사용되는 스테인드 그라스에 대하여 알아보도록 하자.

첫째, 불투명 재질

① 오팔 센트(opalscent) : 오팔이라고 불리는 유백색 유리는 외부의 빛이 실내로 투과되어 예술적인 분위기를 만들어 내는 것보다 외부에서 감상할 수 있는 장식용으로 사용된다. 유리 속에 탄소재를 넣어 연기처럼 나타내거나 밝은 색감의 산화물을 녹여 유리 속에 복합시켜 반투명의 상태로 제작한다. 최근에는 오팔과 투명유리를 결합시켜 만든 보카라는 스테인드 그라스도 사용되고 있다.

② 금속재 : 황동판 등의 금속 재료를 사용하여 빛의 차단과 부식 등으로 고전적인 모습을 나타낸다.

둘째, 투명 재질

① 투명 유리(clear glass) : 유리에 다양한 색을 넣어 제작하며 실내로 유입되는 빛을 정직하게 투과시킨다.

② 글루 칩(glue chip) : 투명유리의 일면을 깃털이나 얼음성애 모양으로 음각가공하여 제작하며 반투명 효과로 태양광을 조절하는 데 주로 사용한다.

③ 웨이브 엠보싱(wave embossing) : 엠바나 엠보싱으로 불리며 유리에 엠보스 재질로 올록볼록한 표현을 하며 기계 생산

이 가능하며 단가가 저렴하다.
④ 워터 그라스(water glass) : 유리의 일면에 물이 흐르는 듯한 물결무늬 표현이 연출되며 국내에는 미국산 제품이 많이 사용된다.
⑤ 머신 엔티크(machine antique) : 일명 빗살무늬 유리로 불리기도 하며 투명 유리에 가는 빗살무늬를 넣어 정교한 질감이 표현되며 기계로 제작된다.
⑥ 마우스 블로운(mouth blown) : 중세 이전부터 사용되어 온 제작법으로 입으로 불어서 제작하며 유리 내에 많은 기포나 결 등이 만들어 진다. 수작업으로만 제작되므로 고가이다. 별도로 그라스 페인팅으로 음영을 주면 유리의 투경성과 페인팅의 거친 표현으로 성화, 회화적 느낌을 주는것에 효과가 크다.

셋째, 표현기법에 의한 재질
① 그라스 페인팅 처리 : 스테인드 그라스 표현기법 중 하나이며 재단이 불가능한 부분이나 음영부분은 투명이나 불투명 유리에 유리가루로 그림을 그려 약 600℃의 오븐(oven)에 구워 착색 후 제작한 유리이다.
② 이미테이션(imitation) : 아크릴이나 유리 위에 스테인드 그라스 무늬를 에폭시 수지로 표현하는 공법이며 자유곡선의 표현이 용이하고 시공법이 간편하며 단가가 저렴한 장점이 있으나 에폭시가 유리와 분리되는 하자가 생겨 최근에는 거의 사용을 안하고 있다.

넷째, 연결금속
스테인드 그라스의 연결금속(lead came)은 주석, 안티몬, 납 등을 사용하며 두께는 8mm를 사용하고 폭은 4mm 이상으로 다양하게 처리한다.

스테인드 그라스의 수준 및 단가

디자인의 결정과 스테인드 글라스 등급을 결정하기 위해 발주처와 많은 협의를 하였는데 기본 디자인은 발주처에서 별도로 하기로 하고 스테인드 글라스 등급은 재료에 따른 몇가지 가격대의 샘플 제작 후 결정하기로 하였다. 등급결정을 위해 편의상 다음과 같이 분류하였다.

① 중·저급으로 단순한 디자인으로 그라스 페인팅이 없고 투명유리와 글루칩(glue chip) 등 기계 생산하여 가격이 저렴한 유리를 사용할 경우 가격이 약 150,000원/m^2(이후 단가도 '97년 상반기) 정도였다.

② 중급으로 너무 복잡하지 않은 디자인으로 그라스 페인팅이 있고 일부는 고급유리인 유럽산 마우스 블로운(mouth blown)을 사용하고 웨이브 엠보싱, 머신 엔티크 등 중가의 유리를 주로 사용할 경우 가격은 약 400,000원/m^2 정도였다.

③ 고급으로 난해한 디자인으로 그라스 페인팅 금속 공예가 있고, 최상급의 재료인 마우스 블로운(mouth blown)을 주재료로 사용할 경우 약 700,000원/m^2 정도였다.[2]

2) (주)오리엔탈 스테인드 그라스 (2009년 현재 연락 안됨)

위의 가격대로 샘플을 만들어 발주처에 제시하였고 협의를 거쳐 중급으로 선정되었다.

야간에 스테인드 그라스를 외부에서 바라본 장면 (좌)
스테인드 그라스를 안쪽에서 바라본 장면 (우)

스테인드 그라스의 제작과 설치

제작 및 설치과정을 소개하면 다음과 같다.

① 디자인 개념(concept)의 확정: 디자인 개념과 상세 디자인에 관한 의견이 분분하여 콤페를 제안하여 추진하려 하였으나 최종 단계에서 발주처가 디자인을 결정하였다. 가격대가 결정

되고 디자인이 결정되지 않은 현장에서는 콤퍼를[3] 시도하 볼 만하다고 생각한다.

② 스테인드 그라스의 수준, 재질, 단가 확정 : 위에서 언급한 3종류의 재질로 샘플을 만들어 제출하였고 발주처에서는 중급으로 결정하였다.

③ 하도급 발주 : 발주처에서 제공한 디자인으로 중급으로 전문회사에 발즈하였다.

④ 디자인 개념에 따른 스테인드 그라스의 디자인 확정 : 디자인 개념에 따라 1/8로 축소된 그림을 그려 색상과 디자인을 확정하였다

⑤ 1:1 현척도 작성 및 자재 확정 : 확정된 디자인에 따라 실제 크기로 그림을 그려 자재와 종류와 수량을 산출하였다.

⑥ 자재 구매 및 그라스 페인팅

⑦ 제작

⑧ 운반 및 설치, 보양

[3] 콤페(competition) · 원하는 작품을 선정하기 위하여 경쟁을 붙이는 것으로 설계나 디자인의 공개 경쟁

스테인드 그라스는 종류가 다른 유리가 조합되어 제작된다.

스테인드 그라스의 사전 검트 사항

스테인드 그라스의 특징중 설계나 시공중에 간과하기 쉬운 사항들을 정리해 보면 다음과 같다.

첫째, 내·외부에 사용도는 유리의 특징

내부에 사용되는 스테인드 그라스는 내부에서 작품을 감상할 수 있도록 설계되므로 외부에서 투과되는 빛이 스테인드 그라스 색을 유지하도록 외부 유리에는 투명유리를 사용한다. 또한 내부와 외부의 온도차에 의해 외부유리와 스테인드 그라스 사이에 결로가 발생할 경우 공기의 유통에 의해 결로가 자연히 없어지게 하기 위해 스테인드 그라스와 간극재(lead came) 사이를 코킹으로 밀폐시키지 않는다. 그러므로 공사 중의 먼지가 유입되지 않도록 스테

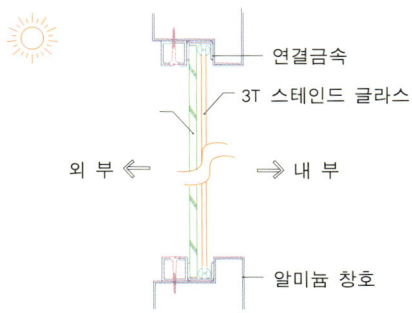

스테인드 그라스의 설치 단면도

4) (주)오리엔탈 스테인드 그라스 자문

인드 그라스 설치시점을 고려해야 한다.

외부에 사용되는 유리는 주로 외부에서 감상하게 되므로 기존 유리의 외부에 설치하며 오팔 계통의 불투명 재질을 많이 사용한다. 외부에 설치될 때에는 외부의 이 물질이 유입되지 않도록 무초산계 실리콘을 사용하여 스테인드 그라스와 리드캠(lead came) 사이를 모두 코킹 처리한다.

둘째, 밝기 결정시 남·북의 명도 선정

스테인드 그라스 유리를 사용할 때 일반적으로 남쪽에는 햇빛이 많이 유입되므로 어두운 유리를 사용하고 북쪽에는 햇빛이 적으므로 밝은색 유리를 사용하기 쉽다. 그러나 내부의 사람이 유리를 통과한 외부의 피사체를 볼 때에는 남쪽의 피사체는 그림자가 져서 어둡게 보이므로 밝은 유리를 사용하고 북쪽에 보이는 피사체는 그림자가 없어 밝게 보이므로 어둡게 처리 되어야 적절하다.[4]

셋째, 스테인드 그라스의 설치 시점

외부에 사용되는 스테인드 그라스는 외부비계 해체 직전에 설치하여도 무방할 것이다. 그러나 내부에 사용되는 스테인드 그라스는 공사중에 설치하면 먼지가 유리와 스테인드 그라스 사이에 들어갈 우려가 있으므로 공사 준공시점에 설치해야 할 것이며 이를 위한 비계설치도 별도로 고려하여야 한다. 이런 설치 시점과 관계없이 할 수 있는 것이 중앙에 스테인드 그라스를 두고 양면으로 5mm의 투명유리를 설치하는 삼복층으로 제작하는 방법이 있으나 단가가 약 50,000원/m^2('97년도 상반기) 정도가 추가된다.

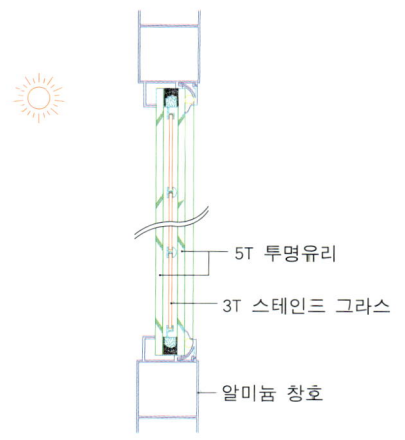

스테인드 그라스를 보호하기 위한 삼복층 유리

스테인드 그라스의 수준에 대한 시방 명기

  스테인드 그라스를 별도의 공사로서 발주할 수도 있겠으나 연관 작업을 고려하여 시공자의 발주를 하는 경우라면 시방에 자재의 종류를 명시해 주고 디자인의 경우도 확정하지는 않더라도 세공에 의한 난이도(표현방법, 페인팅 여부, 공예품 금속 사용 여부)가 명시된 개략적인 디자인을 지정해 주는 것이 바람직하다고 생각한다.

워터 그라스(water glass)

머신 엔티크(machine antique)

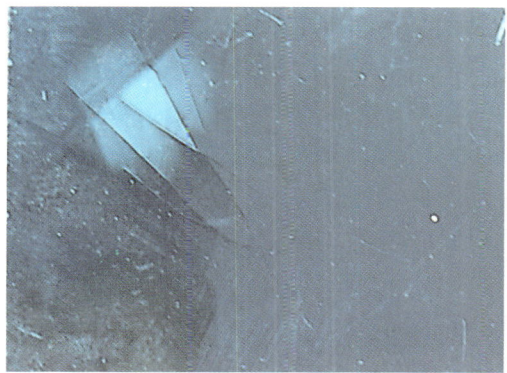
머신 엔티크(machine antique)

마우스 블로운(mouth blown)

마우스 블로운(mouth blown)

칼라 리센트(칼센트; color recent)

건물의 밀폐된 부분에 사용되는 유리의 열파손 방지

멀쩡한 유리가 외부의 충격없이 금이 갔다면…

국내 한 실내 아이스링크에서는 외부와 접한 모든 창문의 유리에 금이 가는 일이 발생하였다. 원인을 조사해 보니 아이스링크에서 실내 공연을 할 때 조명효과를 높이기 위해 모든 창문을 내부에서 합판으로 막아 빛이 들어오지 못하게 하였고 합판과 유리로 밀폐된 공간에 햇빛이 투과되어 열을 받으면서 온도가 올라가 유리에 금이 가는 파손이 발생되었던 것이다.

종종 완공된 건물에서도 외부 유리가 물리적 충격이 없었는데도 금이 가는 경우가 발생한다고 한다. 커튼월 건물에서 창문이 있고 그 밑층의 창문 사이의 밀폐된 공간(스팬드럴) 부위에 사용된 유리가 외부 충격 없이 금이 가는 경우, 그 이유는 무엇일까?

유리는 건물이 대형화 되면서 디자인적인 요소로 사용이 증가되고 있다(우)
국내 한 아이스링크에서 조명 효과를 위해 외부와 접한 유리를 합판으로 막았더니 열집적에 의해 유리가 파손되었다(좌)

태양열에 의한 유리의 열집적

아무런 물리적 충격도 받지 않은 밀폐된 공간의 유리가 금이 가며 깨지는 현상은 바로 태양열 때문이다. 실내에서 사람이 볼 수 있는 창은 실내의 대류로 인해 열이 올라가는 일이 없겠지만 층간의 밀폐된 공간, 즉 창 하부의 FCU 박스 부분의 유리창은 외부의 시선을 차단하고 필요한 색상을 유지하기 위해 도장을 한 철판을 끼우는 것이 보통이다. 이 때 이 철판과 유리사이에는 밀폐된 공간이 생기게 되고 대낮의 뜨거운 햇볕이 밀폐되어 있는 공간에 투사되면 내부온도가 급격히 상승하면서 유리의 열응집력이 강하게 작용하여 열상승으로 인해 유리가 파손된다. 이런 현상을 유리의 열파손 현상이라고 한다.

일반적으로 외부에 많이 사용하는 일면 복층 유리는 6mm반강화유리 + 6mm공기층 + 6mm판유리로 구성되는데 일반적으로 판유리는 온도차가 60℃가 되면 열파손이 발생한다고 한다.[1] 따라서 판유리 부분인 내부측의 밀폐된 공간에서의 열집적 온도차가 이보다 상회하면 열파손이 발생하게 된다.

1) 한글라스 카타로그
www.hanglas.co.kr (02)3706-9114

유리의 열집적에 의한 열파손 방지 방안

위에서 언급한 하자사례를 방지하기 위하여 스펜드럴 부분에 대해 다음과 같은 대책을 강구하였다.

첫째, 철판에 통기구 설치

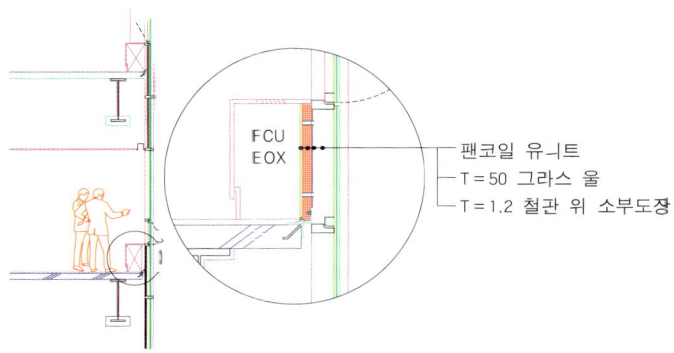

커튼월 건물에서 창이 있고 그 밑의 층간 밀폐된 공간 부위에 사용된 유리가 열파손으로 깨질 수 있다

공기의 유통이 원활히 될 수 있도록 통기구를 설치하였다

공기의 유통을 원활히 하기 위해 FCU 박스 부분에 설치된 철판에 통기구를 설치하여 급격히 상승한 공기가 밀폐된 공간에서 빠져나올 수 있도록 조치하였다.

둘째, 반강화 유리로 설계 변경

복층유리에 사용된 판유리는 60℃의 온도차에 열파손이 발생하므로 200℃까지 견딜 수 있는 반강화 유리로 변경하였다. 양면 강화 유리인 6mm반강화 유리 + 6mm공기층 + 6mm반강화 유리로 변경하는데 제작비는 약 10,000원/㎡ 정도 증가한다.

유리의 열응력 온도차

유리의 종류	열파손을 일으키는 온도차이 한계
판 유 리 t = 6 ㎜	60℃
반강화유리 t = 6 ㎜	200℃
강 화 유 리 t = 6 ㎜	200℃

바닥재로 쓰이는 유리블록 구조

바닥에도 유리블록을 사용할 수 있을까

건물의 외벽을 구성하는 요소로써 창호처럼 채광이 되면서 일반 벽체처럼 단열과 차음의 기능을 갖고 있는 자재를 뽑으라면 유리블록일 것이다. 기능적인 면과 더불어 고급스러운 실내 분위기를 연출할 수 있어 최근에 체육관, 수영장의 외부창, 1층 로비, 연립주택의 계단실 등의 시야를 차단하고 채광을 해야하는 곳에 많이 사용하고 있다. 예전에는 가격이 비싼 독일제가 주로 유통되어 비싼 자재로 인식되어 왔으나 '80년대 후반부터 값싼 동남아산 자재가 반입되면서 점차 사용이 증가하고 있다. 주로 벽체에만 시공되던 유리블록이 최근에는 천정 채광이나 바닥 등의 다양한 부위에 사용되고 있다.

우리 현장에서는 중앙부위가 뚫어진 지붕과 옥상 천정창을 거쳐 개방된 8층을 통과하여 7층 바닥의 유리블록을 통하여 6층 교육실까지 자연채광이 유입되는 구조로 설계되어 있었다. 자연 채광을 최대한 끌어들이고자 하는 설계자의 의도가 유리블럭을 바닥에 사용하게 된 것이라 생각한다.

바닥용으로 사용되는 유리블록 공법

바닥용 유리블록 설치 공법이 예전에 많이 사용되던 주물 공법으로 되어 있었다. 주물공법은 몰드를 제작후

중앙이 뚫린 지붕과 옥상을 거쳐 8층을 통과하고 7층 바닥의 유리블록을 통하여 6층 교육실까지 자연채광이 유입되는 구조르 설계되어 있었다

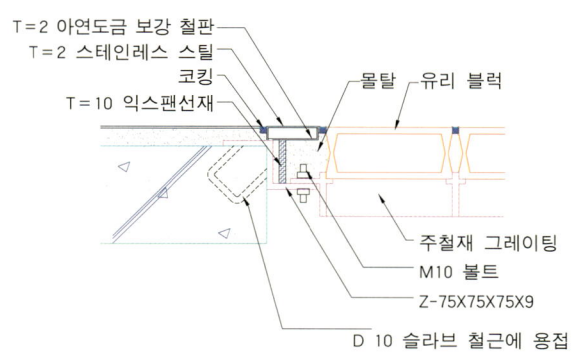

주물공법은 제작이 까다롭고 제작시간이 많이 걸리며 가격이 비싸 최근에는 거의 사용을 하지 않고 있다

1) 우원 SD 자문 , (031) 422-8003

레이저 스카시 공법은 레이저를 이용하여 스텐레스 통판에 구멍을 뚫어 유리블록을 설치하는 공법이다

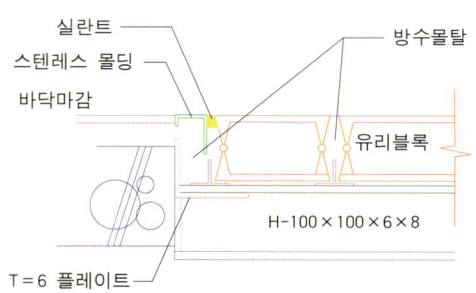

주물로 틀을 만들어 제작·설치하는 공법으로 예전에는 많이 사용 되었으나 몰드제작 회사가 영세하며 몰드제작에 따른 시공절차가 까다롭고 미관이 좋지 않으며 주물 제작에 따른 공기가 많이 소요되어 최근에는 거의 사용하지 않고 있다.

레이저 스카시 공법은 스텐레스 통판에 유리블록이 들어갈 위치를 레이저를 이용하여 구멍을 뚫은 후 프레임을 'ㅗ' 형으로 형성하여 유리블록을 설치하는 공법으로 시공이 간편하고 미관도 좋다. 1m 미만의 스팬에 사용하며 1m를 넘어갈 때는 하부에 철골로 보강을 해야하므로 설계시 철골 구조의 배치도 이를 고려하여야 한다.

각파이프 공법은 각형 파이프를 현장에서 용접하여 구조 프레임을 짜고 유리블록을 설치하는 공법으로 최근에 많이 사용되는 공법이다. 파이프 자재로 스텐레스가 주로 사용되나 가격이 저렴한 스틸(steel)도 쓰이고 있다.[1] 2m가 넘어가면 철골구조 보강이 필요하다.

PC 공법은 형틀로 틀을 만들고 유리블록 사이에 철근을 배근한 후 콘크리트를 타설한 뒤 양생하여 현장으로 운반한 후 장비를 이용, 설치하는 공법이다. 대형 천장등에 많이 사용되며 공장 제작이므로 품질이 균일하고 공기가 빠른 장점이 있으나 가격이 무척 비싸다.

바닥 구조용 유리블록 시공시 유의 사항

우리 현장에서는 스팬길이가 2m의 소규모이므로 가장 간단한 레이저 스카시 공법으로 시공하고 중간에 '+'로 H-빔으로 보강하였다. 시공시 유의할 사항은 다음과 같다.

첫째, 방수 성능 확인

바닥에 사용되는 자재는 청소시 물을 사용하므로 방수성능이 무척 중요하다. 그러므로 유리블록 채움몰탈은 시멘트 몰탈과 방수액을 섞은 방수 몰탈로 밀실하게 시공을 하여야 한다. 유리블록에서 방수하자가 발생하기 쉬운 곳은 스텐레스 몰딩의 모서리면이다. 현장에서 용접으로 연결하기 때문에 용접면에 미세한 틈이 생길 수 있기 때문이다. 우리 현장에서도 바닥 청소시 유리블럭 몰딩의 모서리 부분으로 물이 새어 하부의 천정자재가 일부 젖었던 사례가 있었으므로 용접 후 물을 부어 방수 확인을 해야 한다.

둘째, 주변 자재와의 레벨 조정

바닥 청소시 물이 유리 블록 위로 고이면 하부로 침투할 수 있으므로 유리 블록이 주변 마감보다 약간 높게 시공되어야 한다. 일반적으로 유리 블톡과 주변 마감은 공사시점이 달라 레벨을 잘못 시공하기 쉬우므로 전체 레벨을 확인하고 설치해야 한다.

셋째, 줄눈 처리

줄눈재는 줄눈 시멘트나 백 시멘트 등을 사용하는데 가끔 방수 성능을 향상시킨다고 전체 줄눈 자재를 코킹으로 시공해 달라는 요청을 받는 경우가 있다. 그러나 코킹을 전체 줄눈으로 하면 시간이 오래 경과하면 코킹이 떨어지는 하자가 발생할 수 있으므로 바람직하지 않다. 줄눈의 색상도 백시멘트의 경우는 시공당시는 깨끗하나 시간이 경과하면 때가 타서 지저분해 지므로 때가 타지 않도록 백시멘트와 흑시멘트를 혼합하여 사용하기도 한다.

넷째, 몰딩 내부의 몰탈을 밀실하게 충진

유리 블록 주변을 몰딩으로 마감하게 되는데 스텐레스 몰딩 내부를 몰탈로 채우지 않고 설치하면 내부가 비게 되어 몰딩위로 중량물

PC 공법은 공장제작으로 틀을 만들어 철근 배근후 유리 블록과 함께 콘크리트를 타설한후 장비를 이용. 설치하는 공법이다

유리블럭에서 방수하자가 생기기 쉬운 곳이 몰딩 모서리이다

바닥재로 쓰이는 유리블록 구조 241

이 놓이거나 지나갈 경우 몰딩이 찌그러지는 하자가 발생 할 수 있으므로 유리 블록 시공 회사가 몰딩의 내부에 몰탈을 채우게 하고 밀실하게 채워졌는지 확인해야 한다.

다섯째, 방화 구획에서 사용가능 자재 확인

유리 블록이 사용되는 위치가 방화구획 부분이 아닌지 확인해 보아야 한다. 일반 유리블록 자재는 방화구획 자재가 아니나 최근에는 방화자재로 인증된 유리 블록이 생산되고 있다고 한다. 건축법과 관련된 사항이므로 감리자와 확인 절차를 거쳐 자재를 선정한 후 시공에 임해야 한다.

유리 블록은 미관과 채광성, 단열성, 차음성, 내화성능까지 유리한 기능을 갖춘 자재로 앞으로 사용이 증가할 것으로 생각된다. 그러나 바닥에 구조용으로 사용되는 유리 블록은 시공후 하자가 발생할 경우 보수가 어렵다는 단점이 있으므로 시공 전에 충분히 고려하여야 하다.

천장을 통해 햇살이 바닥 유리 블록에 떨어지는 전경

라바베이스 걸레받이 모서리 떨어짐 하자 방지

건물의 작은 부분이지만 실내 분위기에 영향을 주는 걸레받이

바닥재나 벽체 마감에 대하여는 선택할 수 있는 자재의 종류도 다양하여 설계나 시공에서도 신경을 많이 쓰게 된다. 그러나 걸레받이로 시공되는 자재는 바닥과 벽체와 어울리는 자재여야 하지만 종류가 다양하지 않아 신경을 많이 못쓰고 있는 것 같다. 석재나 세라믹 페인트, 그리고 라왕판재 등이 사용되고 있지만 우리 주위에서 가장 흔하게 사용되는 자재가 라바베이스다. 걸레받이는 바닥과 벽체가 만나는 부분의 작은 면적에 사용되지만 실내 분위기에 주는 영향은 크다고 생각한다.

라바베이스의 코너부위에 떨어지는 하자

라바베이스는 단가가 싸고 시공이 간편해 아스타일이나 모노륨의 바닥재에 거의 시공되고 있다. 그러나 시공 후 6개월~1년 정도 지나면 모서리 부분에서 떨어지는 하자를 자주 접하게 된다.

하자가 발생하는 이유는. 라바베이스는 본드를 이용하여 붙이는데 안쪽이나 바깥쪽으로 꺾이는 모서리 부분은 공사초기에는 본드의 접착력으로 붙어있지만 시간이 지나면서 본드의 접착력은 떨어지고 라바베이스는 원래대로 복원하려는 힘이 작용하기 때문일 것이다.

라바베이스는 모서리 부분에서 떨어지는 하자가 많이 발생한다

V – 커팅(cutting)으로 떨어짐 하자 방지

코너부위에 설치된 라바베이스의 떨어지는 하자를 방지하기 위하여 우리 현장에서도 고민하였다. 하자가 생기는 원인인 코너부위의 라바베이스가 원래대로 복원하려는 힘을 감소시키기 위해 코너부위에 설치되는 라바베이스를 조각칼을 사용해 두께의 절반 정

코너에 시공되는 라바베이스를 조각칼로 V홈을 만들어 주어 라바베이스의 복원하려는 힘을 약화시켰다

교육실내의 무대 바닥은 목재로 되어 있어 MDF 걸레받이를 사용하였다

도를 V홈으로 커팅해 주었다. 단지 조각칼로 간단히 V홈을 커팅해주는 것만으로 시공 후 2년이 지난 현재까지도 떨어짐의 하자는 발생하지 않았다.

현장에서 간단하게 문제를 해결하였던 방법이므로 다른 현장에서도 적용해 보면 좋으리라 생각한다.

MDF 걸레받이를 통한 분위기 변화

바닥이 아스타일인 교육실에 걸레받이가 라바베이스로 설계되어 있었다. 그러나 목재 마루판으로 된 강단 부분에는 라바베이스로 걸레받이를 시공할 경우 전혀 어울릴 것 같지 않았다. 이를 대체할 자재를 수소문하다가 고급스런 목재 등과 어울릴 수 있는 자재로 MDF 걸레받이를 알게 되어 간단히 소개하고자 한다.

MDF 걸레받이의 내부재질은 HDF(high density fiberboard) 코아(core)이고 외부는 연질 및 경질의 PVC로 이루어져 있다. 색상이 다양해 벽체의 색상과 맞추어 선택할 수 있다. 높이는 100mm와 60mm 두 종류가 있으며 시공은 본드나 택커(taker)를[1] 이용한 가는 못으로 접착한다. 모서리 부분은 전용커터기로 홈을 만들어 깔끔하게 시공할 수 있다. 시공부위의 벽면이 거칠거나 굴곡이 되어있을 경우도 면오차 보정꼬리가 있어 깔끔한 시공이 가능하다. 단가는 시공비를 포함하여 100mm가 6,000/m, 60mm가 5,000/m('98년도 상반기 단가) 정도이다.[2]

1) 택커(taker) : 목공용 못을 쉽게 박아주는 공구

2) 삼전양행 (2009년 현재 연락 안됨)

시공부위의 벽면이 거칠거나 굴곡이 되어있을 경우도 면오차 보정꼬리가 있어 깔끔한 시공이 가능하다.

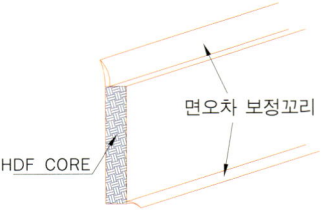

벽체나 바닥재는 많은 종류의 자재들이 개발되고 있는데 반하여 걸레받이는 종류가 한정되어 있는 것 같다. 그러나 걸레받이가 엉성한 건물은 좋은 이미지를 줄 수 없으므로 다양한 자재의 개발이 이루어 질 것으로 기대한다.

캐노피에 사용된 무도장 내후강판

다양한 주출입구의 캐노피

건물의 주 출입구(main entrance)는 상징적인 의미와 입구를 강조하는 기능적인 의미로 캐노피(canopy)가 설치되는 경우가 많다. 캐노피는 스페이스 프레임(space frame), 파격적인 디자인의 유리, 스텐레스 부식판, 알미늄 판 등 다양한 자재를 사용하여 입구를 강조하게 되며 이때 디자인은 기능적인 면보다는 장식적인 면이 강조되는 경우가 많다.

시공 기술자는 설계자의 의도가 담긴 도면대로 형상물을 만들어 내는 것이 임무이지만 실제 형상물로 실현하기 어려운 설계의 경우는 설계자의 의도를 크게 벗어나지 않는 범주 내에서 대안을 찾아내야 한다.

외부 캐노피의 문제점

우리 현장 캐노피의 경우는 철재 찬넬 트러스로 구조 프레임을 짜고 그 위를 알기늄 시트로 덮어 전체적으로 사각형 벌집 형태로 구성하도록 설계되어 있었다.

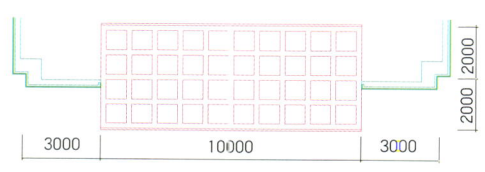

우리 현장의 캐노피는 당초 도면대로 시공하면 몇가지 문제점이 예상되었다

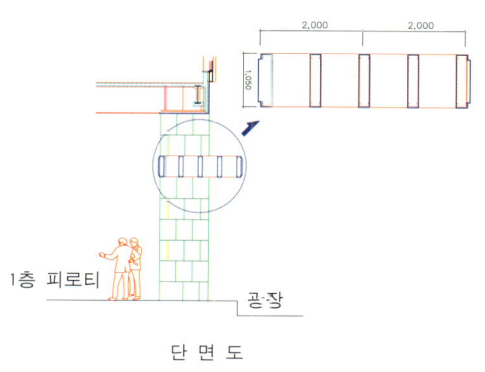

단 면 도   평 면 도

독특한 형상과 적합한 디자인을 위해 상세도 작성 등 많은 고심을 한 흔적이 있었지만 시공자로서는 다음과 같은 시공상의 문제점이 있었다.

첫째, 형상대로 만들기 위해서는 알미늄 시트를 챤넬(chanel) 트러스에 부착해야 하는데 구조체인 챤넬 트러스는 약간의 오차가 발생할 수 밖에 없고 이 오차를 보정하기 위한 별도의 위치조정 철물이 추가되어야 했다. 이럴 경우 각부재의 폭이 넓어져 즉 사각형의 벌집이 작아져 투박한 구조로 바뀌기 때문에 도면에서 요구되는 크기가 나올 수 없었다.

둘째, 알미늄 시트를 작은 조각조각 붙여야 되는 데 복잡한 부위가 많아 작업이 어렵고 조잡해 보일 수 있어 시공을 하기 위해서는 단순화가 필요하였다.

셋째, 디자인을 살리면서 시공하기 위해서는 금액이 큰 폭으로 상승할 것으로 예상되었으나 많은 금액이 투입되더라도 품질이 제대로 나올 수 있을지는 확답하기 어려운 구조라고 생각하였다.

해결책 무도장 내후강판

이를 해결하기 위해 당초 설계된 알미늄 시트 대신에 철판을 사용한다면 모체(챤넬 트러스) 및 자체 철판끼리 용접이 가능하며 넓은면의 형성이 가능하고 자체 강성도 크기 때문에 위에서 언급한

주출입구의 캐노피는 기능적인 면보다는 장식적인 면에서 디자인 되는 경우가 많다

문제점들을 모두 해결할 수 있었다. 그러나 철판을 사용하기 위해서는 철판이 가진 부식의 약점과 외부 장식물에 사용하기 위한 색상을 해결해야만 했다. 이에 대한 조사를 곧 착수하였고 포스틸에서 개발한, 도장을 하지 않고도 반 영구적으로 부식없이 사용할 수 있는 무도장 내후강판에 대한 정보를 입수하게 되었다. 이 자재는 최소두께 2mm에서 부터 구조용 강재까지 다양하게 나오고 단가도 430,000원/ton으로 일반강재보다 약 20%정도 비싼 가격이었다. 무도장 내후강판은 녹이 발생하되 부동체 피막으로 표면이 5~6년까지 안정되며(녹발생이 종료) 일정한 색을 유지하게 된다. 이때 표면이 안정화 되면서 색이 변하는 과정이 미관상 좋지 않아 건축 장식재로는 쓰지 못하였으나 무도장 내후강판 전용의 도장이 개발되어 장식재로 사용되고 있었다.

국내에서도 산업과학 기술연구소 고분자 연구팀[1]과 애경공업[2]이 개발한 녹안정화 처리(도장재의 일종)로 도장 처리가 가능하다.

즉, 녹안정화 처리를 하면 녹이 발생하는 동안 도장재료는 공기 중에 산화되어 날아가 버리고 최종적으로 강판색으로만 남게하는 처리 방법이다.

1) 산업과학 기술연구소 고분자 연구팀
www.rist.re.kr (054) 279-6333
2) 애경공업 공장 www.akpaint.co.kr
(054) 280-2100

무도장 내후 강판 사용시 유의 사항

이론적으로 문제해결에 대한 방안이 될 수 있었으나 다음 두가

외부 캐노피

캐노피 내부에 설치된 전등

3) 현대종합금속(주) www.hdweld.co.kr
(02)6230-6010~2

지를 조치해야만 완벽한 품질을 얻을 수 있다는 것을 알게 되었다.

첫째, 강재를 용접할 때 그 용접봉은 전용 용접봉[3](내후성 강재 용접봉 SPH-A용)을 써야만 제대로 성능을 발휘하며 향후 용접부분이 이색지지 않는다. 물론 이때 용접은 산소용접 보다는 알곤 용접이 용접 슬래그가 적게 발생하므로 더 좋다.

둘째, 녹안정화 처리시 강판에 붙어있는 녹(열연 강판에는 흑피(Fe^+)가 치밀하게 부착되어 장기적인 도장 부착에 문제가 있음)을 없애는 작업을 해주어야 녹안정화 처리재가 5~6년 동안 모체와 분리되지 않게 된다.

그런데 녹을 없애는 방법을 결정하는 과정에서도 많은 검토과정을 거쳐 인산염 피막처리로 결정하게 되었다.

검토과정을 참고적으로 기술하면

① 샌드 블라스팅(sand blasting 모래를 고압으로 뿌려 녹을 제거하는 방법) : 철판이 2mm정도로 얇을 경우는 모래압으로 인하여 바가지처럼 변형이 발생한다.

② 파워 툴 클리닝(power tool cleaning) : 사포(sand paper)를 부착한 기계로 문질러 녹을 제거하는 방법으로 한 장 씩 밖에 처리할 수 없어 기간이 오래 걸리고 비용이 비싸다.

③ 산처리(산 속에 철판을 넣었다가 꺼내서 녹을 없앰) : 비용은 싸나 2일만 경과하면 재차 녹이 발생하여 즉시 처리되지 않고

방치될 경우는 문제가 됨
④ 인산염 피막처리(인산염에 넣었다가 꺼내어 녹 없갬) : 비용은 비싸나 (400원/kg) 한 달 이상 녹방지가 지속됨

모체에 용접은 점용접 (spot welding)

철판설치 과정에서도 용접방법을 놓고 또 한번 고민하게 되었는데 모체인 챤넬 트러스에 전접합면 용접(all welding)을 하면 철판이 틀어지는 우려가 있었고 점 용접(spot welding)을 하면 빗물이 침투할 우려가 있었다. 이에 대하여 샘플 시공을 하였는데 전접합면 용접을 할 경우 심하게 철판이 우는 것을 확인할 수 있었다. 그래서 점 용접을 시행하고 접합면에 코킹을 처리하여 빗물 침투를 방지하였다.

설계자의 의도를 살려

결과적으로 무도장 내후 강판을 사용하여 설계자의 의도를 살릴 수 있었고 당초 설계 도면대로 알미늄 시트를 사용할 경우보다 약 50%정도의 비용으로 공사를 마무리할 수 있었다.

무도장 내후강판 시공흐름도

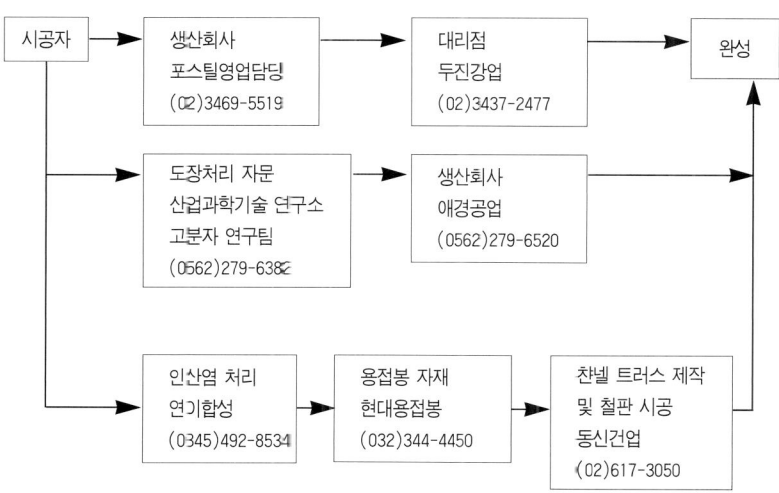

내화 페인트를 통한 옥상의 화재 예방

지붕 설계시 고려해야 할 화재로부터의 안전

건축 외관의 조형미를 살리기 위하여 설계자는 옥상에 노출되는 물탱크나 냉각탑을 감추고 싶어하며 이를 디자인적인 의도로 감추는 방법 가운데 하나가 지붕을 만드는 것이다. 조형미를 강조하기 위해 지붕이 있는 구조로 설계되어 있었다.

지붕 구조는 철골 후레임(frame)에 합판+각재+아스팔트 루핑 방수+동판으로 이루어져 외부에서는 동판으로 된 박공지붕으로 디자인 되었지만 옥상에서 지붕을 올려다 보면 합판만 보이는 구조였다. 합판에 칠해진 조합페인트의 내구성도 문제였지만 더 중요한 것은 만일 옥상에서 화재가 발생할 경우 조합 페인트로 마감된 합판에 쉽게 불이 옮겨 붙어 지붕구조가 붕괴될 수도 있다고 판단 하였다.

옥상에서도 화재가 발생할 수 있을까? 라고 생각한다면 '97년 5월 삼일빌딩 옥상에서 발생한 화재사건을 기억하면 결코 옥상이 화재로부터 안전지대가 아니라는 것을 알 수 있다.

조형미를 추구하는 건물이라면 옥상의 설비구조물을 감추고 싶어한다(좌)
우리 현장의 지붕 구조는 화재에 취약한 구조였다(우)

개발중인 내화페인트 테스트 실시

옥상의 화재 위험을 방지하는 간단한 방법은 합판 대신에 불에 타지 않는 자재로 변경하는 방안도 있겠으나 이는 많은 공사비의 증가가 예상되었다. 물론 발주처에서 공사비 증액에 부담을 갖지 않고 이 문제

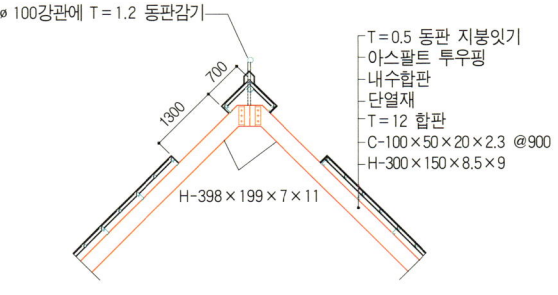

를 해결하려 한다면 큰 문제가 되지 않겠으나 발주처는 만약에 발생할 지 모르는 화재에 대비하여 큰 비용을 들이길 원치 않는다. 결국 합판 위에 조합페인트 대신 내화페인트를 시공하는 방안을 제시하였다. 그런데 그 당시의 내화페인트는 값비싼 외국 제품만 내화성능 규정에 합격되어 있고 국내에서는 공인된 내화페인트가 없는 실정이었는데 이 시절에서 국내 페인트 회사들이 내화페인트를 거의 완성단계까지 개발했다는 정보를 입수하게 되었다.[1]

우리 현장으로서는 노출된 외부옥상에 시공하는 것이었으므로 법적으로 1시간 내화 규정 합격품으로 정식 인가된 내화페인트를 사용할 필요는 없었다. 따라서 국내의 페인트 제조회사에서 개발 중인 40분까지 내화성능을 확보하고 가격도 저렴한 내화 페인트를 테스트를 거쳐 사용하기도 하였다. 테스트 방법은 도장재로서 반드시 가져야 하는 부착력 테스트와 발화성능 테스트를 실시하였다.

부착력 테스트는 2주간 침수와 건조를 반복하는 시험으로 건설화학 시험연구소에서 실시하였는데 목재에 칠해진 노출된 부분에서 도장의 주요 하자인 도막의 박리나 부풀음의 현상은 나타나지 않았다. 시험체 합판 가장 자리에 실크랙이 발생하였는데 아마도 온도차에 의한 합판의 수축, 팽창율이 중앙부보다 가장자리가 크기 때문으로 생각되었다.

발화성능 테스트는 4종류의 시편을 제작하여 시행하였다. 두께가 다른 내화페인트를 도포한 합판 2종류, 조합페인트를 도포한 합판, 무도장 처리한 합판 등 각각의 시편에 부탄가스를 이용한 토치램프로 가열하여 부풀어 오르다가 불이 붙는 시간을 조사해 보았으며 결과는 표1과 같았다.

1) 건설화학 (제비표 페인트)
www.jebi.co.kr 1588-7233
공장(내화 페인트 개발)

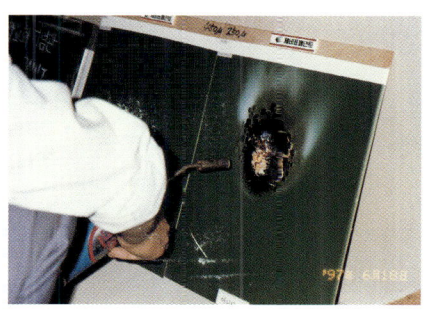

토치램프를 이용하여 각각의 시편을 가열하였다

표1 발화성능 테스트 결과표

시험편	가열시간	결 과
내화도료 처리 두께 450~500㎛	3분	그을음 현상이 전혀 없었다.
내화도료 처리 두께 250~300㎛	3분	약간의 그을음이 있었다.
오일 페인트 처리	1분	불이 번지는 현상이 있은 후 불이 붙었다.
무도장 처리	10초	10초 후 불이 붙었다.

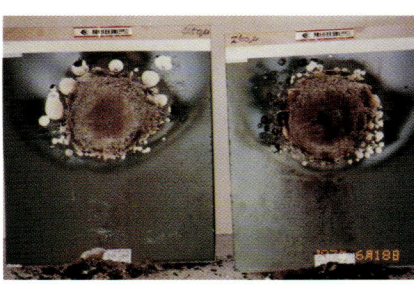 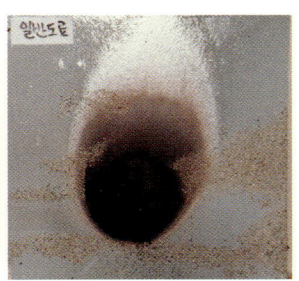

내화페인트 발화성능 테스트 결과(좌)
조합 페인트 시편은 가열 후 10초만에
불이 붙었다(우)

내화 페인트 시공사례

위의 표1을 참조해 볼 때 두께 350㎛ 정도의 내화 페인트가 실제 화재가 발생한 상황에서는 현장에서 추정한 내화시간인 20분을 견딜 수 있는 것으로 추정되었다. 내화시간을 20분으로 본 것은 규정은 없으나 보통 도심지에서는 화재 발견 후 20분 정도면 소방차가 도착하여 화재를 진압할 수 있으리라고 생각하였기 때문이었다.

내화 페인트는 내화 고무계 자재로 시공순서는 피도체인 합판 위의 이물질, 기름, 들뜬 부위 등을 제거하고 흠집부위는 퍼티로 메꾸어 주는데 퍼티는 K-319를 사용한다. 바탕 처리후 표2와 같이 하도, 중도, 상도로 3회 시공하며 하도에는 투명의 건설고무타일 실러를 사용하고 중도는 아니타 S를 사용한다. 그리고 1회 도포시 300㎛, 2회 도포시 500㎛ 정도의 두께가 된다. 중도만으로 시공을 끝내기도 하는데 이는 아이보리색으로 마감면이 깨끗하지 못한 단점이 있다. 상도에서는 색상이 결정되는 페인트를 사용한다.

주로 내화 페인트는 1,000㎛을 기본으로 시공하는데 경우에 따라서는 500㎛으로 시공하기도 한다. 우리 현장에서는 두께 345

㎛로 시공하였으며 단가는 약 5,700원/m^2('97년도 하반기) 정도였다. 이는 아직 개발중이지만 가격이 저렴하고 현장에서 요구하는 내화시간을 만족하는 내화 성능을 가진 국산 내화 페인트를 테스트를 거쳐 사용한 사례이다. 옥상의 화재 방지에 큰 비용을 들이지 않고 현장에서 요구하는 내화수준을 확보하였다.

표2 내화페인트 시방

공 정	제 품 명	추천건조도막 두께(㎛)	이론도포면적 (m^2/l)	실제도포면적 (m^2/l)	도장방법 및 사용 신나	비고
바탕처리					K-319 퍼티	
하 도	건설고무타일 실러투명 (R740-A0C13)	15	10	7	로울러, 붓, 스프레이 (G101 신나)	
중 도	아니타 S (Y410-W4001)	300-500	1.7~1.0	1.2~0.7	붓, 스프레이 (G101 신나)	*300㎛ : 1회도장 *500㎛ : 1~2회도장
상 도	리바마린 TOP CT 자정색	30	13.3	9.3	스프레이 (K101 신나)	

스텐레스 도장 하자 예방

내구성이 약한 알미늄 도아

건축물의 외부로 노출되어 사용되는 창호(door, window)는 알미늄과 스텐레스 창호가 대부분이다. 알미늄은 고정되어 있는 커튼월 창호나 외부 대형창호 등 움직임이 없는 창에 사용되고 출입문과 같이 충격을 계속적으로 견뎌야 하는 부위에는 스텐레스가 주로 사용되고 있다.

알미늄도 예전에는 소형 출입문과 문틀에 사용되었지만 문과 같이 반복적으로 열렸다 닫혔다 하는 힘을 받으면 알미늄의 국부 변형으로 문 내부의 피스가 헐렁해지거나 뽑혀지는 하자가 발생하기 때문에 최근에는 거의 사용하지 않는다. 그래서 외부에 노출되는 출입문은 거의 스텐레스 창호가 사용된다. 스텐레스는 녹발생이 거의 없는 고급 마감 자재이나 도장이 자유로운 알미늄과 비교하면 도장 절차가 어렵다는 단점이 있다.

대형창호의 경우 창호는 알미늄 자재, 출입문은 스텐레스 자재가 사용되며 스텐레스는 표면조직이 치밀하여 도장시 피막 부착능

어느 현장은 프레임(frame)이 알미늄으로 되어있어 변형·하자를 막기위해 덧댐판을 대었다(우)
스텐레스 도장이 주변 알미늄 창과 잘 조화되어 있다(좌)

력이 낮아 도장 시공한 곳에 페인트가 벗겨지는 하자가 발생한 사례가 종종 있다.

스텐레스 도장 처리 방법

우리 현장에서도 외부 알미늄 대형창호에 출입문 부분이 스텐레스로 구성되어 있었다. 스텐레스 자재의 색으로는 주위 대형 창호의 알미늄 색상과 맞지 않아 설계자는 스텐레스 도장을 요구

스텐레스는 자재의 표면입자가 치밀하여 도장의 피막부착 능력이 낮아 하자가 발생하기 쉽다

하였고 스텐레스 도장이 시공된 타현장을 조사해 보니 성공적으로 적용된 사례도 있었지만 표면의 도장이 벗겨지는 하자 사례도 있었다. 그래서 스텐레스 도장 하자방지 방안을 수립 후에 적용하기로 하고 스텐레스 도장 전문회사가 많이 모여있는 시흥의 시화공단내 전문공장을 방문하여 스텐레스의 도장에 관한 사항을 조사하였다.

스텐레스 도장방법은 두 가지가 있는데 한 가지는 프로로폰이라 불리는 불소수지 도장이고 다른 한가지는 폴리에스틸 분체도장이다. 스텐레스 자재는 표면입자가 치밀하여 도장의 피막부착 능력이 매우 낮으므로 전처리를 하지 않으면 박락의 경우가 많아 도장 전에 반드시 스텐레스의 표면을 부식시켜야 한다.

예전에는 인산염 계통의 전처리 부식 물질에 담구어 부식을 시

스텐레스 불소수지 도장 작업 사진(좌)
스텐레스의 도장피막력을 크게 하기 위해 사포로 갈아주는 크리닝작업(우)

스텐레스 불소수지 하도작업(좌)
하도가 마친 스텐레스는 퍼티를 먹인 후
에 사포로 다시 한번 갈아준다(우)

켰지만 최근에는 환경오염의 문제 때문에 화학물질로 부식시키지는 방법은 거의 사용하지 않고 있다. 최근에는 1차로 약 240℃의 열처리를 하여 스텐레스의 광택을 제거한 후 사포(sand paper)로 갈아주어 흠을 내고 화공약품으로 기름때를 닦아낸다. 그리고 물로 씻은 후에 건조하는 방법으로 전처리를 한다.

전처리를 마친 후에 폴리에스틸 분체도장은 하도없이 바로 분체를 뿌린 후에 전기로를 통과시켜 작업하는데 로(爐)의 크기제약 때문에 길이 3.0m, 높이 1.5m 까지만 가능하고 초과되는 크기는 수동으로 제작하며 이때도 가로 7m, 높이 3m까지만 가능하다.

분체도료는 주문제작으로 생산하는데 주분량이 200kg이 넘어야 제작할 수 있으며 이는 약 1,000㎡ 정도 도장할 수 있는 양이다. 단가는 약 6,000~7,000원/㎡ 정도로 저렴하지만 약 3~4년이 지난 후에 외기에 노출된 부위에서 변색되는 하자사례가 발견되기도 하였다.

불소수지 도장은 전처리를 마친 후 하도를 하고 240℃ 온도로 열처리를 하고 퍼티를 한 후 사포로 다시 갈아주고 상도작업으로 분체를 한 후 다시 240℃의 온도에서 가열하여 작업을 마친다. 단가는 11,000~12,000원/㎡ 정도로 폴리에스틸 분체도장 보다 비싸지만 색상의 제약이 많지 않아 알미늄 도장과 같은 색상으로 제작할 수 있고 도장 표면이 단단하고 미려해 품질이 우수하다.

스텐레스 도장재료는 일반 스틸용이 아닌 스텐레스용을 사용하여야 하자가 없으므로 도료 선택시 제작 공장에 확인을 해야 한다. 또한 전처리시 위에서 언급한 방법중 한가지라도 생략하면 하자가 발생할 수 있으므로 사전에 충분한 검토가 이루어져야 한다.

우리 현장에서는 실제 도장공장 방문을 통하여 자문을 구한 후 불소수지 도장으로 결정하여 시공하였다. 시공부위는 대형 알미늄 창호와 같이 설치되는 출입구 부분으로 알미늄 색상과 같아야 하는 곳에만 시행하였다.

대음악당 내장(인테리어)공사의 도면 및 시공성 검토

내장공사의 별도 설계

마감이 중요한 부분에서는 대부분 본 공사에 포함 시키지 않고 별도의 내장공사(인테리어) 설계를 거쳐 발주하게 된다. 우리 현장에서는 대음악당, 소예배실, 회의실, 소극장, 스튜디오 등이 별도의 내장설계를 하였는데 특히 대음악당의 경우는 최고의 음향효과를 목표로 국내의 음향설계 권위자인 충북대 한찬훈 교수가 음향설계를 하고 설계자와 시공자가 음향 설계자와 함께 사전에 긴밀한 협조 하에 시공성 검토 및 문제점을 해결한 후 도면이 완성되었다.

대음악당의 경우는 음향적인 요구조건과 디자인적인 요구조건, 그리고 시공성이 동시에 만족해야 하는 부분이다. 따라서 이를 만족할 수 있는 상세 품질기준 및 자재 확정 등의 협의 과정이 필요하며, 사전에 이런 과정을 거쳤기 때문에 공사중에 불필요한 추가 비용을 배제할 수 있었다고 생각된다.

내장공사(인테리어) 설계는 많은 분야에서 긴밀한 협조가 되어야 하며 발주전 시공검토가 이루어져야 한다

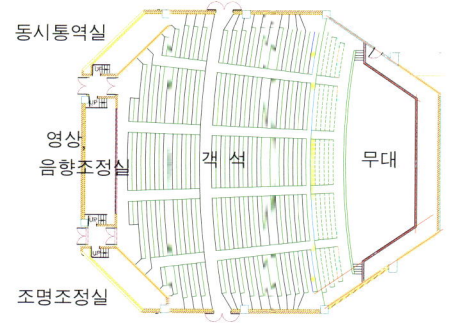 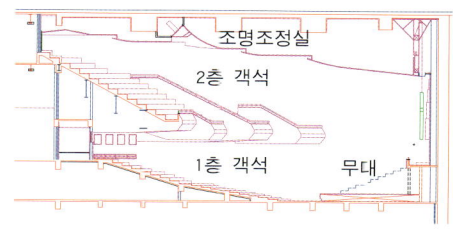

우리 현장의 대음악당 평면도(좌)와 단면도(우)

내장공사 도면 검토 사항

내장공사 설계도서에 관한 시공성 검토를 수행하는 과정에서 논의되었던 사례를 소개하고자 한다.

첫째, 석고보드+무늬목 처리

실내 마감이 석고보드 두겹 위에 무늬목을 붙이는 마감으로 설계되어 있었다. 석고보드는 자체변형이 없어 무늬목을 붙인 후에 트거나 균열이 발생하는 하자가 방지되기는 하지만 시간이 경과 후 무늬목이 떨어지는 하자가 발생할 수 있었다. 그래서 석고보드 한겹을 합판으로 변경하고 그 위에 무늬목을 붙여 변형을 방지하고 떨어짐도 방지하고자 했다.

둘째, 무늬목 처리

무늬목을 한겹으로 붙이도록 되어 있었다. 그러나 무늬목은 종류에 따라 다르지만 (266쪽 무늬목의 선정 참조) 한겹으로 시공하면 갈라지거나 터져서 내부가 비칠 수 있다. 무늬목을 두겹으로 시공하는 것이 비치거나 튼 것이 보이는 일이 없어 고품질을 위해서는 좋은 방법이나 비용이 많이 상승하여 통상 그렇게 하지는 못한다. 그래서 무늬목을 붙일 합판 위에 무늬목과 같은 색상의 스테인

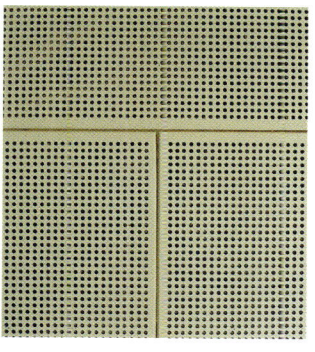

지름 2mm에 개공율 50%로 된 유공보드는 형태가 유지될 수 없어 지름 8mm, 개공율 35%의 AIM 패널로 변경하였다

을 칠하고 샌딩(sanding)한 후 한겹으로 무늬목을 시공하였다.

셋째, 유공보드의 개공률

대음악당과 소예배실에는 음향설계에 의해 마감재와 음향판이 정해졌으며 일부 흡음재가 지름 2mm에 개공률 50%로 된 유공보드로 설계되어 있었다. 이론적으로는 가능하겠으나 지름 2mm의 구멍으로 개공률 50%를 맞추려면 구멍과 구멍 사이가 0.3mm정도 밖에 안되므로 어떤 자재든 형체가 유지될 수 없을 것이다.

이를 해결하기 위해 형체도 유지하면서 최대한의 개공률을 낼 수 있도록 섬유집적판인 AIM 패널로써[1] 직경 8mm에 35%개공율로 변경하여 음향 설계요구에 근접하도록 하였다.

넷째, 영상·음향조정실의 전면창

영상·음향조정실의 전면창이 유리가 평행으로 설치된 이중창으로 설계되어 4면을 모두 고무 패킹으로 연결하여 차음효과를 극대화 하고자 한 것으로 짐작할 수 있었다. 그러나 이중유리가 평행할 경우 유리 내부에서 음이 소멸되지 않고 유리사이에서 증폭될 수 있다고 한다. 따라서 이중 유리의 한쪽을 경사지게 하였다.

음향은 해결되었으나 영상에서 문제가 발생하였는데 영화를 상영할 때 스크린에 잔상이 생기는 것이었다. 원인은 영상이 이중 유리를 통과할 때 경사진 유리로 인해 잔상이 만들어 지는 것이었다. 그래서 이중유리의 경사진 유리를 잘라내어 영상이 수직인 유리만 통과하게 하였다. 경사진 유리의 잘라낸 부위의 테두리는 아크릴로 완전히 밀폐하고 투명 코킹으로 마무리 하였다.

[1] AIM 패널 : 이세 엔지니어링공급 (02)576-6688

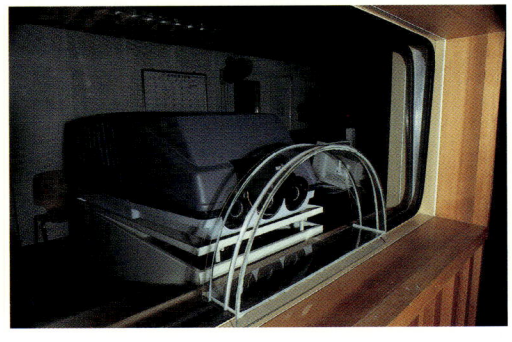

음향 조정실의 음향이 증폭되는 것을 막기 위해 한쪽 유리를 경사지게 설치하였고 영상의 잔상을 막기 위해 한쪽 유리를 잘라내었다

다섯째, 대음악당의 천정 처리

대음악당의 천정은 음향 설계상의 이유로 보통 곡선으로 형성되는 것이 보통이다. 이 천정을 석고보드+합판+무늬목 마감을 할 경우 어떻게 곡선으로 천정을 형성할 것인가? 보통 캐링(carrying)에 엠바(M-bar)를 구조토 하고 그 위에 석고보드를 붙이는 것이 보통이겠으나 우리 현장에서는 2가지 이유 때문에 乙 파이프와 원형 파이프를 사용하여 천정을 형성하였다.[2]

① 캐링의 역할을 하는 원형 파이프는 각 파이프나 찬넬보다 큰 변형없이 곡면을 형성할 수 있으며 엠바 역할을 하는 각 파이프는 원형 파이프에 밀착되어 용접을 용이하게 시공할 수 있었다. 또한 그 밑에 설치되는 석고보드의 형태를 잡는 데 충분한 강성을 갖고 있는 자재였다.

원형 천정을 만들기 위해 각형 파이프 외 원형 파이프를 사용하였다.

2) 국제음향 : (02)833-5115

② 향후 천정내부에서 이루어지는 전등 교체, 덕트 수리, 기타 하자 보수시 임시 디딤판으로 사용이 가능하여 캣 워크(cat-walk)의 물량을 대폭 줄일 수 있었다.

여섯째, 보수를 위한 전등의 교체

천정의 전등(down light) 교체를 대음악당 내부에서 하려고 하면 천정 높이가 15m이므로 전등교체를 위해선 내부에 고가 사다리를 설치해야 하는 문제가 있었다. 이를 해결하기 위하여 전등 타입을 천정 내부에서 교체할 수 있도록 위에서 여는 타입으로 변경하였다.

캣 워크를 통해 천정내 작업이 문제가 없도록 검토해야 한다

일곱째, 논스립 처리

객석의 바닥이 원형으로 설계되어 있어 계단의 논스립이 스텐레스로 설계 되어 있었다. 스텐레스로는 원형으로 구부려 정확한 모양을 만들 수 없었다. 알미늄의 경우는 몰드(mold)를 만들어 사출하여 제품을 만들 수 있으므로 사출 직후 곡선 가공을 하여 원형 논스립을 제작하였다.

높이 15m의 음악당 내부의 전등을 교체하기 위해 위에서 여는 타입으로 설치하였다

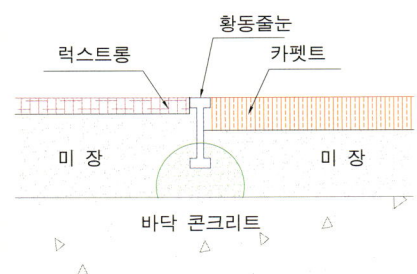

객석의 바닥이 원형으로 이루어져 알미늄으로 몰드를 만들어 사출 가공하여 설치하였다(좌)
복도와 객석의 바닥마감의 두께가 틀려 황동 줄눈봉을 설치후 양쪽의 레벨을 다르게 시공하였다(우)

여덟째, 복도와 객석의 단 차이 처리

바닥마감이 객석은 카페트, 복도는 비닐계 타일로 상부 마감의 두께가 달라 바닥 미장의 레벨을 다르게 처리해야 했다. 이를 해결하기 위하여 레벨 차이가 나는 부위에 황동 줄눈봉을 먼저 설치하고 바닥 미장레벨은 줄눈봉을 경계로 미장레벨을 달리하였다.

아홉번째, 대형 개폐문의 처리

대음악당의 무대는 수백명의 합창단원이 합창도 할 수 있도록 계단도 있어야 하고 계단이 없는 무대도 되도록 설계되어 있었다. 즉 수납식 의자를 설치하여 합창을 할 때에는 빼내었다가 필요없을 때는 집어넣는 방식인데 문제는 여닫을 문의 크기가 너무 크다는 것이었다. 폭 5.8m, 높이 2.4m이고 마감은 기존의 벽과 같이 확산판이 붙는 형상이었다.

해결방법은 두가지 였는데 500kg이나 되는 문을 고정하고 지지해주는 힌지의 설계와 문 자체가 향후 뒤틀리지 않게 하는 방안이

500kg이나 되는 대형 개폐문을 지탱하기 위한 베어링 힌지(좌)

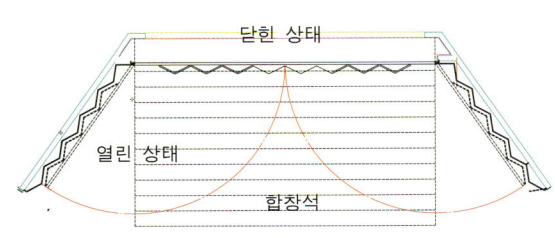

무대문짝 평면도

었다. 하부 힌지는 베어링 힌지 제품을 사용하였고 상부는 골조에 고리를 주물로 제작하여 설치하였다. 대형문에는 내부에 턴버클로 'X'자 브레싱을 설치하여 향후 뒤틀렸을 때 턴버클만 조정하면 가능하도록 조치하였다.

열기전의 무대 문짝

열고 있는 무대 문짝

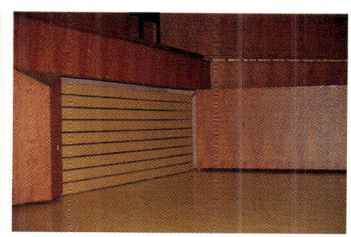
열은 후의 무대 문짝

열번째, 무대 구조의 변경

대음악당의 무대 구조가 철골 기둥으로 떠받치는 형태였다. 즉 총 256개의 1m 높이의 철골기둥을 세우고 그 위에 다시 격자형 철골 프레임을 설치한 다음 각재와 마루판을 깔도록 되어 있었다. 이 구조는 256개의 기둥을 제작해야 하는 번잡함 뿐만 아니라 각 기둥의 높이를 어떻게 일정하게 잡을 수 있을까 하는 것에 자신이 없었다. 그래서 높이 400mm의 철골 보를 수평으로 설치하고 그 위에 높이 300철골보를 놓아 구조를 단순화 하였고 성능도 개선하였다.

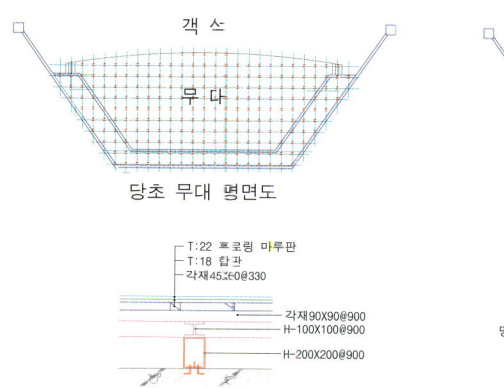

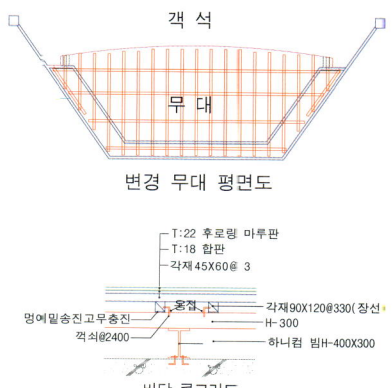

열한번째, 객석에서 무대쪽 시선검토

객석에서 무대쪽으로 시선검토는 보통 2차원적인 평면이나 단면 상에서 하게 되는데, 복잡한 구조에서는 미진한 부분이 있을 수 있다. 우리 현장도 매우 복잡한 2층 객석 구조였기 때문에 설계자로부터 3차원적으로 검토를 해보자는 요청이 있었다. 본사의 에니매이션(animation)팀의 협조를 얻어 3차원 공간 변환작업을 하여 설계자와 같이 검토를 하였다. 검토 결과 객석의 복도위치를 약간 이동하는 변경만으로도 더 낳은 시선확보를 얻을 수 있었다.

당초 무대 단면도(좌)
변경 무대 단면도(우)

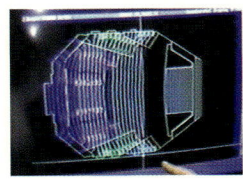  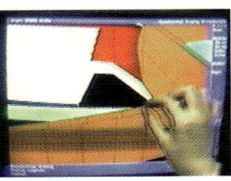

평면도　　객석의 눈높이에서 본 무대　　객석의 눈높이에서 본 무대
　　　　　　(선으로 표시)　　　　　　(면에 채색하여 표시)

대음악당의 내장공사가 끝나갈 즈음 설계자로부터 난감한 요청을 받게 되었다. 2층 객석의 첫번째 의자에서 시선의 방해가 있을 수 있으니 난간을 변경해야 겠다는 것이었다. 정상적인 앉은 자세에서는 시선에 문제가 없지만 객석의 사람이 자세를 낮출 수도 있고 등받이에 머리를 기대고 앞을 볼 수도 있는데 이때 난간이 시선에 방해를 한다는 이유였다. 난간을 낮추는 것은 안전에 문제가 있고 애써 곱게 설치한 나무난간을 다른 것으로 바꾸는 것도 어려운 노릇이었다. 고민 끝에 나온 아이디어는 난간을 객석쪽으로 수평이동하는 것이었다. 간단한 이동으로 시선이 많이 좋아졌고, 미관상으로 무리없었으며, 난간이 난간벽 중간에 있는 것보다 객석쪽으로 있는 것이 안전에도 유리해졌다.

2차원 단면도 상에서 확인하게 되면 단차이가 심한 객석은 감도 잘 오지 않고 문제가 있는지를 발견하기도 쉽지 않다.

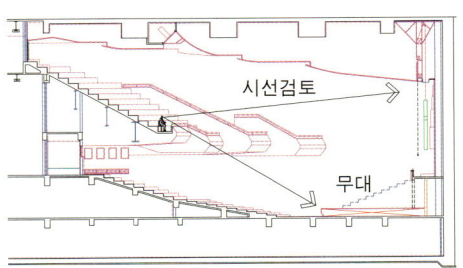

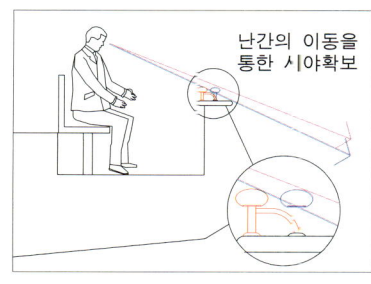

2층 객석의 난간을 낮추고 안쪽으로 이동하여 시선확보를 하였다.

조명전등에 의해 발생하는 열에 대한 고려

음악당의 인테리어 공사를 마치고 처음으로 행사를 하는 도중 "펑" 소리와 함께 천정에서 많은 물이 비오듯이 쏟아져 내리는 사건이 발생했었다. 물론 행사는 중지되었고 날벼락 같은 사건의 원인을 조사해야만 했다. 음악당의 천정 내부를 캣 워크를 통해 들어가 조사해 보니 무대를 비추는 조명 전등실 바로 옆에서 천정내 화재 소화를 위해 설치한 스프링쿨러 1개소가 터지면서 물이 쏟아졌던 것이다.

처음에는 천정내부에 불이 난 것이 아닌가 조사하였으나 화재의 흔적은 없었다. 스프링 쿨러는 70℃면 터지게 되어있는데 조명등의 열기로 조명실에서 1m 떨어진 스프링 쿨러가 터졌겠는가. 다시 조명을 모두 켜고 온도를 측정한 결과 조명을 켠지 약 1시간 30분만에 80℃ 까지 온도가 상승하는 것을 확인할 수 있었다.

전등에 의한 열의 위력을 새삼 실감하였고 이를 해결하기 위해 스프링 쿨러의 위치를 이동하고 실내에 환풍기를 설치하여 공기의 유통을 원활히 해 주는 정도로 해결하였지만 향후 다른 건물에서는 환풍뿐만 아니라 냉방장치를 하여 조명실에서 작업 하는 사람의 환경도 고려하는 것이 근본적인 해결책이라 생각한다.

무늬목의 선정

인테리어 공사의 무늬목

인테리어 공사는 설계와 시공이 별도로 발주되는 경우도 많고, 전체공사에 한 공종으로 포함되어 있어도 시공기술자들이 신경을 많이 쓰지 않는 공종이다. 왜냐하면 미장이나 도장 등 같은 공종이라도 일반공종보다 2~3배 높은 단가가 책정되어 있어 시공 기술자들의 수준보다 더 높은 눈높이로 시공되기 때문일 것이다. 특히 무늬목과 같은 공종은 많이 접하지 못하는 공종이라 이것이 잘된 공사인지, 잘못된 것인지 알지 못하고 지나가는 경우가 많다고 생각한다.

이런 이유로 국내의 대표적인 음악공연장인 예술의 전당 음악당의 무늬목이 제대로 붙어있지 않고 불룩불룩 일어나는 하자를 보게 되는 것이 아닐까?

인테리어 공사에 많이 사용되는 무늬목

목재는 생활 주변에서 가장 손쉽게 구할 수 있고 가공할 수 있는 자재로서 생활 속에 오랫동안 친숙해져 있어 건축자재, 가구, 공예품, 생활용품 등에 사용되고 있다. 그러나 다른 자재에 비해 부패의 진행이 빠르고 자재가 변형한다는 결점이 있다. 이런 결점을 보완하여 합판에 무늬목을 접착하여 사용함으로써 변형이 없고 내구성을 높이면서도 목재의 따뜻하고 부드러운 질감을 표현할 수 있게 되어 인테리어 공사에서 무늬목은 각광받는 자재가 되었다.

1) 김정필, '디자인 재료', 예경, 1998

무늬목의 종류와 특징 [1]

목재는 크게 분류하면 상록수인 침엽수와 낙엽송인 활엽수로 분류한다. 침엽수는 일반적으로 재질이 무르며 나이테가 뚜렷하고 결이 곧고 단조로워서 무늬목재로 많이 사용되지 않으며, 활엽수는 재질이 비교적 단단하고 나이테의 패턴이 불규칙하여 아름다운 목재무늬를 살릴 수 있어 무늬목으로 많이 사용된다. 무늬목으로 사용되는 활엽수 중에서도 참나무(oak)나 느티나무 (괴목), 등은 나이테가 뚜렷하나 단풍(maple), 티이크(teak), 마호가니(mahogany) 등은 나이테가 뚜렷하지 않다. 또한 무늬목을 어떻게 제재(製材)하느냐에 따라 곧은결(마사)과 무늬결(이다메)을 얻을 수 있다. 목재의 종단면으로 켜내는 직재법(sliced veneer)으로 제재하면 나이테와 평행한 곧은결 무늬가 나타나는 데 크기가 한정되는 반면에 변형이 적다.

목재를 표면에서부터 회전하여 켜내는 회전 절삭법(rotary veneer)으로 제재하면 나이테가 불규칙한 큰 무늬가 나타나며 대량생산과 큰 폭의 무늬목을 얻을 수 있으나 변형이 크다.

현재 우리나라에서 사용되는 무늬목은 대부분 수입을 하는 데 보통 원목을 수입하고 국내에서 수요가 있을 때 제재하여 공급하고 있으나 우리나라에서 가장 많이 사용되는 오크(oak)는 원산지에서 제재후 수입과정에서 변형을 막고 뜨는 것을 방지하기 위해 무늬목 뒤에 보강천을 대어 만든 일명 인조무늬목이 유통되고 있다. 이것은 대량으로 만들어져 무늬와 색깔이 일정한 장점이 있으나 인테리어 전문가들은 부자연스러운 느낌이라고 한다. 이렇게 무늬목 뒷판에 보강판을 댄 것을 시공한 사례가 예술의 전당 음악당의 무늬목이다. 그곳은 월넛(walnet)에 은박지로 보강되었으며 보강판이 접착력보다 강하다 보니 조그만 변형에도 블룩블룩 일어나는 것으로 추정된다.

일부 무늬목에는 나무 자체의 균류의 작용으로 종양과 같은 이상 세포가 자라 원형 모양을 나타내는 것이 있는데 이것을 벌(burl)이라 하며 부빙가(bubinga)나 월낫(walnet)등에 발생한다. 벌브다 작은 모양을 나

나무를 가로방향으로 켜느냐 (무늬결), 세로방향으로 켜느냐(곧은결)에 따라 느낌과 색상이 틀리다

오크가 주는 분위기는 밝고 명랑한 분위기로 사람이 많이 왕래하는 은행의 내부 등에 사용한다.

체리는 무겁고 중후한 느낌이 드는 분위기를 연출하는 곳에 많이 사용한다.

삼목은 일식집 등 그윽하고 따뜻하며 차분하고 정돈된 분위기를 연출하는 곳에 많이 사용한다.

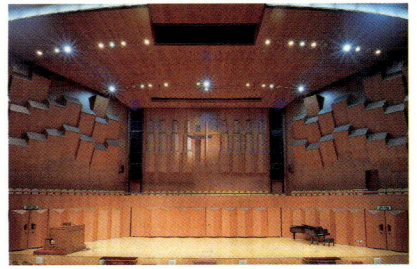

부빙가 벌은 붉은 색으로 장중한 느낌을 주며 결이 연하고 무늬가 화려하다.

타내는 것을 버드아이(bird's eye)라고 하며 단풍나무 등에 나타난다. 벌이나 버드아이는 일반 무늬목에 비해 비싸지만 아름다운 무늬를 표현할 수 있어 고급자재로 취급되고 있다.

우리나라에서 많이 사용되는 무늬목

국내에서 많이 사용되는 무늬목 중 오크(oak, 참나무)는 밝고 명랑한 분위기로 사람이 많이 왕래하는 은행, 건물 로비의 가구, 음식점 등에 사용되는 것을 볼 수 있다. 앞에서 언급하였듯이 인조 오크를 많이 사용하나 천연 오크를 사용하는 경우는 바탕을 하고 다시 한번 마감을 입히는 2겹으로 시공해야 오크 자체의 색을 유지할 수 있다. 재질은 단단한 편이다. 백색오크(white oak)나 적색오크(red oak)가 있으며 자연스러운 마감처리에는 백색오크(white oak)가 더 적합하다.

체리(cherry, 벗나무)는 담황색을 띄고 있고 스테인(stain) 처리로 색을 진하게 하여 무겁고 중후한 느낌으로 회사의 중역실, 세미나실, 회의실 등에 사용하고 있다. 재질은 단단하고 탄력이 있으며 결이 치밀하여 작업성이 좋다.

삼목(redwood)은 결이 곱고 그윽하며 따뜻하여 차분하고 정돈된 분위기를 연출하는 곳, 특히 일식집에서 많이 볼 수 있다. 몇 안되는 침엽수종의 무늬목으로 가볍고 연하여 가공성이 좋다.

부빙가(bubinga)는 가링(P. indicus willd)과 함께 붉은색을 띄며, 목리가 진하고 붉은색으로 무겁고 장중한 느낌을 주어 예배실, 음악당 등 엄숙한 공간에 사용될 수 있을 것이다. 내구성이 좋고 매우 단단한 재질로써 수가공이 어려울 정도이고 사포작업도 어려우나 연마하면 광택이 난다. 그러나 접착이 떨어지는 우려가 있는 자재이므로 무늬목 시공시 다림질을 철저히 해주어야 한다.

우리 현장에서 사용된 브빙가 벌(bubinga burl)은 붉은 색으로 장중한 느낌을 줄 뿐만 아니라 무늬가 화려하고 부빙가보다 결이 연하여 시공성이 좋았다.

그밖에 티크, 월낫, 매플, 마호가니, 구루미 등이 사용되고 있다.

무늬목 시공시 고려해야 할 사항

첫째, 바탕 처리가 잘 되어야 한다.

무늬목은 얇은 막이므로 미세하여 트는 변형이 있을 수 있다. 따라서 2겹으로 시공하지 않은 경우는 바탕색을 잘 정해야 하며 조그만 바탕면의 요철에도 불거지는 하자가 생기기 쉬우므로 사포처리(power tool)를 세심히 하여야 한다.

둘째, 무늬목 시공에는 거의 멜라민 수지 접착재를 사용하며 이것의 특징은 가열 경화에 있다. 즉 도포 후 시간이 오래 되어도 상온에서는 잘 접착하지 않지만 열압에서 경화하므로 다림질을 충분히 하여 떨어지거나 들뜨는 하자가 없게 한다.

셋째, 목질이 단단한 무늬목일수록 연마하면 광택을 내는데, 전체적으로 고급광택을 내기 위해서도 사포작업의 방향을 일관성있게 해야 한다.

넷째, 무늬목 시공 직후에는 잘 밀착되었으나 약 한달 후까지 트거나 부푸는 현상이 발생할 수 있으므로 발판의 해치계획은 이를 고려하여 세워야 한다.

인테리어 공사를 특별히 취급할 필요가 있을까

인테리어 공사는 일반공사에 비해 단가의 편차가 매우 큰 것이 사실이다. 고품질이 요구되기도 하지만 건축주의 성향에 따라 재작업도 많이 하기 때문에 비용이 많이 소요될 것이다. 그러나 인테리어 공사도 시방을 정확히 명시하고 도면상에도 제대로 표현되며, 이를 관리하는 건축기술자가 충분한 지식을 갖고 있다면 품질 등급에 따른 적정한 단가의 형성 및 품질관리가 될 수 있다고 생각한다.

단풍(maple)

마호가니(mahogany)

모아비(moavi)

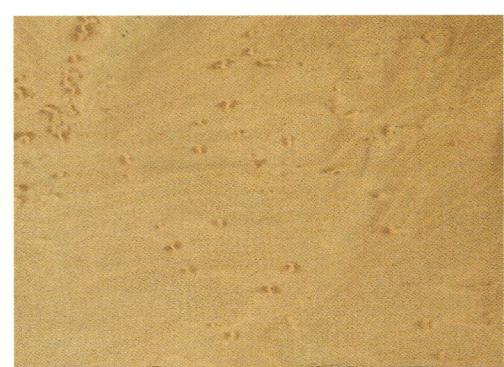
버드아이메풀(bird's eye maple)

부빙가(bubinga)

부빙가 벌(bubinga bull)

열전달 논리에 의한 외단열 공법 선정

콘크리트 외벽의 단열재 설치

겨울은 우리에게 함박눈이 내리는 크리스마스를 연상케 하는 아름답고 운치있는 계절이다. 하지만 일반 서민들이 느끼는 겨울은 준비 할 것도 많은 계절이며, 그 중에서 가장 중요한 것이 난방시설과 살고 있는 집의 단열 성능일 것이다. 단열공사가 잘 되지 않은 집은 아무리 난방을 많이 하여도 춥고, 단열공사가 잘 된 집은 조금만 난방을 하여도 온기를 오래 유지할 수 있으니 건축공사에 있어서 단열은 매우 중요한 공정이다.

건축공사에 있어서 단열은 크게 건물옥상에 주로 시공하는 바닥단열과 건물외벽에 시공하는 벽체단열, 외부 창호등에 시공하는 창호 단열 등으로 나누어 볼 수 있다.

열의 이동 논리

열이 어떻게 전달이 되는 것일까를 생각해보면 중·고등학교때 열에너지에 대해 배운 기억이 떠오른다. 열은 고온의 물체에서 저온의 물체로 이동하게 되며, 이때의 운동에너지의 양을 열에너지라고 한다. 열은 전도, 대류, 복사에 의해 이동하게 되며 전도는 금속의 한쪽 끝을 가열하면 다른쪽 끝도 뜨거워 지는 것처럼 물체와 접촉하여 전달하는 논리이며, 대류는 공기의 순환에 의해 발생하며 액체나 기체안에서 온도차가 생기면 밀도차가 생겨 물질의 순환이 일어나면서 열이 전달되는 논리이고, 복사는 난로 앞에 서 있으면 얼굴이 따뜻해 지는 것처럼 직접 열이 공기중으로 전달 되는 것을 복사라고 한다.

이런 열전달의 논리를 건축공사에 적용하면 단열재를 사용하여 열의 이동을 막는 방안에 대하여 생각할 수 있다. 여기서는 우리현

우리 현장은 단열재를 콘크리트 외벽에 붙여 시공하는 외단열 공법으로 설계되어 있었다

장에서 시공했던 단열공사 중 외단열 공사에 대해 이야기 해 보자.

벽체의 외단열

벽체단열의 경우 단열재의 설치 위치에 따라 건물 내부에 단열재를 시공하는 내단열과 건물외벽에 시공하는 외단열, 그리고 구조체 내부에 단열재를 시공하는 중단열로 나누어 볼 수 있다.

우리현장은 단열재를 콘크리트 외벽에 붙이도록 외단열로 설계되어 있다. 즉, 콘크리트 외벽에 방수몰탈(두께 15mm)을 바르고 그 위에 단열재(두께 50mm 스치로폴)를 붙인다음 석재를 시공하도록 설계가 되어 있었다.

콘크리트 외벽에 단열재를 붙이는 방법에 대해 검토를 하면서 단열재를 구조체의 바깥쪽에 설치를 하면 전체 구조체를 감쌀을 수 있어 열교 부분이 생기지 않아 단열효과도 좋겠으나, 문제는 단열재를 콘크리트 구조체에 완전히 밀착시킬 수 있겠느냐 하는 것이다. 완전히 밀착 되지 않는다면 구조체와 단열재 사이의 공간으로 대류가 발생할 확률이 높아지고 이것은 열 전달이 되어 단열성능을 저하시킨다는 의미가 된다.

에폭시나 본드 또는 고줍편 등을 사용하여 단열재를 붙일 경우 콘크리트 면이 편평하지 않거나 바탕면이 건조되지 않으면 단열재가 잘붙지 않아 시공후 탈락하는 경우가 생길수 있으며, 또한 접착

열반사 단열재의 경우 반사에 의한 단열성능은 우수하지만 벽체에 붙을 경우 전도에 의해 단열성능이 떨어질 수 있다

재나 핀등으로 고정을 해도 구조체와 단열재가 완전히 밀착되기 어렵다. 고정앙카를 사용하는 방법도 생각하였으나 앙카를 통한 누수가 우려되었고, 단열재를 붙이는 것도 석공들에게 맡길 경우 석공들이 작업을 빨리 진행하기 위해 관리감독이 제대로 되지 않을 때 석재 사이에 단열재를 그냥 끼워 넣을 수도 있다고 생각하였다. 따라서 이러한 시공 및 관리상의 문제점을 개선하기 위하여 몇가지 해결방안을 검토하게 되었다.

외벽 단열재 시공방법 검토

첫째, 열반사 단열재로 교체하는 방법

외부 단열재를 특수 알루미늄 박판을 이용한 열반사 단열재로 시공하는 방안을 검토하였다. 열전달 논리중 복사가 완벽히 해결되고 구조체와 전체가 일체화된 알미늄박판을 붙일 경우 대류도 해결된다. 단지 외벽 석재를 고정하기 위한 앙카 부분에서 전도에 의한 열교현상이 있겠으나 이것은 내부에서 단열 몰탈로 커버 할수도 있다고 생각이 들었다. 그러나 소규모 공사는 가능하겠으나 대규모 건물의 경우에는 전체를 일체화한다든지 창호 주위를 완벽히 처리하기 힘들다고 판단하여 적용하기 힘들었다.

둘째, 단열재를 골조와 동시에 타설하는 방법

단열재를 콘크리트 타설전에 거푸집 내부에 붙이고 콘크리트를 타설하는 방법이다. 보통 스치로폴은 콘크리트와 동시에 타설할 경우 부착이 잘되고 단열재가 콘크리트와 완전히 밀착되므로 단열 성능이 우수하다는 판단을 하였다.

결국 단열재를 거푸집에 부착하여 콘크리트를 타설하기로 하였고, 다만 석재를 붙이기 위해 단열재를 도려내야 하는 석재 앙카자리만 냉교현상을 방지하기 위하여 우레탄폼으로 충진하기로 하였다.

시공중 유의사항

공사중에 큰 어려움은 없었으나 작업 과정에서 몇가지 문제점이 발생하였다.

첫째, 외부 대형폼(야기타) 고정의 어려움

외부폼은 대형폼을 사용하여 콘크리트 타설후 타워크레인으로 끌어 올리는 것으로 계획하였으나 외벽 마감면에 스치로폴이 설치되어 있어 대형폼을 수직으로 고정하는데 어려운 점이 많았다. 따라서 콘크리트 이음 부위에 대형폼을 튼튼하게 고정시킬수 있는 각재를 설치하였다. 또한 각재 부위는 차후 열교현상이 발생할 수도 있으므로 제거하고 내부를 우레탄 폼으로 충진 하였다.

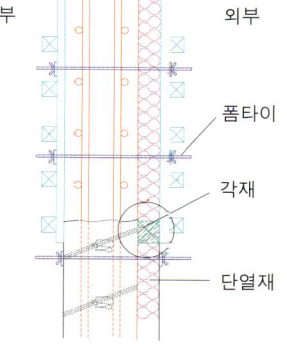

석재를 붙이기 위해 사용되는 석재 앙카자리는 냉교현상을 방지하기 위하여 우레탄 폼으로 충진하였다.(좌)
콘크리트 이음 부위에 대형폼을 튼튼하게 고정하기 위해 각재를 설치하였다.(우)

둘째, 앙카자리 스치로폴의 재사용

당초 계획은 석재 앙카자리의 스치로폴을 제거하고 우레탄폼으로 내부를 충진하려 하였으나 석재 앙카를 설치하기 위해 도려내는 단열재의 크기가 커서 비싼 우레탄이 많이 소요되었고 작업장 주변도 잘라낸 스치로폴로 인하여 매우 지저분하였다. 따라서 스치로폴을 사각형으로 정확히 잘라내는 방법을 강구하였고, 앙카를 설치한 다음 잘라낸 스치로폴을 그대로 끼워넣는 방법으로 우레탄 폼의 사용량을 줄일 수 있었다. 따라서 잘라낸 스치로폴을 버리지 말고 다시 끼워서 재사용하고 조인트 부분만 우레탄폼을 충진하도록 시공 전문회사와 계약을 한다면 비싼 우레탄 폼을 많이 사용하지 않아도 될 것이다.

대형폼은 해체후 타워크레인을 사용하여 상부로 끌어 올렸다

안전에 유의

공사를 하면서 작업방법에 대해 익숙하지 않은 형틀작업자 때문에 처음에는 몇번씩 설치된 거푸집을 수정하여야 했고, 외벽면에 스치로폴이 설치 되어 있어 대형폼 고정에도 어려움이 많았으므로 안전시설물 설치에도 각별한 관심을 기울여야 했다. 대형폼을 세운 상태에서 스치로폴을 설치하는 것은 매우 위험하므로 기 타설된 콘크리트 슬라브 위에서 폼을 바닥에 놓고서 스치로폴을 설치한 후 세워야 한다.

다른 현장에서도 단열재를 거푸집에 설치하여 콘크리트를 타설하고자 한다면 사전에 시공상세도를 작성하고, 작업중에 거푸집에 변형이 생기거나 안전에 위험요인이 발생하지 않토록 충분한 검토가 이루어져야 할 것이다.

공사발주 후 재검토 되는 조경공사

고향마을의 정자나무

도시에서 생활하는 대부분의 사람들은 고향을 동경한다. 그래서인지 일년에 1~2번쯤 찾게 되는 고향마을에 다다를 때쯤 되면 어린아이처럼 가슴이 두근 거린다. 가옥이나 풍경은 조금씩 변해가고 있지만 마을 앞 정자나무는 세월이 흘러도 언제나 그 자리에 그대로 서 있다.

마치 나를 기다리고 있기나 한 것처럼….

현장 조경공사에 대한 문제점을 검토하는 과정에서 만나본 대부분의 조경 설계자들은 세월이 흘러도 오랫동안 기억될 수 있는 이런 나무를 심고 싶어 했다. 하지만 도심지의 땅값 상승, 지상의 주차공간 확보, 제한된 공사금액, 건축주의 요구 등 현실적인 사항을 고려하다 보면 제대로 된 조경계획을 할 수 없게 되는 경우가 많다고 한다.

왜 멋진 조경을 찾아보기 힘든가

건축물은 건축주나 설계자의 관심에 따라 다양한 작품이 탄생하게 된다. 건축물을 아름답게 하기 위해서는 그 주변도 아름답게 가꾸어져야 하는데, 우리가 주변에서 보는 대부분의 건물들은 무미 건조한 형태를 띠고 있는 경우가 많다. 우리 주변에는 멋진 건축조경을 찾아보기 힘든 이유는 무엇인가?

첫재, 조경설계가 늦게 되는 경우가 많다.

건축물이 아름답게, 주변과 조화를 이루려면 그것을 둘러싸고 있는 환경이나 외부 공간도 그에 걸맞게 조성이 되어야 한다.

건축물이 주변과 조화를 이루면서 아름답게 탄생하기 위해서는 건축 계획설계 단계부터 주변환경을 고려한 조경계획이 설계에 반영되어야 한다. 하지만 많은 건축 설계사무실에서는 건축 설계도면 납품기간 부족, 조경설계 용역비 상승 등의 이유로 건축 도면이 거의 완료되는 시점, 즉 골조 설계가 끝난 시점에서 조경 용역 설계를 의뢰하는 경우가 많아 조경설계자의 다양한 조경 계획을 어렵게 한다.

둘째, 건축주가 조경에 대해 인식이 부족한 경우가 많다.

건축물에는 몇 백억씩 들이면서 조경에 몇 억 투자하는 것을 아까워하고 건물을 짓다가 예산이 모자라면 조경에 배정되었던 예산에서 빼어쓰는 경우도 종종 볼수 있다고 한다. 아마 제대로 조성되지 못한 건축조경이 건물 이미지에 어떤 영향을 미치는 지는 생각하지 않는 것 같다.

셋째, 조경공사는 마무리 공정으로 공기에 쫓긴다.

조경 설계 도면에 의거 조경 설계자의 의도를 최대한 반영하여 시공을 하여야 하나 우리의 현실은 그렇지 못하다. 조경 시공 전문 회사를 선정함에 있어서도 기술 경쟁이 아닌 상품판매 같은 가격 경쟁에 의해 회사가 결정되는 경우가 많아 조형감각이 부족한 회사가 선정되기가 쉽다.

현장 건축기술자 역시 시공성이나 기능적인 면을 주로 검토하다 보니 조형미가 강조되는 조경공사에 대해 이해가 부족하고 항상 마무리 공정으로 공기에 쫓겨 시공하는 경우가 많다 보니 그만큼 관심도 적어지는 것이 아닌가 싶다. 또한 공사 후에도 일정기간 수목관리가 될 수 있도록 조경 전문회사와 기본관리 계약이 이루어져야 하나 대부분 발주처에서는 수목관리에 대해 예산을 반영하지 않아 준공후 1년도 안 되어 나무가 죽게 되는 경우도 종종 볼 수 있다.

발주처에서는 수목관리에 대해 예산을 반영하지 않아 준공후 1년도 안되어 나무가 죽게 되는 경우도 종종 볼 수 있다

현장에서 어떻게 해결할 것인가

조경공사 착수전 현장에서 검토하여 해결 가능한 문제점을 발췌하고 이를 개선하기 위하여 건축주, 감리자, 조경전문 회사[1]와 도면을 재검토 하였다.

1) 천우조경㈜ (053) 752-2514-5

첫째, 출입구 부분의 강조

일반적으로 조경 계획시 건물 출입구 부분은 건물의 얼굴에 해당하므로 자연스럽게 강조되는 경우가 많다. 따라서 우리 현장의 경우도 건물 주출입구 부분을 강조하기 위하여 조형 소나무를 군식 하여 입체감 있게 처리하였고, 그 하부 식재로 영산홍과 백철쭉을 곡선 형태로 분리 식재하여 자연스러움을 강조하였다.

둘째, 계절감있는 공간 조성

관목의 경우 수종별, 공간별로 통일하여 교목을 돋보이게 하고, 화목류 및 유실수는 꽃, 결매, 녹음, 단풍의 색체, 겨울가지 모양 등에 의해 계절별로 다른 매력을 가지고 있으므로 상록수와 함께 보강하여 계절감있는 공간을 조성하였다.

셋째, 감추고 싶은 부분은 보이지 않게

광장 동측부분은 예술장식품인 벽 부조가 설치 되어 있었고 그 뒷부분은 높이 7m 가량의 콘크리트 옹벽이 외부에 노출되어 있었다. 따라서 노출되는 콘크리트 면은 건물전체 분위기와 달리 차가운 경관 조성이 예상되었다. 당초 설계된 개나리 등을 없애고 키도

조형 소나무를 입구부분에 군식하여 건물의 얼굴을 자연스럽게 강조하였다(좌) 메타스퀘어를 심어 콘크리트 옹벽을 자연스럽게 감출 수 있도록 하였다(우)

크고 잘 자라는 메타스퀘어를 심어 콘크리트 옹벽을 자연스럽게 감추도록 하였다. 또한 광장에서 볼때도 차후 벽 부조위로 메타스퀘어가 자라게 되므로 벽 부조를 훨씬 돋보이게 할 수 있다고 생각하였다.

네째, 배수시스템의 변경

당초 배수시스템의 주요 마감은 Ø150mm PVC 유공관 위 부직포 감싸기+두께 150mm 자갈 깔기로 설계되어 있었다. 그러나 당초마감의 경우 시공방법이 복잡하여 품질확보가 어렵고, 자갈층의 시공깊이가 150mm정도 되어 화단의 성토 깊이가 얕아 지는 문제도 예상되었다.

2) 덕창건업 ㈜ (02) 3481-8892

따라서 플라스틱 성형 제품인 OK 배수판[2]을 사용하여 배수를 원활하게 함은 물론, 성토 깊이도 110mm 가량 깊게 할 수 있었으며 배수판도 가벼워 간편하게 시공할 수 있었다.

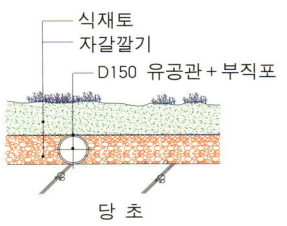

당 초

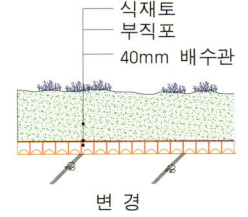

변 경

플라스틱 배수판은 원활한 배수는 물론
제품이 가벼워 시공도 간편하였다(좌)
배수 시스템의 변경(우)

조경 공사중 아쉬운 점

문제점을 완전히 해결하지는 못했지만 다른 현장에서는 꼭 사전에 고려하여 시공하였으면 하는 사항을 몇가지 정리해보면

첫째, 화단내에는 배수로가 형성되지 않아야 한다.

가끔 옥상 배수를 위한 외부 선홈통이 화단내부에 설치되는 경우가 있다. 장마철과 같이 다량의 옥상 우수가 화단으로 유입될 경우 화단에 흙이 패여 나무 뿌리가 드러나 나무가 말라 죽거나 또는 배수처리가 양호하지 못한 경우에는 다량의 수분이 나무뿌리를 썩게하는 원인이 될 수도 있다 그러므로 가능한 상부 선홈통의 배수는 우수 맨홀까지 배수관을 바로 연결하여 화단내에 배수로가 형성되지 않도록 처리하는 것이 좋다.

둘째, 환기덕트 주변에는 작고 생명력이 강한 나무를 심어야 한다.

일반적으로 환기 덕트 주변에는 미관상의 이유로 건축주가 큰 나무를 심어달라고 요구하는 경우가 있는데, 큰 나무를 환기 덕트 주변에 심으면 환기도 잘 안되고 나쁜 공기와 빠른 통풍으로 인하여 나무를 말라 죽게 할 수도 있다. 따라서 환기 덕트 주변에는 큰 나무를 심지말고 크기가 작고 생명력이 강한 눈주목, 자산홍, 철쭉류 등의 관목류를 심거나, 노출시키는 것이 미관적으로 우려된다면 환기덕트를 예술장식품처럼 제작하여 설치하는 것도 고려해 볼 만 하다.

셋째, 화단내 성토시점을 정확히 파악해야 한다.

통상적으로 화단내 성토는 마감 공사가 진행중인 시점에서 이루어진다. 그러나 경우에 따라 현장이 넓을 경우 마감 시점에는 현장내로 장비 진입이 불가능한 부분이 있을 수 있다. 따라서 현장 작업 상황을 정확히 파악하여 마감 공사가 진행되기 전에 성토를 미리 해둘 필요가 없는지 검토가 이루어져야 한다. 그러한 검토 시기를 놓치면 인력 작업으로 인한 많은 비용을 감수해야 될지도 모른다.

넷째, 화단내 성토될 흙의 상태를 사전에 확인해

화단내 외부 선홈통이 있어 다량의 물길이 형성되면 배수가 어려워 나무의 뿌리를 썩게할 수 있다

환기 덕트 주변에 나무를 심으면 나쁜 공기와 빠른통풍으로 나무를 말라죽게 할 수도 있다

환기탑을 예술장식품처럼 제작하면 환기탑을 가리기 위해 큰 나무를 심지 않아도 된다

야 한다.

　인공토를 사용하거나 인공토를 자연토와 섞어 사용하는 경우도 있지만 도심지 현장의 경우 성토되는 자연토는 인근 건설 현장 특히 주변 터파기 공사 현장에서 반출되는 흙을 반입하는 경우가 있다. 따라서 현장 조경공사 담당자가 직접 반입될 흙을 확인하지 않으면 전혀 엉뚱한 흙이 현장에 반입되거나 심하면 폐기물이 섞인 흙이 현장에 반입될 수도 있다. 또한 현장에 반입된 흙이 부적당하여 반출시키는 일도 만만한 작업이 아니므로 조경 담당자는 사전에 현장에 반입될 흙을 직접 검토하고 반입시에도 흙의 상태를 확인하여야 한다.

우리도 멋진 조경을 가꾸자
　최근 아파트 고급화 바람이 조경경쟁으로 확산 되고 있는 분위기다. 즉, 주차장이 있었던 지상공간이 공원으로 조성되고 기업마다 경쟁적으로 지상을 테마가 있는 휴식공간으로 설계하고 있다. 이처럼 아파트의 가치를 평가하는 것에 있어 조경의 중요성이 점점 커져가고 있으며 이러한 분위기가 일반 건축물에도 이어질 수 있기를 기대해 본다.

건설현장 도난사고 예방

건설현장에서는 도난사고가 자주 일어난다

현장내에는 전문 시공회사들의 임시 가설사무실과 가설창고가 많이 설치되어 있다. 하지만 대부분 간단한 자물쇠로 시건장치가 되어 있어 좀도둑들의 주요표적이 되기 쉽다.

최근에는 자동레벨측정기, 광파거리측정기, 컴퓨터 등 고가장비의 사용이 늘어나고 있지만 매일 가지고 다닐 수도 없어 현장사무실이나 가설창고 등에 보관하다 보니 도난사고가 발생할 경우 경제적으로 큰 피해를 입게 된다. 물론 협력회사가 현장에 경비원을 별도 고용하거나 도난방지 회사에 방범을 의뢰하는 경우도 생각할 수 있지만 이러한 방법은 비용이 많이 들어 현실적으로 적용하기가 어렵다.

단돈 4만원으로 도난사고를 방지하는 방법

규모가 큰 현장의 경우 2~4명의 경비원만으로 전체 현장을 관리하는데는 분명 한계가 있다. 따라서 아이디어를 내어 적은 비용으로 도난을 방지할 수 있는 방법에 대해 생각해 보기로 하였다.

우리가 아파트 현관이나 계단실 또는 오피스 건물의 화장실에 가보면 평소에는 꺼져 있다가 사람의 움직임에 따라 일정기간 불이 켜지는 등을 볼 수 있다. 이러한 등을 센서등이라고 하는데 등이 켜지는 원리를 살펴보면 의외로 간단하다.

즉 센서라는 감지기에는 전원을 연결하는 선과 등을 연결하는 선이 있다. 따라서 센서가 전원이 연결된 상태에서 물체의 움직임을 감지하면 등을 연결하는 선에 일정기간 전기가 공급되

아파트 현관등에 많이 사용하는 센서등은 사람의 움직임을 감지하면 일정시간 불이 켜진다

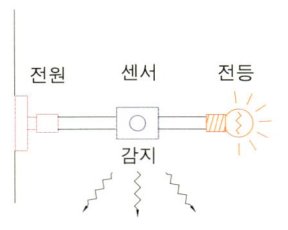

센서가 전원이 연결된 상태에서 물체의 움직임을 감지하면 등을 연결하는 선에 일정기간 전기가 공급되어 등이 켜지는 것이다

어 등이 켜지는 것이다. 따라서 이를 현장에 응용하여 전원을 연결하는 선에 일반등 대신에 빨간등, 벨등을 설치하면 어느정도 도난방지 역할을 할 수 있을 것으로 판단하였다.

따라서 화장실 센서등 설치회사를 통하여 센서를 2개 구입하고 전기재료 가게에서 강력벨을 2개 구입하여 가설사무실에서 시험작동을 하였다.

시험결과 감지기는 8~10m 정도의 거리에서 감지를 하였고 움직임이 감지될 경우 30초 동안 벨이 울리도록 조정하였다. 여기에 소요된 비용은 센서 2개 3만원과 강력벨 만원으로 총 4만원의 비용이 들었다. 이러한 방법으로 가설사무실에 방범시설을 한 후 공사가 끝나는 3년 동안 단 한건의 도난사고도 발생하지 않았다.

가설창고의 경보벨 설치 사례

위와 같은 경우도 전문적인 절도범에 의거 현장주요 전원이 차단될 경우를 고려한다면 또 다른 방안을 강구해야 하겠지만 건설현장의 도난 사고는 대부분 열쇠나 정첩을 부수거나 창고 일부를 뜯고 내부로 침입하는 경우가 대부분이다. 따라서 내부에 침입할 때 외부에 빨간등이 켜지거나 벨이 울린다면 경비실에서 쉽게 감지하게 된다. 만약, 현장이 넓은 경우는 전선을 경비실이나 경비실 근처까지 끌어놓고 벨을 설치할 수도 있을 것이다.

가설창고에 도난방지를 위하여 센서와 경보용 벨을 설치 하였다

전문 방범장치를 이용하는 방법

일반적으로 전문적인 방범장치를 설치하면 비용이 많이 들것으로 생각하는 경우가 많다. 물론 방범장치를 하고 사후관리까지 용역계약을 맺는

다면 비용이 많이 들지 모르지만 방범장치만 설치하고 직접관리를 한다면 비용이 많이 들지 않는다.

출입문이나 창문에 설치하여 출입문이나 창문이 열리면 자동적으로 벨이 울리는 시스템은 3~4만원 정도면 설치가 가능하고 센서로 8~10m정도를 감지하며 물체의 움직임에 따라 벨을 울려주는 타입은 12~15만원 정도면 설치가 가능하다. 또한 모든 작동을 리모콘으로 조정하는 것은 18~22만원 정도며 사무실이 10㎡이상이 되어 센서나 벨의 숫자를 늘릴 경우 추가되는 비용만 더 내면 된다. 기타 방범 시스템에 대한 자세한 정보는 청계천 등에 있는 방범시설 전문회사[1]를 둘러보면 좀 더 많은 정보를 얻을 수 있을 것이다.

위에서 제시한 방법들을 현장여건에 맞추어 활용한다면 큰 비용을 들이지 않고도 현장의 도난을 사전에 예방할 수 있을 것으로 생각한다.

모든 작동을 무선으로 조작할 수 있는 타입은 18~22만원 정도면 설치할 수 있다

1) 삼양사 (2009년 현재 연락 안됨)

가설고리를 이용한 전기 안전사고 예방

현장에서 사용하는 대부분의 전동기구는 제품으로 나올때부터 접지선이 포함되어 있지 않다

늘어나는 전동 공구의 사용

 현장에서는 감전에 의한 안전사고가 자주 일어나고 있다. 이러한 감전 사고의 원인은 현장에서의 많은 작업이 전기톱, 전기 드릴(drill), 전동 브레커(breaker), 각종 펌프류 등 크고 작은 전동기구에 의해 이루어지고 있는 것에 반해 근로자들의 전기에 대한 기본지식이나 안전의식은 매우 낮게 형성되어 있기 때문일 것이다.

누전사고의 첫째는 누전 차단기의 문제

 원칙적으로 개인이 사용하는 전동기구도 접지선이 있어 전동기구가 누전이 되면 분전반에 설치되어 있는 접지봉이나 누전차단기에서 효과적으로 작동이 되어 전류의 흐름을 차단해야 한다. 그러나 현장에서 사용하는 전동기구의 대부분이 제품으로 나올 때부터 접지선이 포함되어 있지 않은 것이 현실이다. 따라서 전동기구에 의한 누전사고 예방은 분전반에 설치된 누전차단기에 의존할 수 밖에 없고 이것이 고장나거나 효과적으로 차단이 이루어지지 않을 경우 감전사고를 일으키게 된다. 전동기구를 사용할 때에는 전동기구 자체 누전 여부와 분전반에 설치되어 있는 누전차단기가 효과적으로 작동이 되는지 주기적으로 점검 해야 한다.

누전차단기의 빨간 버턴을 누르면 제대로 작동되는지 확인할 수 있다

이동전선의 관리도 누전사고 예방 방안

전기톱, 투광등, 용접기, 환풍기, 절단기 등 거의 모든 작업이 전동기구에 의해 이루어진다고 해도 과언이 아니다. 특히 마감공사가 진행될 경우는 더욱 그러하다. 더군다나 공사중에 비라도 내리게 되면 슬래브 개구부를 통하여 현장의 많은 부분에 물이 차게 되고 전기감전 사고의 위험은 더욱 높아진다.

기성품 이동전선 거치대는 대부분 볼트로 조여서 고정하게 되어있다

따라서 현장에서 사용하는 이동전선은 바닥에서 떠워서 사용해야 한다. 그러나 현장 여건상 전선을 바닥에서 띄워서 사용하기란 그리 쉽지 않다. 물론 분전반처럼 한 장소에 장기간 고정적으로 설치되는 이동전선의 경우는 기성품으로 된 이동전선 거치대를 사용하면 되지만, 휴대용 전동기구 등은 작업 여건에 따라 여기저기 이동해야 하므로 전선을 옮길 때마다 기성품으로 제조된 이동전선 거치대를 볼트로 조여서 사용하기란 그렇게 쉽지 않다.

좀 더 쉽게 이동전선을 상부에 설치할 수 있는 방법이 없을까

작업자들이 좀더 쉽게 이동전선을 상부에 설치할 수 있는 방법이 없을까 고민한 결과 비닐호수와 10mm철근을 이용하여 이동전선 거치용 안전고리를 제작하였다.

'S' 자로 제작하면 아무 곳에나 쉽게 걸고 전선을 거치할 수 있으며 비닐호스는 절연효과가 뛰어나 효과가 좋았다. 또한 현장의 폐자재인 짧은 철근을 활용할 수 있으므로 큰 비용을 들이지 않고도 제작이 가능했다.

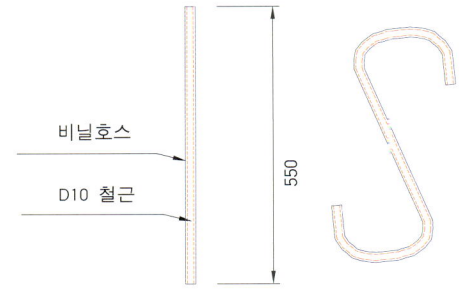

철근 동가리와 비닐호스를 이용한 안전고리 제작도

편리하게 만들어야 쉽게 사용

현장에서는 언제 어느 방향으로 지나갈지 모르는 이동전선을 작업자 스스로 상부에

현장에서 비닐 호수와 10mm 철근을 이용하여 이동전선 거치용 안전고리를 제작하였다

띄워서 사용해야 하는데 이동전선 거치용 안전고리를 만든 후부터는 근로자들이 쉽게 이동전선을 상부에 띄워서 사용할 수 있게 되었다. 따라서 공사초기에 이동전선 거치용 안전고리를 공사규모에 따라 100~300개 정도만 만들어 놓으면 사용방법이 간단하여 근로자들이 쉽게 사용할 수 있으며 관리만 잘하면 반영구적으로 활용할 수 있다.

분전반, 타워크레인등 일정기간 한곳에 고정적으로 설치하는 경우는 기성품으로 사용이 유리하겠으나, 항상 이동하면서 작업하는 전동기구에 연결된 이동 전선의 경우는 이동전선 거치용 안전고리를 만들어서 사용하면 현장에서 쉽게 전선을 상부에 띄워서 사용할 수 있을 것이다.

이동전선 거치용 안전 고리 (좌)
이동전선 거치용 고리는 S 자로 제작되어 현장 어느 곳에서나 사용이 가능하다. (우)